陕西省科学技术协会青年人才托举计划项目(编号:20230111)资助

组合导航应用笔记

刘天一 著

东南大学出版社
SOUTHEAST UNIVERSITY PRESS
·南京·

图书在版编目（CIP）数据

组合导航应用笔记 / 刘天一著. -- 南京：东南大学出版社，2025.3（2025.7重印）. -- ISBN 978-7-5766-2050-4

Ⅰ. TN967.2

中国国家版本馆CIP数据核字第2025SY3537号

责任编辑：弓　佩　责任校对：韩小亮　封面设计：余武莉　责任印制：周荣虎

组合导航应用笔记

Zuhe Daohang Yingyong Biji

著　　者：刘天一
出版发行：东南大学出版社
社　　址：南京四牌楼2号　邮编：210096　电话：025 - 83793330
出 版 人：白云飞
网　　址：http://www.seupress.com
经　　销：全国各地新华书店
印　　刷：南京玉河印刷厂
开　　本：787 mm×1 092 mm　1/16
印　　张：14.25
字　　数：286千
版　　次：2025年3月第1版
印　　次：2025年7月第2次印刷
书　　号：ISBN 978 - 7 - 5766 - 2050 - 4
定　　价：69.00元

本社图书若有印装质量问题，请直接与营销部联系。电话(传真)：025 - 83791830。

前　言

组合导航技术在军用领域(如火箭、飞机、船舶、制导武器等)和民用领域(如矿业、农业、工业、公共交通、车辆、无人机、机器人等的自动驾驶等)具有极为广泛的应用。在不同的应用场合中，组合导航往往需要进行一些针对性的调整，如传感器类型、工作流程、精度、算法等。众多行业都需要大量具有导航系统开发和优化能力的工程技术人员。

很多技术人员反映组合导航难以理解、学习难度大，产生这一问题的核心原因是：组合导航技术细节多，技术人员认不清主干脉络，被大量细节分散精力。为了突出主干，尽可能便于学习，本书进行了专门调整，与传统组合导航技术的书籍有所区别，主要包括以下几个方面：(1)调整章节顺序。本书不以系统性和全面性作为章节编排标准，而是以便于理解、循序渐进作为章节编排标准。(2)突出结论，略去过于复杂的数学推导。在不引起歧义的前提下省略部分上标或下标，力求公式清爽。(3)提供算例和部分程序代码。(4)针对技术人员经常产生的疑问，单列章节专门解释。

章节标题标注 * 的是选学内容，如进阶知识和细节讨论，建议初学者跳过所有标注 * 的章节，待掌握全局之后再有选择地了解标注 * 的章节。标注 # 的章节是预备知识，如果读者难以理解标注 # 的章节，那么应当搁置本书，先学习前置课程。没有特殊标注的章节是组合导航技术的主干内容，建议全部掌握。

本书适用于本科四年级，或者硕士、博士研究生，或者具有相似水平的技术人员。读者在阅读本书前，应当对预备课程达到初步掌握的水平。这些预备课程包括：线性代数、微积分、概率论，普通物理、理论力学(刚体力学)，信号与系统、控制理论(经典控制论、现代控制论)，结构设计制造、电路设计制造，Matlab 和 C 语言程序设计、单片机或 DSP 等嵌入式处理器的使用，传感器技术。虽然在大型工程项目中技术人员会有细致的分工，但是了解导航系统的全貌仍然是很重要的。

组合导航的技术非常庞杂。本书尽可能侧重近些年应用广泛的通用技术，如捷联惯性导航、MEMS传感器、北斗三代卫星导航系统等。对于一些更加专门的技术,如平台式惯性导航、机械陀螺、天文导航等,只做简要介绍。本书主要适用于组合导航技术的入门学习,也可作为长期使用的参考资料。读者可在阅读本书之后再根据需要进一步深入研究专门的导航领域。

  本书的内容在网络公开课、企事业单位、高校进行了试讲。在编写过程中,笔者收集并整合了来自观众的上千个提问,这些提问丰富了本书的内容。在此对本书的所有贡献者一并表示感谢。

刘天一

2024年6月

目　录

1 概述 ·· 1
　1.1 组合导航的效果 ·· 1
　1.2 导航技术发展历史* ·· 2
　1.3 组合导航的原理框架 ·· 4
　1.4 组合导航系统的设计思路 ·· 5
2 惯性导航基础 ·· 6
　2.1 简化的二维惯性导航 ·· 6
　2.2 平台式和捷联式惯性导航* ··· 7
　2.3 常用的参考系 ··· 9
　2.4 左手系和右手系# ··· 10
3 姿态和坐标变换 ·· 11
　3.1 向量的计算规律 ·· 11
　3.2 Givens 矩阵 ··· 11
　3.3 坐标变换的计算# ·· 12
　3.4 方向余弦矩阵 ··· 13
　3.5 三维旋转演示实验 ··· 14
　3.6 欧拉角 ·· 17
　3.7 符号计算# ·· 20
　3.8 欧拉角的换算* ·· 20
4 方向余弦矩阵姿态更新 ·· 22
　4.1 用矩阵计算姿态更新 ·· 22
　4.2 向量的叉乘# ··· 24
　4.3 推导反对称矩阵指数函数* ··· 25
5 四元数 ·· 27
　5.1 四元数姿态更新 ·· 27

- 5.2 四元数的换算 ······ 29
- 5.3 特征向量# ······ 30
- 5.4 轴角式旋转* ······ 31
- 5.5 乘法* ······ 32
- 5.6 共轭* ······ 34
- 5.7 四元数与旋转* ······ 35
- 5.8 四元数与惯性导航* ······ 36

6 简化版惯性导航 ······ 38
- 6.1 等效原理# ······ 38
- 6.2 简化版惯性导航 ······ 39
- 6.3 简化版惯性导航仿真程序 ······ 40
- 6.4 惯性导航的短期误差 ······ 42

7 惯性导航的细节讨论* ······ 45
- 7.1 采样过程的预积分* ······ 45
- 7.2 电流-频率转换电路* ······ 46
- 7.3 位置陀螺和速率陀螺* ······ 47
- 7.4 圆锥运动、旋转效应、划桨效应* ······ 48
- 7.5 采样率和减振* ······ 49
- 7.6 IMU 的安装方向* ······ 49

8 完整版惯性导航 ······ 51
- 8.1 地球模型 ······ 51
- 8.2 经纬度与 ECEF 坐标系转换* ······ 52
- 8.3 完整版惯性导航 ······ 53
- 8.4 姿态解析对准 ······ 55
- 8.5 惯性导航的精度设计 ······ 56
- 8.6 不同地理系的导航计算* ······ 57
- 8.7 舒勒振荡* ······ 58
- 8.8 极区导航* ······ 59

9 算法基础 ······ 61
- 9.1 最小二乘法# ······ 61
- 9.2 最小二乘法的推导* ······ 62
- 9.3 牛顿法解方程# ······ 62
- 9.4 非线性最小二乘法 ······ 64

9.5 随机变量的期望和方差# ·· 67
9.6 加权平均数# ·· 68

10 卡尔曼滤波 ·· 70
10.1 状态空间方程# ·· 70
10.2 卡尔曼滤波 ··· 71
10.3 卡尔曼滤波算例——自由落体 ····························· 72
10.4 卡尔曼滤波的滞后性* ····································· 74
10.5 扩展卡尔曼滤波 ·· 77
10.6 EKF算例——单轴倾角仪 ·································· 79

11 无线电导航和卫星导航简介 ···································· 82
11.1 无线电导航概述 ·· 82
11.2 卫星导航概述 ··· 84
11.3 NMEA-0183标准 ·· 85
11.4 异或计算# ··· 86

12 惯性卫星组合导航 ·· 87
12.1 简化版惯性卫星组合导航 ································· 87
12.2 简化版惯性卫星组合导航仿真程序 ······················ 89
12.3 惯性卫星组合导航的种类 ································· 94
12.4 完整版惯性卫星组合导航 ································· 95

13 组合导航的细节讨论 ··· 99
13.1 卡尔曼滤波的进阶解释* ·································· 99
13.2 EKF正负号的定义 ·· 100
13.3 噪声系数矩阵* ··· 100
13.4 数据刷新率不一致* ·· 101
13.5 时间延迟的处理 ·· 102
13.6 位置观测与速度观测* ····································· 103
13.7 外杆臂效应* ·· 103
13.8 组合导航与卫星导航的精度关系 ························· 104
13.9 卫星导航数据更新率对组合导航的影响* ··············· 105

14 能观性分析 ·· 107
14.1 能观性概述* ·· 107
14.2 典型的运动过程 ·· 107
14.3 简化版惯性卫星组合导航的能观性* ···················· 108

- 14.4 完整版惯性卫星组合导航的能观性* ················ 109
- 14.5 卡尔曼滤波的维数* ················ 110

15 组合导航实践 ················ 112
- 15.1 评估导航系统的精度 ················ 112
- 15.2 惯性导航实验 ················ 112
- 15.3 零速阻尼* ················ 113
- 15.4 组合导航实验 ················ 114
- 15.5 卡尔曼滤波参数的人工调试* ················ 114
- 15.6 嵌入式程序 ················ 115

16 IMU 的标定和性能表征 ················ 117
- 16.1 IMU 的标定 ················ 117
- 16.2 转台* ················ 118
- 16.3 线性插值# ················ 119
- 16.4 标定矩阵的 QR 分解* ················ 119
- 16.5 内杆臂效应* ················ 120
- 16.6 阿伦方差* ················ 120
- 16.7 改善表观稳定性的方法* ················ 128
- 16.8 传感器的性能参数 ················ 129

17 惯性传感器 ················ 130
- 17.1 力平衡加速度计 ················ 130
- 17.2 机械陀螺仪 ················ 131
- 17.3 光学陀螺仪 ················ 131
- 17.4 MEMS 传感器 ················ 133

18 动态倾角仪 ················ 134
- 18.1 动态倾角仪 ················ 134
- 18.2 拉普拉斯变换与传递函数# ················ 135
- 18.3 基于互补滤波的倾角仪* ················ 137
- 18.4 倾角仪仿真程序 ················ 139

19 姿态对准 ················ 143
- 19.1 初始对准概述 ················ 143
- 19.2 Wahba 问题* ················ 144
- 19.3 精对准 ················ 144
- 19.4 陀螺寻北仪* ················ 145

19.5	动态粗对准*	146
19.6	传递对准*	147
19.7	姿态匹配传递对准*	148
19.8	速度匹配与姿态匹配混合的传递对准*	149
19.9	传递对准中的时间同步*	150
19.10	互相关#	151

20 观测速度 ... 155

20.1	观测载体系速度	155
20.2	NHC	155
20.3	航位推算	156
20.4	纯里程计导航*	156
20.5	航位推算和 EKF 的对比*	157
20.6	车辆导航的细节讨论*	158
20.7	行人导航的零速修正*	159

21 观测距离 ... 161

21.1	测距离的观测方程	161
21.2	惯性卫星紧组合*	161
21.3	基于测角的组合导航*	163

22 磁场 ... 165

22.1	磁传感器的标定	165
22.2	梯度#	166
22.3	地磁场*	167
22.4	磁传感器*	168

23 卫星信号 ... 169

23.1	卫星导航进阶概述	169
23.2	基本的调制解调#	169
23.3	相移键控*	172
23.4	测距码	173
23.5	Glod 码*	174
23.6	卫星信号的结构	177
23.7	导航卫星接收机的组成	177

24 导航电文 ... 180

24.1	导航电文概述	180

24.2 D1 导航电文内容* ·· 181
24.3 导航电文的校验码* ·· 185
24.4 导航电文的二次编码* ·· 186

25 卫星导航位置计算* ·· 187
25.1 卫星位置* ·· 187
25.2 时间修正* ·· 190
25.3 电离层延迟* ·· 191
25.4 对地球自转的补偿* ·· 193

26 卫星导航的改进 ·· 195
26.1 卫星接收机的快速启动 ·· 195
26.2 差分增强 ··· 195
26.3 RTK 配置* ·· 197
26.4 差分数据格式* ·· 197
26.5 MSM 电文* ··· 199

27 典型应用场景的导航方案 ·· 201
27.1 室内轮式机器人* ··· 201
27.2 农用和矿用自动驾驶车辆 ····································· 201
27.3 制导火箭 ··· 203
27.4 制导炮弹* ·· 203

28 组合导航的发展方向 ··· 205
28.1 学术研究的发展方向 ·· 205
28.2 工程应用的发展方向 ·· 205

附录　C 语言矩阵计算代码 ·· 207

缩写对照表 ·· 216

参考文献 ··· 218

1 概　述

1.1 组合导航的效果

组合导航利用多种导航方式,实现取长补短的效果。最经典的组合导航方式是惯性卫星组合导航,其效果如表1-1所示。惯性导航(Inertial Navigation System,INS)的优点是:数据更新率高,可以达到200 Hz甚至500 Hz;不依赖外界信号,抗干扰能力强;导航信息完整,包含姿态、速度、位置、角速度、加速度。惯性导航的缺点是:一定时间内,误差会逐渐增大。卫星导航(全球导航卫星系统,Global Navigation Satellite System,GNSS)的优点是:误差有界,不会越来越大。卫星导航的缺点是:数据更新率偏低,一般为1~20 Hz;容易受到干扰,被遮挡时失效;导航信息不完整,通常缺少姿态、角速度、加速度等信息。惯性卫星组合导航取长补短,效果是:数据更新率高,误差有界,有一定的抗干扰能力,导航信息完整。

表1-1 惯性卫星组合导航效果

导航方式	优点	缺点
惯性	数据更新率高 抗干扰能力强 信息完整	误差发散
卫星	误差有界	数据更新率低 易受干扰 信息不完整
惯性卫星组合	数据更新率高 误差有界 有一定的抗干扰能力 信息完整	—

与卫星导航相比,惯性卫星组合导航有两点突出效果:

(1) 在卫星导航失效时,组合导航仍然能利用惯性导航继续输出导航结果。比如飞机倒立飞行,或者车辆经过隧道的情况。需要特别强调的是,惯性导航的误差在短时间内会迅速发散;后面的章节会进一步讨论惯性导航的发散速率。只有惯性导航具有较高精度时,组合导航才能在卫星导航失效时保持一定的精度。当惯性导航精度较低时,在卫星导航失效时组合导航难以达到保持导航精度的效果。这一结论是决定成败的关键。在选用或设计组合导航系统时，必须优先考虑是否要面对卫星导航失效的情况，这对惯性导航部分的设计有根本性的影响。

（2）提高导航数据更新率。数据更新率对于控制系统非常重要。组合导航的一个重要应用是为自动驾驶系统提供测量数据。自动驾驶系统是闭环反馈控制系统，导航系统是闭环控制的反馈环节。为了保障控制系统的稳定性和快速性，反馈环节必须有足够的带宽和数据更新率。不论高精度还是低精度惯性导航，组合导航都能实现高数据更新率的效果。虽然低精度惯性导航不能在卫星导航失效时维持导航精度，但是低精度惯性导航能提高数据更新率；提高数据更新率是低精度惯性导航在组合导航中的主要作用。

导航的具体原理、方式、种类繁多，组合导航选取不同的导航方式进行组合，其种类也是无穷无尽的。惯性导航数据更新率高、抗干扰能力强、导航信息完整的优点，常常是其他导航方式不具备的。所以大多数组合导航系统都包含了惯性导航方式，再根据应用场合选用一些其他导航方式与惯性导航组合。

1.2 导航技术发展历史*

导航技术的目的是提供位置、方向等导航信息。可以利用导航信息，进一步实现路线规划、驾驶控制等功能。导航技术具有悠久的历史。

参照山川河流等地理标志确定位置，是包括人类在内的多种动物都已掌握的导航方法。根据参照物导航，是历久弥新、行之有效的导航技术。可以建造灯塔等人造标志作为导航参照，类似的导航技术至今仍然在广泛使用。

根据太阳、北极星等进行天文导航，在各大古文明中有广泛的记载。原始的天文导航技术精度有限，但是借助现代化仪器可以实现高精度的天文导航。

传说中国在黄帝与蚩尤作战时发明了指南车。但是更为可靠的史料表明指南车是在三国时期发明的。指南车具有严重的累积误差，不能长距离导航，实用意义有限。古代中国在战国时期发明了司南，在北宋时期发明了指南针，实现了利用地球磁场指示方向。指南针没有累积误差，而且可以在恶劣天气下使用。当今利用地磁场导航仍然是重要的导航方法。

15世纪开始，欧洲开始进行全球范围的航海探索。利用北极星仰角测量纬度；利用指南针测量方向；利用航位推算方法定位；利用时差测量经度。为了提高导航的精度，陆续发明了六分仪、航海钟等仪器。

由于机械时钟的误差问题，经度测量精度受限。1714年，英国颁布了《经度法案》，悬赏2万英镑用于解决经度测量问题。约翰·哈里森从37岁开始用毕生精力制作航海钟，在80岁时得到了全部奖金。

1687年，牛顿的《自然哲学的数学原理》出版。1765年，欧拉的《刚体运动理论》出版。1788年，拉格朗日的《分析力学》出版。1835年，科里奥利的《物体系统相对运动方程》出版。这些重要的理论为惯性导航以及惯性传感器奠定了基础。

1851年，傅科用单摆证明了地球的自转。1852年，傅科用陀螺仪证明了地球的自转，这是具有惯性导航前景的现代陀螺仪的开端。此后，陀螺仪持续发展，产生了各种原理、各种精度水平的众多系列。陀螺仪被广泛应用在航海和航空导航领域。

1864年，麦克斯韦的论文《电磁场的动力学理论》发表。1887年，赫兹实验证实电磁波的存在。1912年，无线电导航设备出现。无线电导航经过长期发展，至今仍被广泛应用于航空等领域。后来出现的GPS等重要导航方法，本质上也是无线电导航的变种。

1923年，休拉（Schuler，又名舒拉，舒勒）的论文《运载工具的加速度对于摆和陀螺仪的干扰》发表，阐明了休拉调谐，这是惯性导航系统的重要理论。

第二次世界大战中，德国的V2火箭采用了惯性导航系统实现了自动控制，这是现代意义上的惯性导航系统的开端。德国V2火箭中的惯性导航系统较为粗糙，火箭精度较差。

1958年，美国的鹦鹉螺号核潜艇利用液浮陀螺惯性导航系统，历时21天潜航8146海里穿越了北冰洋，定位误差20海里。鹦鹉螺号潜航横穿北冰洋，标志着高精度惯性导航系统的成功。

第二次世界大战之后，陀螺仪继续发展，相继出现了液浮陀螺、挠性陀螺、静电陀螺等更高精度的机械陀螺。由于机械陀螺仪容易受到环境影响、制造复杂，因此光学陀螺仪被发明出来。1963年，美国出现了激光陀螺仪。1976年，美国出现了光纤陀螺仪。随着半导体工艺的发展，1980年代出现了微机电系统（Micro-Electro-Mechanical System，MEMS）技术。MEMS惯性传感器体积更小、便于大批量生产、耐冲击，被广泛应用。

早期的惯性导航系统包含多轴机械转台，被称为平台式惯性导航。平台式惯性导航中陀螺仪的动态范围较小，可以达到较高精度。此外，平台式惯性导航计算量较小，适应当时的计算机水平。随着计算机技术的发展，没有机械转台的捷联式惯性导航取得应用。捷联式惯性导航计算量较大，但是机械结构简单。1969年，阿波罗13号局部爆炸，捷联惯性导航作为备份装置发挥了重要作用。

从1970年美国开始研制GPS，于1994年全面建成。以GPS为代表的GNSS取得广泛应用。对于长时间工作的导航系统，惯性导航的误差较大，而GNSS的误差不随时间发散且具有米级的定位精度。如果采用适当的增强技术，则GNSS可以达到亚厘米级的定位精度。利用GNSS，使用简便的设备就可以获得良好的导航结果，这使得导航技术在一般民用领域（如测绘、手机地图、自动驾驶等）取得广泛应用。

随着导航方法的增多以及计算机处理能力的增强，采用多种传感器、结合多种导航方法的组合导航技术应运而生。最经典的组合导航技术是惯性和GNSS的组合，同时具有高动态性、抗干扰、误差有限等优点。

21世纪以来,随着通信技术的普及,借助通信网络的导航技术有所发展,出现了基于移动基站、WiFi、物联网、5G等技术的导航手段。

2010年以来,随着计算机处理能力的进一步增强以及人工智能等技术的出现,针对自动驾驶等需求,利用图像识别、即时定位与地图构建(SLAM)等技术的导航方法得到发展。基于多种波段的地图匹配方法也逐渐被应用于飞行器导航。

2020年以来,为应对日益增长的集群作业需求,协同导航技术的需求也随之增长。

1.3 组合导航的原理框架

组合导航的核心原理主要包括两部分:一是惯性导航,二是扩展卡尔曼滤波。

惯性导航利用陀螺仪、加速度计的信号计算导航结果。角速度积分是姿态变化量,加速度积分是速度变化量,速度积分是位移。给定初值的姿态后,陀螺仪测量角速度,计算得到当前时刻姿态。给定初始的速度位置后,加速度计测量加速度,对加速度进行积分计算得到速度,对速度进行积分计算得到位置。

惯性导航的原理类似于传统钟表。钟表利用钟摆、摆轮游丝或者晶振等确定时间间隔,对时间间隔积分得到当前时刻。惯性导航算法的核心就是对角速度、加速度等进行积分计算。钟表必须连续工作,不停摆动钟摆等机构。类似的,惯性导航也要求连续工作,不停地采集陀螺仪、加速度计的数据。

实际应用时存在一些因素使得惯性导航变得复杂:(1)地球本身具有重力、自转、曲率等特性,需要在惯性导航中扣除这些因素的影响;(2)三维姿态不是线性的、解耦的,而是非线性的、耦合的;(3)惯性导航具有多种误差源,要尽可能抑制这些误差。

有其他导航方式时,利用其他导航方式修正惯性导航的结果,即实现了组合导航。最经典的算法是扩展卡尔曼滤波,其原理基础如图1-1所示。扩展卡尔曼滤波是卡尔曼滤波的变种。卡尔曼滤波的基础原理是加权平均数和状态空间方程。扩展卡尔曼滤波借鉴了通过迭代和局部微分处理非线性问题的思路,类似于非线性最小二乘法。非线性最小二乘法的基础是最小二乘法和牛顿法解方程。这些算法将在后面章节中介绍。

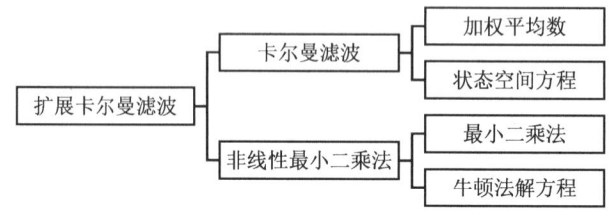

图1-1 扩展卡尔曼滤波的原理基础

1.4　组合导航系统的设计思路

组合导航系统的设计要根据具体应用环境进行优化。

本书介绍的方法常常有特定的适用条件。务必注意各种方法的适用条件，如果方法被应用在不合适的地方会导致方法失效、导航结果错误。注意不要将本书所有的技术都用在实际工程中，而是要量身定做、选择相关的方法去使用。

注意各种因素对导航结果的影响大小。工程设计中要把握"抓大放小"的原则。如果某种因素是导航误差的主导因素，那么努力优化其他次要因素是几乎没有效果的。例如，当陀螺仪精度很低的时候，补偿地球自转角速度就是不必要的。又如，当传感器采样率很低的时候，对圆锥运动效应、划桨效应等进行补偿是不能根治问题的，而应当尽可能优先提高传感器采样率。

组合导航的数据处理过程看似只是按照公式按部就班计算，但是新手自己编写一个有效的组合导航计算机程序并不容易，因为一些细节错误可能导致结果不正确。为了编写一个正确的组合导航程序，理解公式的原理、熟悉各种因素对导航结果的影响，是排查调试程序的基础。判断结果是否正确、在结果错误时排查原因，是编写导航计算程序的关键。编写正确的导航程序所需的能力不仅仅是套用公式。

2 惯性导航基础

2.1 简化的二维惯性导航

为了简化问题,先考虑一种理想情况的二维惯性导航。

考虑一个在二维平面运动的小车。小车在 x 和 y 方向分别有一个加速度计传感器,如图 2-1 所示。

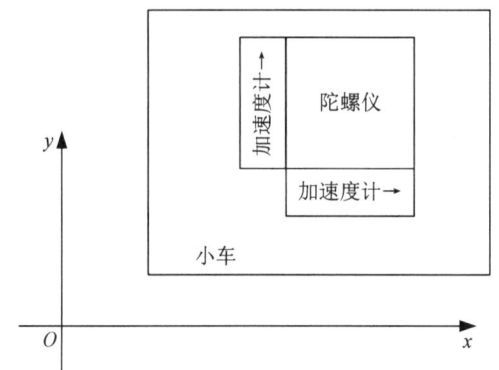

图 2-1 二维空间中 2 个自由度导航

对 x 和 y 两个方向的加速度分别积分,就可以得到小车在这两个方向的速度和位置,实现二维空间中的惯性导航。

$$v_x(t_1) = v_x(0) + \int_0^{t_1} a_x(t) \mathrm{d}t \tag{2-1}$$

$$v_y(t_1) = v_y(0) + \int_0^{t_1} a_y(t) \mathrm{d}t \tag{2-2}$$

类似地,速度积分为位置

$$p_x(t_1) = p_x(0) + \int_0^{t_1} v_x(t) \mathrm{d}t \tag{2-3}$$

$$p_y(t_1) = p_y(0) + \int_0^{t_1} v_y(t) \mathrm{d}t \tag{2-4}$$

二维空间中的运动实际有 3 个自由度,包含 2 个平动自由度和 1 个转动自由度。下面考虑更复杂一些的情况：小车具有 3 个自由度；小车是可以旋转的。此时加速度计的方向不一定恰好指向 n 系的 x 和 y，如图 2-2 所示。考虑这种情况下的惯性导航。

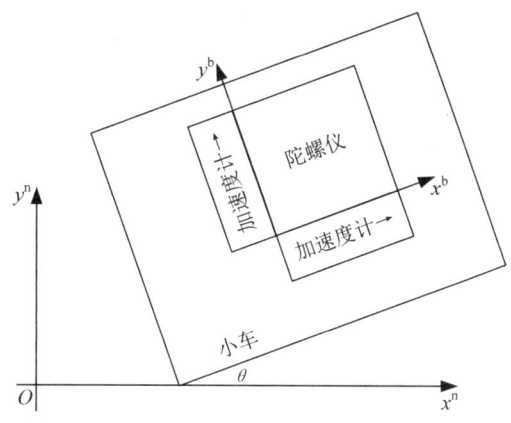

图 2-2 二维空间中 3 个自由度导航

设加速度计方向定义的坐标系为载体系 b，坐标系 xOy 为导航系 n。加速度计测量的是加速度在载体系 b 中的投影。为了计算惯性导航，需要知道小车在导航系 n 的加速度。

如果知道 b 系与 n 系的夹角 θ，那么就有如下换算关系：

$$a_x^n = a_x^b \cos\theta - a_y^b \sin\theta \tag{2-5}$$

$$a_y^n = a_x^b \sin\theta + a_y^b \cos\theta \tag{2-6}$$

式中，上标 n 表示向量在导航坐标系中的坐标，上标 b 表示向量在载体坐标系中的坐标。

陀螺仪测量角速度为 ω，对角速度积分即可得到角度 θ：

$$\theta(t_1) = \theta(0) + \int_0^{t_1} \boldsymbol{\omega}_{nb}^n \mathrm{d}t \tag{2-7}$$

加速度换算到 n 系后，计算速度和位置的过程与公式(2-1)~(2-4)相同。

这一节只考虑一种尽可能简化的情况，简单演示了惯性导航的原理。后面的章节，将从这种简单的情况出发，逐步引入实际中的更多复杂因素。

2.2 平台式和捷联式惯性导航*

在图 2-2 中，小车的传感器和小车共同转动。如果小车发生了旋转，只需要把加速度计的数据变换到导航系 n 中，再直接积分就可以得到导航结果。传感器和载体系一同转动，这种传感器固定方式称为捷联(strapdown)。捷联惯性导航中，导航算法根据姿态得到载体系 b 和导航系 n 之间的变换关系，把载体系中测量得到的加速度变换到导航系中，然后积分求得速度、位置等导航结果。

还有另外一种方法可以弥补导航系统中的姿态变化：传感器不直接固连在载体上，而是把传感器放在一个可以相当于载体旋转的平台上。当载体机动的时候，载体的姿态剧烈变化；而平台的角度通过机械伺服系统的控制，与载体反向转动，保持与导航系一致。与平台固连的坐标系为平台系，简称 p(platform) 系。在平台式惯性导航中，机械伺服系统使得 p 系与 n 系重叠，可以跳过载体系和导航系的变换，直接进行加速度积分求导航结果。

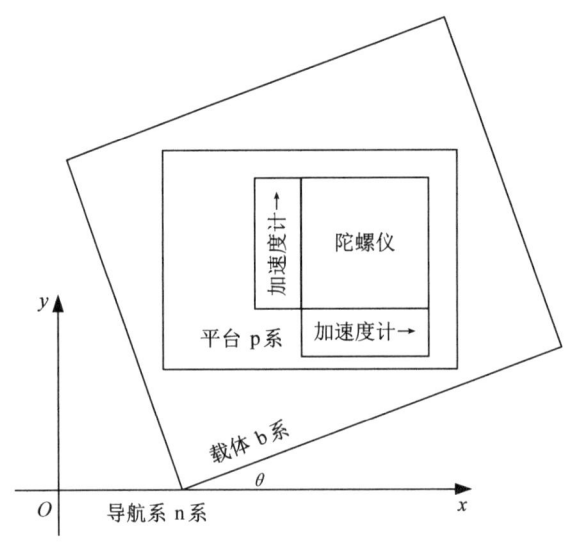

图 2-3　平台式惯性导航

平台式惯性导航中，平台姿态与导航系方向一致，平台的姿态与载体的姿态不一致。在载体姿态剧烈机动时，平台系相对于导航系的姿态基本稳定。平台的机械伺服系统根据陀螺仪的反馈数值控制平台的姿态。伺服系统使陀螺仪一直工作在很小的角速度范围内。

平台式惯性导航相对于捷联式惯性导航主要有两点优势：(1)平台式的导航系统，导航算法中不需要复杂的姿态解算，此优点在三维导航中更加明显；(2)陀螺仪处于低动态环境，容易达到较高的精度；传感器的精度通常与量程有关，量程小的传感器更容易实现高精度。

平台式惯性导航相对于捷联式惯性导航的主要缺点是：平台式惯性导航需要一套复杂的、高精度的机械伺服系统，昂贵且体积大，尤其是对于三维空间的平台式惯性导航，需要多自由度的伺服转动框架，非常复杂。

需要长时间工作的大型高精度惯性导航系统适合采用平台式方案，如船舶、潜艇的导航。对于绝大多数情况，尽量采用捷联式的方案以压缩体积和降低成本。本书着重讨论捷联式惯性导航。

捷联式惯性导航通过数学计算换算加速度计的方向，本质上就是用数学计算构造了数学平台系,代替了平台式惯性导航的实体机械伺服平台。因为捷联式惯性导航与平台式惯性导航在速度、位置计算等其余部分的算法是相同的,所以在捷联式惯性导航中也有平台 p 系的概念,反映了姿态换算后的加速度计方向。在理想情况下,平台 p 系与导航 n 系是重合的。在单纯的惯性导航计算中,没必要刻意区分出 p 系的概念。引入 p 系的概念,主要是为了分析惯性导航的误差;在误差分析的时候,才有必要考虑 p 系与 n 系不重合的误差。捷联式惯性导航的误差模型很大一部分与平台式惯性导航是类似的。

在有的资料中,p 系和 n 系的夹角被称为失准角。为了便于理解,本书尽量不引入额外的概念。

2.3 常用的参考系

为了描述更加复杂的运动,有必要更清晰地定义运动。由普通物理知识可知,位置和速度的测量与参考系的选取有关。比如,以北京作为参考系的原点,廊坊位于东南方向;而以天津作为参考系的原点,廊坊则位于西北方向。对于地面上的人来说,火车在高速运动;而对于乘客来说,火车是静止的。位置、速度的测量是与参考系有关的,在表述位置、速度等概念的时候,一般需要明示或暗示出参考系。

从数学的角度,用坐标系描述参考系。坐标系由原点和带有刻度的坐标轴构成。让坐标系和参考系固连,或者说坐标系的原点和坐标轴的方向与参考系一同运动。位置、速度、方向等概念,都能用向量或特定参考系下的投影坐标表示。坐标系包括直角坐标系、极坐标系等。为了方便,在导航算法中尽量使用正交的、坐标轴刻度等长的笛卡儿坐标系。

根据前面章节的演示,导航技术涉及多个参考系之间的换算。同一个向量在不同坐标系中的坐标可能是不同的。下面介绍几种常用的参考系。

(1) 载体系 b

载体系 b 名义上定义为与载体固定连接的坐标系。但是在捷联式惯性导航中,实际上通常认为惯性测量装置(IMU)的坐标系就是 b 系。

(2) 地理系 t

地理系 t 定义为载体所在地理位置的、沿着地面方向的坐标系。地理系的 x、y、z 方向选取有多种方案,比如东北天、北天东、北东地等。本书默认选用东北天。

当载体位置改变时,因为地球是圆的、地面是弯曲的,所以地理系 t 的方向会有缓慢变化。在高精度的导航算法中应当考虑 t 系方向变化造成的影响。

(3) 导航系 n

导航系 n 就是进行导航计算的坐标系。一般情况下,导航系 n 就选取地理系 t,二者一致。一些特定情况下,导航系 n 可以选取其他的坐标系:对于精度不高、运动范围不大的情况,导航系 n 选取局部直角坐标系以简化计算;对于飞行高度很高的载体,如人造卫星、登月飞船等,选取地球坐标系 e 或者惯性参考系 i 作为导航坐标系更为方便;对于极区附近的导航系统,选取游移方位坐标系或者横坐标系,以规避地球极点附近的导航计算奇异问题。

(4) 惯性参考系 i

惯性参考系 i 主要用于描述概念,通常的应用场景中一般不需要获取惯性参考系中的坐标,所以不必在惯性参考系中规定坐标系。例如,陀螺仪测到的角速度表示为 $\boldsymbol{\omega}_{ib}^{b}$,即 b 系相对于 i 系的角速度在 b 系的坐标。

如果特殊情况下需要在惯性参考系中确定坐标,那么可以进一步规定惯性系坐标方向,如地心惯性参考系(ECI)。

(5) 地球坐标系 e

地球坐标系 e 又名地心地固(ECEF)坐标系。坐标系原点取地心,x 轴指向赤道 0 经度,y 轴指向赤道东经 90°,z 轴指向北极点。在卫星导航以及紧组合导航中常常使用 e 系。e 系是随着地球一同旋转的,e 系不是惯性系。

(6) 平台坐标系 p

平台坐标系的解释见前面"2.2 平台式和捷联式惯性导航"章节。

2.4 左手系和右手系#

三轴的直角坐标系,坐标轴的指向有两类,即左手系和右手系,如图 2-4 所示。本书一律采用右手系。

市面上一部分惯性测量装置(Inertial Measurement Unit,IMU)是左手系的。为了避免左手系的麻烦,建议直接把左手系数据换算为右手系。左手系和右手系的转换,只需要将其中一个坐标轴取负号,把这个轴人为反向即可。把所有数据换算为右手系之后,再进行其他数据处理。

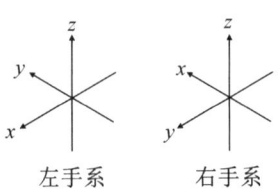

图 2-4 左手系和右手系

3 姿态和坐标变换

3.1 向量的计算规律

完整地描述角速度、加速度、速度、位移等向量需要明确 3 个坐标系。坐标系 β 相对于坐标系 α 的变化量 x 在坐标系 γ 中的投影表示为 $x_{\alpha\beta}^{\gamma}$。本书用粗斜体表示矩阵或向量,向量的下标表示相对运动,上标表示投影的坐标系。例如,地球自转角速度向量在东北天地理系中的坐标为:

$$\boldsymbol{\omega}_{ie}^{t} = \begin{bmatrix} 0 \\ \omega_e \cos L \\ \omega_e \sin L \end{bmatrix} \tag{3-1}$$

式中,ω_e 是地球自转角速率,L 是纬度。这是地球坐标系 e 相对于惯性参考系 i 的转动在地理系 t 的投影。

在这种表示方法下,一些简单的计算规则如下:

同一个坐标系内表示的向量符合向量加法规则:

$$\boldsymbol{x}_{AB}^{\gamma} + \boldsymbol{x}_{BC}^{\gamma} = \boldsymbol{x}_{AC}^{\gamma} \tag{3-2}$$

两个坐标系的相互运动是相反数:

$$\boldsymbol{x}_{\alpha\beta}^{\gamma} = -\boldsymbol{x}_{\beta\alpha}^{\gamma} \tag{3-3}$$

3.2 Givens 矩阵

把公式(2-5)和(2-6)写成向量的形式:

$$\boldsymbol{a}_{ib}^{n} = \boldsymbol{C}_{b}^{n} \boldsymbol{a}_{ib}^{b} \tag{3-4}$$

$$\boldsymbol{C}_{b}^{n} = \begin{bmatrix} \cos\theta & -\sin\theta \\ \sin\theta & \cos\theta \end{bmatrix} \tag{3-5}$$

形如这样的矩阵称为 Givens 矩阵,后面的章节会更深入地利用这个矩阵。

使用这个矩阵时,需要精细地考虑角度的正负号,否则会导致计算错误。

一方面,矩阵表示坐标系的转动,由坐标系的转动角度决定,向量本身的方向是不变的,如图 3-1(a)所示。向量方向不变、转动坐标系,与坐标系方向不变、转动向量,它们会导致相反的符号。本书中默认的情况都是向量方向不变、转动坐标系。

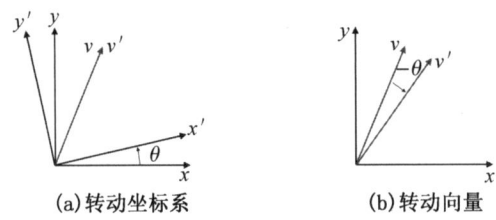

图 3-1　转动坐标系与转动向量

另一方面,C_b^n 和 C_n^b 的角度是相反的。所以需要特别注意坐标变换的顺序,即 Givens 矩阵的上下标。

3.3　坐标变换的计算#

相同下标、不同上标的向量,本质上是同一个向量在不同坐标系下的投影。同一个向量在不同坐标系的换算用矩阵表示为:

$$x_{\alpha\beta}^{\mu}=C_{\gamma}^{\mu}x_{\alpha\beta}^{\gamma} \tag{3-6}$$

数学上的坐标变换有很多种形式,但是导航领域最常用的是旋转变换。几个和坐标变换有关的变换概念如图 3-2 所示,内侧的概念是外侧概念的特殊情形,内侧的概念具有外侧的概念的所有性质。下面从外向内地介绍它们的性质。

图 3-2　坐标变换的概念

(1) 线性变换

线性变换可以表示为一个矩阵。对于可逆的线性变换,坐标系变换和反变换可以抵消,变换矩阵和反变换矩阵的乘积是单位矩阵,两个矩阵互为逆矩阵。

$$C_{\beta}^{\alpha}C_{\alpha}^{\beta}=I \tag{3-7}$$

需要注意,并不是所有线性变换都是可逆的。不可逆的线性变换称为退化的线性变换,没有逆变换。

线性变换可以叠加,用公式表示为:

$$C_{\alpha}^{\gamma}=C_{\beta}^{\gamma}C_{\alpha}^{\beta} \tag{3-8}$$

线性变换通常不可交换，多次变换时必须注意变换的顺序。特例是二维空间内的旋转变换有可交换性，形如公式(3-5)，这是因为二维空间的旋转只有一个自由度，而三维空间的旋转有三个自由度，往往是不可交换的。

(2) 正交变换

让线性变换特殊一些，保持变换前后的向量长度不变，则得到正交变换。如果两个坐标系的所有基都是等长的，且一个坐标系的基之间总是正交的，那么这两个坐标系之间的变换是正交变换。这就是导航技术中最常见的情形。

正交矩阵的特点是每个列向量都是单位向量，列向量之间正交。正交矩阵的这个特点用公式表示为：

$$AA^T = I \tag{3-9}$$

这说明，正交矩阵的逆矩阵是这个矩阵的转置。这个规律可以帮助我们快速计算正交变换的逆变换。在导航领域通常的坐标变换矩阵是正交矩阵。

$$C_\mu^\gamma = (C_\gamma^\mu)^{-1} = (C_\gamma^\mu)^T \tag{3-10}$$

(3) 旋转变换

正交变换包括旋转变换、反射变换，以及二者的叠加变换。旋转变换就是形如(3-5)的矩阵。

一个反射变换的例子为：

$$\begin{bmatrix} 1 & 0 & 0 \\ 0 & 1 & 0 \\ 0 & 0 & -1 \end{bmatrix} \tag{3-11}$$

对于三维空间，如果统一选用标准的右手系笛卡儿坐标系，那么就避免了反射变换的问题。在导航算法中默认选取这样的坐标系，只使用旋转变换的坐标变换，避免反射变换。

这一章节由一般到特殊地给出了坐标变换→线性变换→正交变换→旋转变换的概念。导航技术中对坐标变换的使用非常频繁，必须要掌握坐标变换的计算方法。

3.4 方向余弦矩阵

式(3-5)这个矩阵也可以表示为另外一种形式：

$$C_\alpha^\beta = \begin{bmatrix} \cos(\langle x_\beta, x_\alpha \rangle) & \cos(\langle x_\beta, y_\alpha \rangle) \\ \cos(\langle y_\beta, x_\alpha \rangle) & \cos(\langle y_\beta, y_\alpha \rangle) \end{bmatrix} \tag{3-12}$$

式中，$\langle \rangle$ 表示两个向量的夹角。

变换矩阵每一项都是变换前后对应坐标轴的夹角余弦值。这个矩阵直观地表达了坐标变换矩阵的意义。导航算法中的旋转变换矩阵也称为方向余弦矩阵。此处给出了2维的例子,3维的情况也是类似的。

方向余弦矩阵表示两个坐标系之间的旋转变换,也表示刚体的姿态。3×3的方向余弦矩阵能表示刚体在三维空间的任何一种姿态。三维的方向余弦矩阵虽然有9个数,但是只有3个独立的自由度。二维空间中的2×2方向余弦矩阵只有1个自由度。

在本书中,方向余弦矩阵、姿态变换矩阵、姿态矩阵、旋转矩阵、Givens矩阵等概念是相同的意思。$\boldsymbol{C}_\alpha^\beta$ 和 $\boldsymbol{C}_\beta^\alpha$ 都是姿态矩阵,使用时应当注意区分,避免混淆。

3.5 三维旋转演示实验

三维空间的旋转较为复杂。这一节描述了一个特色的实验,来演示三维旋转的特性,并练习使用矩阵描述旋转的方法。

在右手上建立 b 系:手掌平伸时,拇指为 x 轴,食指为 y 轴,手心朝向为 z 轴。建立 n 系,人的右、前、上方分别为 x、y、z 轴。初始状态,手臂平伸,手掌向上。此时 b 系与 n 系方向一致,$\boldsymbol{C}_\mathrm{n}^\mathrm{b}$ 为单位矩阵。然后做6个动作:收小臂、转小臂、伸小臂、收小臂、转小臂、伸小臂,如表3-1所示。

表 3-1 三维旋转演示实验

状态	b 系坐标轴	图示
0 初始	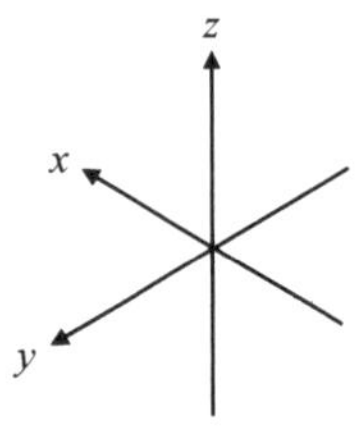	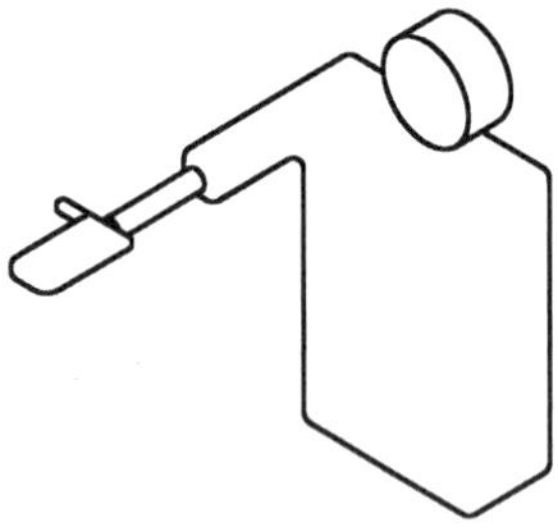
1 收小臂	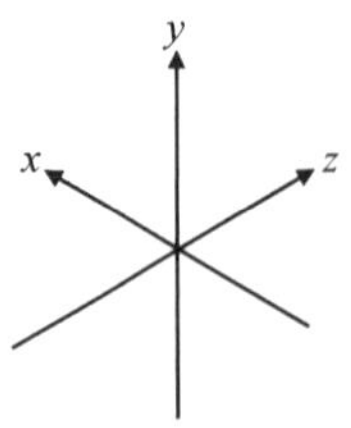	

（续表）

状态	b系坐标轴	图示
2 转小臂	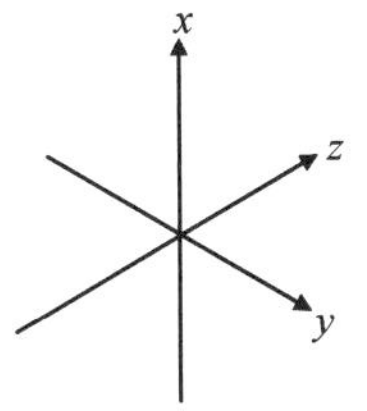	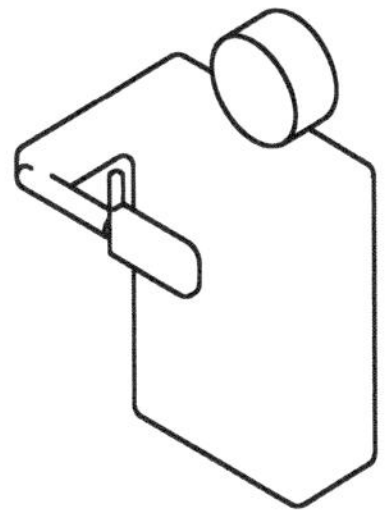
3 伸小臂	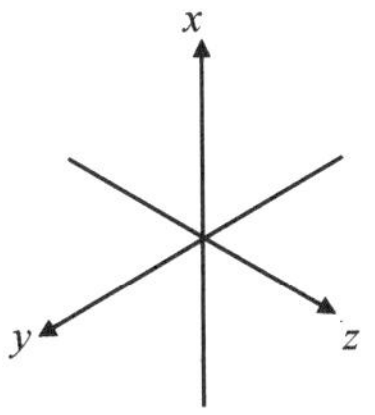	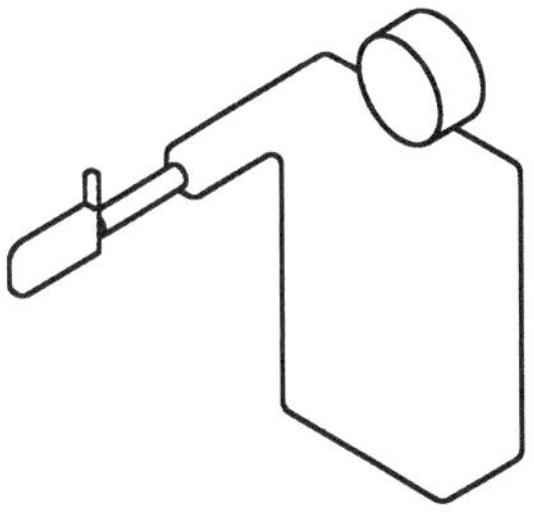
4 收小臂	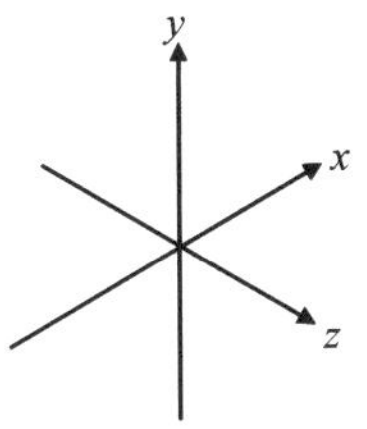	
5 转小臂	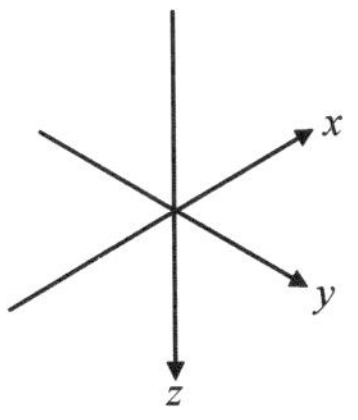	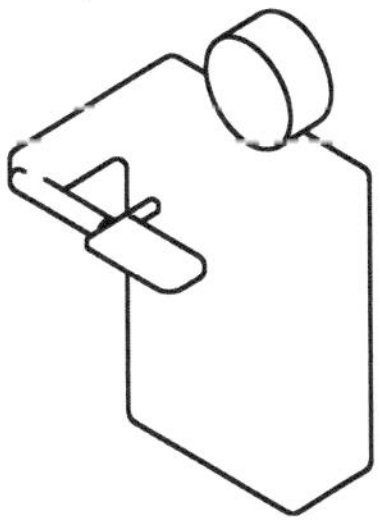
6 伸小臂	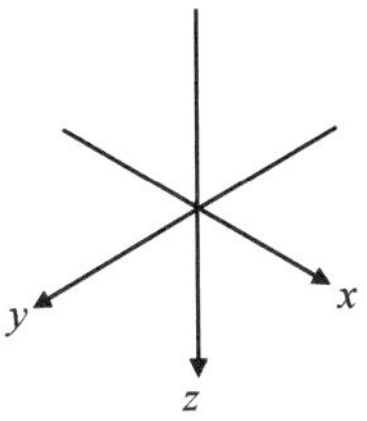	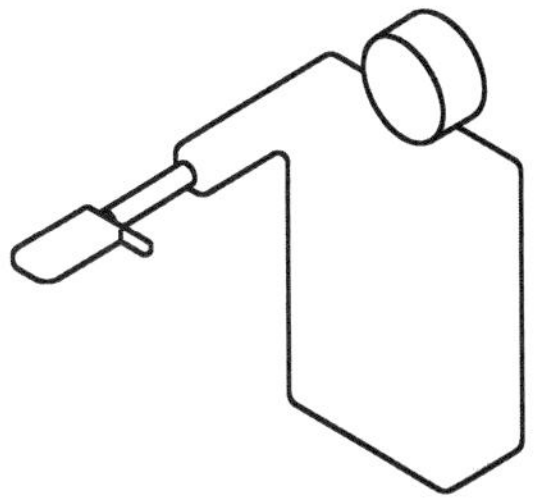

这个实验中，每次只绕 x 轴或 z 轴旋转。但是 6 次旋转后，相当于绕 y 轴旋转了 $180°$。

下面用矩阵描述该实验过程。

从状态 0 绕 x 轴旋转 90°得到状态 1。

$$\boldsymbol{C}_0^1 = \begin{bmatrix} 1 & 0 & 0 \\ 0 & 0 & 1 \\ 0 & -1 & 0 \end{bmatrix} \tag{3-13}$$

从状态 1 绕 z 轴旋转 90°得到状态 2。

$$\boldsymbol{C}_1^2 = \begin{bmatrix} 0 & 1 & 0 \\ -1 & 0 & 0 \\ 0 & 0 & 1 \end{bmatrix} \tag{3-14}$$

从状态 2 绕 x 轴旋转 −90°得到状态 3。

$$\boldsymbol{C}_2^3 = \begin{bmatrix} 1 & 0 & 0 \\ 0 & 0 & -1 \\ 0 & 1 & 0 \end{bmatrix} \tag{3-15}$$

从状态 3 绕 z 轴旋转 −90°得到状态 4。

$$\boldsymbol{C}_3^4 = \begin{bmatrix} 0 & -1 & 0 \\ 1 & 0 & 0 \\ 0 & 0 & 1 \end{bmatrix} \tag{3-16}$$

从状态 4 绕 x 轴旋转 90°得到状态 5。

$$\boldsymbol{C}_4^5 = \begin{bmatrix} 1 & 0 & 0 \\ 0 & 0 & 1 \\ 0 & -1 & 0 \end{bmatrix} \tag{3-17}$$

从状态 5 绕 z 轴旋转 90°得到状态 6。

$$\boldsymbol{C}_5^6 = \begin{bmatrix} 0 & 1 & 0 \\ -1 & 0 & 0 \\ 0 & 0 & 1 \end{bmatrix} \tag{3-18}$$

把上面 6 个矩阵相乘，就是 6 个动作的最终效果，相当于绕 y 轴旋转了 180°。

$$\boldsymbol{C}_0^6 = \boldsymbol{C}_5^6 \boldsymbol{C}_4^5 \boldsymbol{C}_3^4 \boldsymbol{C}_2^3 \boldsymbol{C}_1^2 \boldsymbol{C}_0^1 = \begin{bmatrix} -1 & 0 & 0 \\ 0 & 1 & 0 \\ 0 & 0 & -1 \end{bmatrix} \tag{3-19}$$

这个实验表明,三维旋转具有复杂的耦合性。

容易理解,三维旋转中多次旋转具有不可交换性。例如:

$$\boldsymbol{C}_1^2\boldsymbol{C}_0^1 = \begin{bmatrix} 0 & 0 & 1 \\ -1 & 0 & 0 \\ 0 & -1 & 0 \end{bmatrix} \neq \begin{bmatrix} 0 & 1 & 0 \\ 0 & 0 & 1 \\ 1 & 0 & 0 \end{bmatrix} = \boldsymbol{C}_0^1\boldsymbol{C}_1^2 \tag{3-20}$$

3.6 欧拉角

三维空间的姿态有 3 个自由度,所以一种自然的想法就是只用 3 个角度表示姿态。欧拉角就是一种直观地用 3 个角度表示姿态的方法。欧拉角定义为绕 3 个轴分别依次旋转某个角度。欧拉角的定义不是唯一的,允许人为定义某种旋转顺序。下面列举两种欧拉角的定义。

(1) 顺序 zxy

下面给出欧拉角的一种定义,依次绕 z、x、y 轴旋转 ψ、θ、γ 角度,则第一次旋转对应的矩阵为:

$$\boldsymbol{C}_{M0}^{M1} = \begin{bmatrix} \cos\psi & \sin\psi & 0 \\ -\sin\psi & \cos\psi & 0 \\ 0 & 0 & 1 \end{bmatrix} \tag{3-21}$$

形如这样的矩阵就是三维的 Givens 矩阵,表示一次旋转变换。

第二次旋转对应的矩阵为:

$$\boldsymbol{C}_{M1}^{M2} = \begin{bmatrix} 1 & 0 & 0 \\ 0 & \cos\theta & \sin\theta \\ 0 & -\sin\theta & \cos\theta \end{bmatrix} \tag{3-22}$$

第三次旋转对应的矩阵为:

$$\boldsymbol{C}_{M2}^{M3} = \begin{bmatrix} \cos\gamma & 0 & -\sin\gamma \\ 0 & 1 & 0 \\ \sin\gamma & 0 & \cos\gamma \end{bmatrix} \tag{3-23}$$

三次旋转合在一起的矩阵为:

$$\boldsymbol{C}_{M0}^{M3} = \boldsymbol{C}_{M2}^{M3}\boldsymbol{C}_{M1}^{M2}\boldsymbol{C}_{M0}^{M1}$$

$$= \begin{bmatrix} \cos\gamma\cos\psi - \sin\gamma\sin\psi\sin\theta & \cos\gamma\sin\psi + \sin\gamma\cos\psi\sin\theta & -\cos\theta\sin\gamma \\ -\cos\theta\sin\psi & \cos\psi\cos\theta & \sin\theta \\ \cos\psi\sin\gamma + \cos\gamma\sin\psi\sin\theta & \sin\gamma\sin\psi + \cos\gamma\cos\psi\sin\theta & \cos\theta\cos\gamma \end{bmatrix}$$

$$\tag{3-24}$$

此矩阵表示，从 M0 开始依次转动 3 次后，从 M0 到 M3 的变换矩阵。这个旋转矩阵仍然是正交矩阵。如果需要从 M3 到 M0 的变换矩阵，那么只需要对上述矩阵再取一次转置计算即可。

上述公式给出了根据欧拉角计算坐标变换矩阵的方法。反之，根据坐标变换矩阵计算欧拉角的公式为：

$$\psi = \mathrm{atan2}(-C(2,1), C(2,2)) \tag{3-25}$$

$$\theta = \mathrm{atan2}(C(2,3), \sqrt{C(1,3)^2 + C(3,3)^2}) \tag{3-26}$$

$$\gamma = \mathrm{atan2}(-C(1,3), C(3,3)) \tag{3-27}$$

式中，atan2 是四象限输出、二元输入的反正切函数，如 $\mathrm{atan2}\left(-\dfrac{\sqrt{2}}{2}, \dfrac{\sqrt{2}}{2}\right) = \dfrac{3}{4}\pi$。形如 $C(3,3)$ 表示坐标变换矩阵的第 3 行第 3 列的元素。为了与 C 语言或 Matlab 等编程语言兼容，此处的函数命名采用了程序中的名称，而非一般的数学名称。例如，反正弦函数为 asin，二元反正切函数为 atan2。

旋转角度 θ 具有多种计算方法。通常的计算机存在很小的小数表示误差和浮点数计算误差。当存在上述误差时，$C(2,3)$ 有可能大于 1，如果直接使用 asin 函数，则会导致计算异常。所以使用 atan2 函数代替 asin 等函数，以避免工程中发生计算异常。

$$\begin{aligned}\theta &= \mathrm{atan2}(C(2,3), \sqrt{C(1,3)^2 + C(3,3)^2}) \\ &= \mathrm{atan2}(C(2,3), \sqrt{C(2,1)^2 + C(2,2)^2}) \\ &= \mathrm{asin}(C(2,3))\end{aligned} \tag{3-28}$$

使用 asin 函数计算在工程中依然是可行的，但是程序中有必要对 asin 函数自变量的范围加以判断和限制，防止出现超出定义域的情况。

(2) 顺序 yzx

下面给出欧拉角的另一种定义，依次绕 y、z、x 轴旋转 ψ、θ、γ 角度，则第一次旋转对应的矩阵为：

$$\boldsymbol{C}_{M0}^{M1} = \begin{bmatrix} \cos\psi & 0 & -\sin\psi \\ 0 & 1 & 0 \\ \sin\psi & 0 & \cos\psi \end{bmatrix} \tag{3-29}$$

第二次旋转对应的矩阵为：

$$\boldsymbol{C}_{M1}^{M2} = \begin{bmatrix} \cos\theta & \sin\theta & 0 \\ -\sin\theta & \cos\theta & 0 \\ 0 & 0 & 1 \end{bmatrix} \tag{3-30}$$

第三次旋转对应的矩阵为：

$$\boldsymbol{C}_{M2}^{M3} = \begin{bmatrix} 1 & 0 & 0 \\ 0 & \cos\gamma & \sin\gamma \\ 0 & -\sin\gamma & \cos\gamma \end{bmatrix} \tag{3-31}$$

三次旋转合在一起的矩阵为：

$$\begin{aligned}\boldsymbol{C}_{M0}^{M3} &= \boldsymbol{C}_{M2}^{M3}\boldsymbol{C}_{M1}^{M2}\boldsymbol{C}_{M0}^{M1} \\ &= \begin{bmatrix} \cos\psi\cos\theta & \sin\theta & -\cos\theta\sin\psi \\ \sin\gamma\sin\psi - \cos\gamma\cos\psi\sin\theta & \cos\gamma\cos\theta & \sin\gamma\cos\psi + \cos\gamma\sin\psi\sin\theta \\ \cos\gamma\sin\psi + \sin\gamma\cos\psi\sin\theta & -\sin\gamma\cos\theta & \cos\gamma\cos\psi - \sin\gamma\sin\psi\sin\theta \end{bmatrix}\end{aligned}$$

$$\tag{3-32}$$

这个例子表明，给定不同的欧拉角旋转顺序，坐标变换矩阵是不同的。欧拉角的定义有很多种，在实际使用时必须给出明确的定义。

欧拉角本质上是用三次旋转定义坐标变换，比较容易直观理解。在某些定义下，三个欧拉角被称为 yaw、pitch、roll。欧拉角有多种定义，这个概念只对于某些合适定义的欧拉角适用，对于某些定义的欧拉角不宜引入 yaw、pitch、roll 概念。一般 pitch 翻译为俯仰角，roll 翻译为横滚角或滚转角。

在不同的行业或文献中，关于 yaw 的概念略有一些差别。例如，在有的文献中，速度方向为 course，姿态与北向夹角为 heading，姿态与预设航线夹角为 yaw；有的文献把 yaw 翻译为航向，有的文献翻译为偏航。本书尽量不引入额外概念以简化问题，把 yaw 翻译为偏航，认为 yaw 就是 heading，就是姿态方向与北向的夹角。

欧拉角主要有两个缺点：奇异点和不可交换性。

在一些常见的欧拉角定义下，俯仰角为±90°的情况是奇异点。此时变换矩阵与欧拉角是一对多的关系，多种偏航角和横滚角对应同一个变换矩阵。在奇异点附近，欧拉角表面上会突变，可能导致不熟悉导航技术的使用人员产生误解。在大俯仰角等情况下，建议尽可能使用四元数表示姿态，而非用欧拉角表示姿态。虽然在通常的定义下俯仰角为±90°的情况是奇异点，但是在一些特殊的定义下，欧拉角的奇异点可能位于其他姿态。

欧拉角是有顺序的，这三个角度在变换矩阵中的效果是不同的。在旋转叠加等情况下，计算欧拉角非常麻烦，虽直观但是不利于计算。虽然欧拉角常用于输出姿态结果，但是在导航计算过程中要尽量避免使用欧拉角。

需要反复强调的是，在用欧拉角表达姿态时，必须给出欧拉角的清晰定义，这是至关重要的。本书默认的定义为：0 姿态时，x、y、z 分别指向东 E、北 N、天 U 方向，欧拉角旋转顺序为 z、x、y。不同产品的欧拉角定义可能不同，要注重甄别和换算。

3.7 符号计算#

为了便于推导公式,建议掌握 Matlab 等计算工具中的符号计算功能。下面以推导式(3-24)为例,演示符号计算功能,相应程序代码如下。程序运行结果即式(3-24)。

```
syms psi theta gamma
c01 = [cos(psi),sin(psi),0;
    -sin(psi),cos(psi),0;
    0,0,1];
c12 = [1,0,0;
    0,cos(theta),sin(theta);
    0,-sin(theta),cos(theta)];
c23 = [cos(gamma),0,-sin(gamma);
    0,1,0;
    sin(gamma),0,cos(gamma)];
cnb = c23 * c12 * c01;
disp(cnb)
```

3.8 欧拉角的换算*

如果要用欧拉角准确地表述姿态,那么一方面要定义清楚欧拉角的旋转顺序,另一方面要指定 0 姿态坐标系。

这里列举两个用欧拉角描述姿态的例子。

定义一:0 姿态时,x、y、z 分别指向东 E、北 N、天 U 方向,欧拉角旋转顺序为 z、x、y。

定义二:0 姿态时,x、y、z 分别指向北 N、天 U、东 E 方向,欧拉角旋转顺序为 y、z、x。

考虑这样一个算例:如果按照定义二的 3 个欧拉角依次为 $30°,45°,60°$,那么按照定义一的 3 个欧拉角为多少度?

首先,根据式(3-32)得到 NUE 到 b 系的旋转矩阵:

$$\boldsymbol{C}_{\mathrm{NUE}}^{\mathrm{b}} = \begin{bmatrix} 0.6124 & 0.7071 & -0.3536 \\ 0.1268 & 0.3536 & 0.9268 \\ 0.7803 & -0.6124 & 0.1268 \end{bmatrix} \tag{3-33}$$

坐标系 NUE 与 ENU 的换算关系为:

$$\boldsymbol{C}_{\text{NUE}}^{\text{ENU}} = \begin{bmatrix} 0 & 0 & 1 \\ 1 & 0 & 0 \\ 0 & 1 & 0 \end{bmatrix} \tag{3-34}$$

所以得到 ENU 到 b 系的旋转矩阵：

$$\boldsymbol{C}_{\text{ENU}}^{\text{b}} = \boldsymbol{C}_{\text{NUE}}^{\text{b}} (\boldsymbol{C}_{\text{NUE}}^{\text{ENU}})^{\text{T}} = \begin{bmatrix} -0.3536 & 0.6124 & 0.7071 \\ 0.9268 & 0.1268 & 0.3536 \\ 0.1268 & 0.7803 & -0.6124 \end{bmatrix} \tag{3-35}$$

然后根据式(3-25)~(3-27)，得到定义二的欧拉角为$-82.2°$、$20.7°$、$-130.9°$。

这个算例演示了欧拉角的换算方法，其计算比较复杂。不过实际工程中的导航算法通常不必计算上述的欧拉角换算，本节的例子只是为了演示原理。

4 方向余弦矩阵姿态更新

4.1 用矩阵计算姿态更新

惯性导航的姿态计算是一个积分过程：根据陀螺仪数值和上一时刻的姿态，计算当前时刻的姿态。二维空间导航中直接对陀螺仪数值积分即可实现姿态更新，但是三维空间的情况更加复杂。下面用矩阵方法来解决三维空间的姿态更新问题。

通常的姿态变换矩阵不具有乘法交换性，但是当姿态角度非常小时，姿态变换矩阵具有交换性。考虑小角度情况以简化问题是导航原理中经常使用的数学方法。

下面列举一个简单的例子演示小角度时的可交换性：设绕 x 轴旋转 θ_x，绕 y 轴旋转 θ_y。当先旋转 x、后旋转 y 时，姿态矩阵为：

$$\boldsymbol{C}_1 = \begin{bmatrix} \cos\theta_y & 0 & -\sin\theta_y \\ 0 & 1 & 0 \\ \sin\theta_y & 0 & \cos\theta_y \end{bmatrix} \begin{bmatrix} 1 & 0 & 0 \\ 0 & \cos\theta_x & \sin\theta_x \\ 0 & -\sin\theta_x & \cos\theta_x \end{bmatrix}$$

$$= \begin{bmatrix} \cos\theta_y & \sin\theta_x \sin\theta_y & -\cos\theta_x \sin\theta_y \\ 0 & \cos\theta_x & \sin\theta_x \\ \sin\theta_y & -\sin\theta_x \cos\theta_y & \cos\theta_x \cos\theta_y \end{bmatrix} \tag{4-1}$$

当先旋转 y、后旋转 x 时，姿态矩阵为：

$$\boldsymbol{C}_2 = \begin{bmatrix} 1 & 0 & 0 \\ 0 & \cos\theta_x & \sin\theta_x \\ 0 & -\sin\theta_x & \cos\theta_x \end{bmatrix} \begin{bmatrix} \cos\theta_y & 0 & -\sin\theta_y \\ 0 & 1 & 0 \\ \sin\theta_y & 0 & \cos\theta_y \end{bmatrix}$$

$$= \begin{bmatrix} \cos\theta_y & 0 & -\sin\theta_y \\ \sin\theta_x \sin\theta_y & \cos\theta_x & \sin\theta_x \cos\theta_y \\ \cos\theta_x \sin\theta_y & -\sin\theta_x & \cos\theta_x \cos\theta_y \end{bmatrix} \tag{4-2}$$

下面考虑 θ_x 和 θ_y 都很小的情况。此时取 $\sin\theta = \theta$，$\cos\theta = 1$，$\theta_x \theta_y = 0$，则有：

$$\boldsymbol{C}_1 \approx \begin{bmatrix} 1 & 0 & -\theta_y \\ 0 & 1 & \theta_x \\ \theta_y & -\theta_x & 1 \end{bmatrix} \approx \boldsymbol{C}_2 \tag{4-3}$$

上面的例子演示了姿态矩阵在小角度时的可交换性。在导航原理的推导中,应当明确区分小角度和大角度的情况,大角度不具有交换性,只有小角度才具有交换性。

对于旋转角度较小的情况,即可直接利用上述公式计算姿态更新。考虑三轴旋转的情况,则有:

$$\boldsymbol{C}_i^b(t+T) = \begin{bmatrix} 1 & \theta_z & -\theta_y \\ -\theta_z & 1 & \theta_x \\ \theta_y & -\theta_x & 1 \end{bmatrix} \boldsymbol{C}_i^b(t) \tag{4-4}$$

这个公式等效于:

$$\boldsymbol{C}_b^i(t+T) = \boldsymbol{C}_b^i(t) \begin{bmatrix} 1 & -\theta_z & \theta_y \\ \theta_z & 1 & -\theta_x \\ -\theta_y & \theta_x & 1 \end{bmatrix} \tag{4-5}$$

为了方便表示,引入角增量反对称矩阵,如式(4-6)。为什么这样选取符号,可参考后面"4.2 向量的叉乘"章节。这样选取的符号定义与向量的叉乘的定义兼容。

$$[\boldsymbol{\theta}] = \begin{bmatrix} 0 & -\theta_z & \theta_y \\ \theta_z & 0 & -\theta_x \\ -\theta_y & \theta_x & 0 \end{bmatrix} \tag{4-6}$$

则有:

$$\boldsymbol{C}_b^i(t+T) = \boldsymbol{C}_b^i(t)(\boldsymbol{I} + [\boldsymbol{\theta}]) \tag{4-7}$$

下面考虑旋转角度较大的情况。只要把大角度旋转 $\boldsymbol{\theta}$ 拆解为 n 次小角度旋转 $\boldsymbol{\theta}/n$,即可得到大角度旋转时的姿态更新公式,所以对于大角度的情况,有:

$$\boldsymbol{C}_b^i(t+T) = \boldsymbol{C}_b^i(t) \lim_{n \to +\infty} \left(\boldsymbol{I} + \frac{[\boldsymbol{\theta}_{ib}^b]}{n} \right)^n = \boldsymbol{C}_b^i(t) \exp([\boldsymbol{\theta}_{ib}^b]) \tag{4-8}$$

式中,exp 表示自然常数 e 为底数的指数函数,$\boldsymbol{C}_b^i(t)$ 是上一时刻的姿态矩阵,$\boldsymbol{C}_b^i(t+T)$ 是下一时刻的姿态矩阵。上式即姿态更新公式。这种计算方法称为毕-卡(Peano-Baker)逼近法。

此处暂时跳过证明,给出反对称矩阵的指数函数简化后的计算公式。下列公式更便于计算。

$$\exp([\boldsymbol{\theta}]) = \boldsymbol{I} + \frac{\sin\theta}{\theta}[\boldsymbol{\theta}] + \frac{1-\cos\theta}{\theta^2}[\boldsymbol{\theta}]^2 \tag{4-9}$$

式中,θ 是角增量的三轴矢量和,即向量的模长。

$$\theta = \sqrt{\theta_x^2 + \theta_y^2 + \theta_z^2} \tag{4-10}$$

公式(4-9)的推导可参考后面"4.3 推导反对称矩阵指数函数"章节。

利用公式(4-8)和(4-9),即根据陀螺仪数值和上一时刻的姿态,计算当前时刻的姿态的方法,即姿态更新。姿态更新是惯性导航中的关键步骤。

上述若干关于姿态矩阵更新的公式具有一定的实用性。但在实际导航中,一般使用四元数进行姿态更新,而不直接使用方向余弦矩阵来计算姿态更新。此处给出了方向余弦矩阵的计算公式,是因为方向余弦矩阵比四元数更容易理解,所以先介绍方向余弦矩阵的公式以作为铺垫。

关于这个公式的使用,有一些注意事项:(1)公式(4-9)仅适用于角增量较大的情况,角增量较小的情况则应当使用公式(4-7)以避免分母为0。(2)公式(4-8)隐藏的条件是三轴同时匀速转动。为了满足这个条件,应当尽可能提高惯性导航的采样率,并且防止IMU剧烈振动。后面章节会进一步讨论实际情况中的细节。

4.2 向量的叉乘#

向量叉乘的公式为:

$$\boldsymbol{a} \times \boldsymbol{b} = \begin{bmatrix} a_1 \\ a_2 \\ a_3 \end{bmatrix} \times \begin{bmatrix} b_1 \\ b_2 \\ b_3 \end{bmatrix} = \begin{bmatrix} a_2 b_3 - a_3 b_2 \\ a_3 b_1 - a_1 b_3 \\ a_1 b_2 - a_2 b_1 \end{bmatrix} \tag{4-11}$$

用反对称矩阵表示叉乘更为简洁。反对称矩阵为:

$$[\boldsymbol{a}] = \begin{bmatrix} 0 & -a_3 & a_2 \\ a_3 & 0 & -a_1 \\ -a_2 & a_1 & 0 \end{bmatrix} \tag{4-12}$$

则向量的叉乘公式为:

$$\boldsymbol{a} \times \boldsymbol{b} = \begin{bmatrix} a_2 b_3 - a_3 b_2 \\ a_3 b_1 - a_1 b_3 \\ a_1 b_2 - a_2 b_1 \end{bmatrix} = \begin{bmatrix} 0 & -a_3 & a_2 \\ a_3 & 0 & -a_1 \\ -a_2 & a_1 & 0 \end{bmatrix} \begin{bmatrix} b_1 \\ b_2 \\ b_3 \end{bmatrix} = [\boldsymbol{a}] \boldsymbol{b} \tag{4-13}$$

反对称矩阵 $[\boldsymbol{a}]$ 有如下性质:

$$-[\boldsymbol{a}] = [\boldsymbol{a}]^{\mathrm{T}} \tag{4-14}$$

叉乘的几何意义是计算与两个给定向量垂直的向量,即 $\boldsymbol{a} \times \boldsymbol{b}$ 与 $\boldsymbol{a}$ 垂直、数量积为0,即

$$\boldsymbol{a} \cdot (\boldsymbol{a} \times \boldsymbol{b}) = \begin{bmatrix} a_1 & a_2 & a_3 \end{bmatrix} \begin{bmatrix} a_2 b_3 - a_3 b_2 \\ a_3 b_1 - a_1 b_3 \\ a_1 b_2 - a_2 b_1 \end{bmatrix}$$

$$= a_1(a_2 b_3 - a_3 b_2) + a_2(a_3 b_1 - a_1 b_3) + a_3(a_1 b_2 - a_2 b_1) = 0$$

(4-15)

当 $\boldsymbol{a}$ 与 $\boldsymbol{b}$ 平行时，$\boldsymbol{a} \times \boldsymbol{b}$ 为 $\boldsymbol{0}$ 向量。下面加以证明：当 $\boldsymbol{a}$ 与 $\boldsymbol{b}$ 平行时，不妨设 $\boldsymbol{a} = k\boldsymbol{b}$，则：

$$\boldsymbol{a} \times \boldsymbol{b} = \begin{bmatrix} kb_2 b_3 - kb_3 b_2 \\ kb_3 b_1 - kb_1 b_3 \\ kb_1 b_2 - kb_2 b_1 \end{bmatrix} = \begin{bmatrix} 0 \\ 0 \\ 0 \end{bmatrix} \quad (4\text{-}16)$$

叉乘通常不满足交换律和结合律，这是值得注意的性质。

$$\boldsymbol{a} \times \boldsymbol{b} = -(\boldsymbol{b} \times \boldsymbol{a}) \quad (4\text{-}17)$$

4.3 推导反对称矩阵指数函数*

本节推导公式(4-9)，化简反对称矩阵的指数函数。

利用麦克劳林公式把指数函数改写为多项式。麦克劳林公式就是 0 附近的泰勒展开。

$$\exp([\boldsymbol{\theta}]) = \boldsymbol{I} + [\boldsymbol{\theta}] + \frac{1}{2!}[\boldsymbol{\theta}]^2 + \cdots + \frac{1}{n!}[\boldsymbol{\theta}]^n + \cdots \quad (4\text{-}18)$$

下面根据公式(4-6)计算 $[\boldsymbol{\theta}]^3$。

$$[\boldsymbol{\theta}]^3 = \begin{bmatrix} 0 & \theta_z \theta_x^2 + \theta_z \theta_y^2 + \theta_z^3 & -\theta_y \theta_x^2 - \theta_y^3 - \theta_y \theta_z^2 \\ -\theta_z \theta_x^2 - \theta_z \theta_y^2 - \theta_z^3 & 0 & \theta_x^3 + \theta_x \theta_y^2 + \theta_x \theta_z^2 \\ \theta_y \theta_x^2 + \theta_y^3 + \theta_y \theta_z^2 & -\theta_x^3 - \theta_x \theta_y^2 - \theta_x \theta_z^2 & 0 \end{bmatrix}$$

$$= -(\theta_x^2 + \theta_y^2 + \theta_z^2) \begin{bmatrix} 0 & -\theta_z & \theta_y \\ \theta_z & 0 & -\theta_x \\ -\theta_y & \theta_x & 0 \end{bmatrix} = -\theta^2 [\boldsymbol{\theta}]$$

(4-19)

即

$$[\boldsymbol{\theta}]^3 = -\theta^2 [\boldsymbol{\theta}] \quad (4\text{-}20)$$

所以反对称矩阵指数函数的麦克劳林公式简化为：

$$\exp([\boldsymbol{\theta}]) = \boldsymbol{I} + [\boldsymbol{\theta}] + \frac{1}{2!}[\boldsymbol{\theta}]^2 - \frac{1}{3!}\theta^2[\boldsymbol{\theta}] - \frac{1}{4!}\theta^2[\boldsymbol{\theta}]^2 + \cdots$$

$$= \boldsymbol{I} + \left(1 - \frac{1}{3!}\theta^2 + \frac{1}{5!}\theta^4 + \cdots\right)[\boldsymbol{\theta}] + \left(\frac{1}{2!} - \frac{1}{4!}\theta^2 + \frac{1}{6!}\theta^4 + \cdots\right)[\boldsymbol{\theta}]^2$$

(4-21)

三角函数的麦克劳林级数为：

$$\sin\theta = \theta - \frac{1}{3!}\theta^3 + \frac{1}{5!}\theta^5 - \cdots \tag{4-22}$$

$$\cos\theta = 1 - \frac{1}{2!}\theta^2 + \frac{1}{4!}\theta^4 - \cdots \tag{4-23}$$

即

$$1 - \frac{1}{3!}\theta^2 + \frac{1}{5!}\theta^4 + \cdots = \frac{\sin\theta}{\theta} \tag{4-24}$$

$$\frac{1}{2!} - \frac{1}{4!}\theta^2 + \frac{1}{6!}\theta^4 + \cdots = \frac{1-\cos\theta}{\theta^2} \tag{4-25}$$

所以

$$\exp[\boldsymbol{\theta}] = \boldsymbol{I} + \frac{\sin\theta}{\theta}[\boldsymbol{\theta}] + \frac{1-\cos\theta}{\theta^2}[\boldsymbol{\theta}]^2 \tag{4-26}$$

由此证明了公式(4-9)。

矩阵的指数函数能写成有限次数的多项式形式，这不是偶然的，而是哈密顿-凯莱(Hamilton-Cayley)定理的推论。供有兴趣的读者扩展阅读。

5 四元数

5.1 四元数姿态更新

使用方向余弦矩阵计算姿态更新有两个缺陷：(1)姿态更新是一种迭代计算，使用方向余弦矩阵进行姿态更新时，由于浮点数计算误差的逐渐累积，方向余弦矩阵可能逐渐丧失正交性，导致计算异常；(2)三维空间的旋转有 3 个自由度，而使用方向余弦矩阵的 9 个参数表示姿态，过度冗余了。

实际导航系统中，为了防止计算误差导致姿态矩阵失去正交性，也为了减少计算量，通常采用四元数代替姿态矩阵进行姿态更新。四元数定义为：

$$\boldsymbol{q} = \begin{bmatrix} \cos\frac{\theta}{2} & u_x \sin\frac{\theta}{2} & u_y \sin\frac{\theta}{2} & u_z \sin\frac{\theta}{2} \end{bmatrix}^{\mathrm{T}} \tag{5-1}$$

式中，θ 是旋转的角度，$\begin{bmatrix} u_x & u_y & u_z \end{bmatrix}^{\mathrm{T}}$ 是旋转轴的单位向量。

四元数也可以表示为：

$$\boldsymbol{q} = \cos\frac{\theta}{2} + \boldsymbol{u}\sin\frac{\theta}{2} \tag{5-2}$$

式中，$\boldsymbol{u}$ 是旋转轴的单位向量。

四元数用一次旋转的轴向和角度表示姿态。四元数与欧拉角的定义具有很大的差别。欧拉角的定义是每次旋转一个角度、旋转三次，而四元数是一次旋转到位。四元数这样的定义具有更好的对称性，有利于数学计算。

四元数有 4 个参数。在导航技术中，四元数的 4 个元素具有平方和为 1 的约束条件，此时四元数实际上只有 3 个自由度。

四元数具有较为深刻的数学理论背景，涉及李代数和李群。但是在组合导航领域只需要对四元数进行简单的计算，并不需要涉及四元数更加深刻的性质。下面不加证明地给出根据陀螺仪数值计算姿态四元数的方法。

引入 4 维的角增量矩阵：

$$[\boldsymbol{\theta}] = \begin{bmatrix} 0 & -\theta_x & -\theta_y & -\theta_z \\ \theta_x & 0 & \theta_z & -\theta_y \\ \theta_y & -\theta_z & 0 & \theta_x \\ \theta_z & \theta_y & -\theta_x & 0 \end{bmatrix} \tag{5-3}$$

四元数姿态更新的公式为：

$$q(t+T) = \left(\cos\frac{\theta}{2}\boldsymbol{I} + \frac{\sin\frac{\theta}{2}}{\theta}[\boldsymbol{\theta}]\right)q(t) \tag{5-4}$$

显然，上述公式与式(4-8)和式(4-9)是高度相似的。类似地，当旋转角度很小时，采用下面公式以避免分母为 0。

$$q(t+T) = \left(\cos\frac{\theta}{2}\boldsymbol{I} + \frac{1}{2}[\boldsymbol{\theta}]\right)q(t) \tag{5-5}$$

下面给出利用上述公式计算姿态更新的 Matlab 函数示例。四元数姿态更新函数 qupdate，输入为上一时刻四元数 q、弧度制 3 维角增量 th，输出为下一时刻四元数。

```
function qb = qupdate(qa,th)
%四元数姿态更新
thabs = sqrt(th(1) * th(1) + th(2) * th(2) + th(3) * th(3));
THM = zeros(4);
THM(1,2) = (-th(1));
THM(1,3) = (-th(2));
THM(1,4) = (-th(3));
THM(2,3) = (th(3));
THM(2,4) = (-th(2));
THM(3,4) = (th(1));
THM(2,1) = (th(1));
THM(3,1) = (th(2));
THM(4,1) = (th(3));
THM(3,2) = (-th(3));
THM(4,2) = (th(2));
THM(4,3) = (-th(1));
A = eye(4) * cos(thabs * 0.5);
if(thabs<(1e-6))
    A = A + THM * 0.5;
else
    A = A + THM * (sin(thabs * 0.5)/thabs);
end
qb = A * qa;
end
```

上述函数为弧度制。如果输入是角度制，则有 updatedeg 函数：

```
function qb = updatedeg(qa,xdeg,ydeg,zdeg)
qb = qupdate(qa,[xdeg;ydeg;zdeg] * pi/180);
end
```

5.2 四元数的换算

现在已经介绍了三种方式表示姿态：欧拉角、四元数、矩阵。三种表示方法之间的换算有 6 种：四元数转矩阵、矩阵转四元数、欧拉角转矩阵、矩阵转欧拉角、欧拉角转四元数、四元数转欧拉角。其中，欧拉角转矩阵、矩阵转欧拉角已经在前面章节介绍过了。

下面介绍四元数转矩阵的方法。采用四元数计算姿态更新是惯性导航中的主流方法。但是矩阵更便于计算坐标系变换，所以惯性导航中只在根据陀螺仪数据计算姿态更新时使用四元数，其余部分仍然使用矩阵计算坐标变换。此处不加证明地给出四元数转换为方向余弦矩阵的公式：

$$\boldsymbol{C}_b^n = \begin{bmatrix} q_0^2+q_1^2-q_2^2-q_3^2 & 2(q_1q_2-q_0q_3) & 2(q_1q_3+q_0q_2) \\ 2(q_1q_2+q_0q_3) & q_0^2-q_1^2+q_2^2-q_3^2 & 2(q_2q_3-q_0q_1) \\ 2(q_1q_3-q_0q_2) & 2(q_2q_3+q_0q_1) & q_0^2-q_1^2-q_2^2+q_3^2 \end{bmatrix} \quad (5-6)$$

相应的四元数转矩阵的 Matlab 函数如下：

```
function c = cbn(q)
%四元数转矩阵
q0 = q(1);
q1 = q(2);
q2 = q(3);
q3 = q(4);

q00 = q0 * q0;
q11 = q1 * q1;
q22 = q2 * q2;
q33 = q3 * q3;

c = zeros(3,3);
c(1,1) = q00 + q11 - q22 - q33;
c(1,2) = 2 * (q1 * q2 - q0 * q3);
c(1,3) = 2 * (q1 * q3 + q0 * q2);
c(2,1) = 2 * (q1 * q2 + q0 * q3);
```

```
c(2,2) = q00 − q11 + q22 − q33;
c(2,3) = 2 * (q2 * q3 − q0 * q1);
c(3,1) = 2 * (q1 * q3 − q0 * q2);
c(3,2) = 2 * (q2 * q3 + q0 * q1);
c(3,3) = q00 − q11 − q22 + q33;
end
```

下面介绍欧拉角转四元数的方法。欧拉角本质上就是旋转三次,所以欧拉角转换为四元数时只需要按照式(5-4)计算 3 次即可。因此欧拉角转四元数的函数 setoula 如下:

```
function q = setoula(yawdeg,pitchdeg,rolldeg)
q = [1,0,0,0]';
q = updatedeg(q,0,0,yawdeg);
q = updatedeg(q,pitchdeg,0,0);
q = updatedeg(q,0,rolldeg,0);
end
```

下面介绍四元数转欧拉角的方法。四元数转欧拉角,只需要四元数转矩阵,然后矩阵转欧拉角即可。因此四元数转欧拉角的函数 getoula 如下:

```
function ou = getoula(q)
%四元数转欧拉角
cnb = (cbn(q))';
ou = zeros(3,1);
ou(1) = atan2(−cnb(2,1),cnb(2,2));
ou(2) = atan2(cnb(2,3),sqrt(cnb(1,3).^2 + cnb(3,3).^2));%防溢出的写法。不宜直接 asin(cnb(2,3))
ou(3) = atan2(−cnb(1,3),cnb(3,3));
ou = ou * 180/pi;
end
```

矩阵转四元数的操作并不多见,确实需要矩阵转四元数时,可以先将矩阵转欧拉角,再将欧拉角转四元数。

本节介绍了一些转换方法,尽可能贯彻软件工程的复用思想:用少量基本的操作实现很多丰富的功能。本节介绍了多个子函数,它们将在后续的一些示例程序中被继续使用。

5.3 特征向量[#]

如果非零向量 x 和矩阵 A 有如下关系:

$$Ax = \lambda x \tag{5-7}$$

那么称 λ 为矩阵 A 的特征值,称向量 x 为矩阵 A 的特征向量。特征向量的内涵是:特征向量 x 经过矩阵 A 变换后方向不变。

正交矩阵的特征值是 1 或 -1。其中特征值为 -1 的正交矩阵包含了反射变换,导航计算中不涉及这类矩阵。方向余弦矩阵是特征值为 1 的正交矩阵。旋转轴向量是姿态变换矩阵的特征向量。

$$\boldsymbol{C}_b^n \begin{bmatrix} u_x \\ u_y \\ u_z \end{bmatrix} = \begin{bmatrix} u_x \\ u_y \\ u_z \end{bmatrix} \tag{5-8}$$

四元数的后 3 个数就表示旋转轴,即

$$\boldsymbol{C}_b^n \begin{bmatrix} q_1 \\ q_2 \\ q_3 \end{bmatrix} = \begin{bmatrix} q_1 \\ q_2 \\ q_3 \end{bmatrix} \tag{5-9}$$

直接代入化简即可证明上述公式:

$$\begin{aligned}
\boldsymbol{C}_b^n \begin{bmatrix} q_1 \\ q_2 \\ q_3 \end{bmatrix} &= \begin{bmatrix} q_0^2+q_1^2-q_2^2-q_3^2 & 2(q_1q_2-q_0q_3) & 2(q_1q_3+q_0q_2) \\ 2(q_1q_2+q_0q_3) & q_0^2-q_1^2+q_2^2-q_3^2 & 2(q_2q_3-q_0q_1) \\ 2(q_1q_3-q_0q_2) & 2(q_2q_3+q_0q_1) & q_0^2-q_1^2-q_2^2+q_3^2 \end{bmatrix} \begin{bmatrix} q_1 \\ q_2 \\ q_3 \end{bmatrix} \\
&= \begin{bmatrix} (q_0^2+q_1^2-q_2^2-q_3^2)q_1+2(q_1q_2-q_0q_3)q_2+2(q_1q_3+q_0q_2)q_3 \\ 2(q_1q_2+q_0q_3)q_1+(q_0^2-q_1^2+q_2^2-q_3^2)q_2+2(q_2q_3-q_0q_1)q_3 \\ 2(q_1q_3-q_0q_2)q_1+2(q_2q_3+q_0q_1)q_2+(q_0^2-q_1^2-q_2^2+q_3^2)q_3 \end{bmatrix} \\
&= \begin{bmatrix} (q_0^2+q_1^2+q_2^2+q_3^2)q_1 \\ (q_0^2+q_1^2+q_2^2+q_3^2)q_2 \\ (q_0^2+q_1^2+q_2^2+q_3^2)q_3 \end{bmatrix} = \begin{bmatrix} q_1 \\ q_2 \\ q_3 \end{bmatrix}
\end{aligned}$$

(5-10)

特征向量的概念将矩阵、四元数、几何意义联系在一起。姿态的定义就是一种表示旋转关系的特殊的线性变换。线性变换用矩阵表示。矩阵的特征向量是变换前后方向不变的向量,即旋转过程的轴线,也即四元数的向量部分。

5.4 轴角式旋转*

对于通常的导航计算需求,只需要套用公式(5-4)即可,不需要深入理解四元数的推导过程。作为选学的扩展内容,从本节开始给出四元数的一些推导过程。本章的推导过程尽可能规避李代数的深刻问题,从三维空间的几何意义上推导四元数的相关公式。下面的推导过程仅供有需要的读者加深理解。

刚体的旋转过程可以表示为绕一个轴 u 旋转一个角度 θ,这种表示旋转的方法称为轴角式(Axis-angle)。不妨取 $u = [u_x \quad u_y \quad u_z]^T$ 为单位向量,设一个向量 v 经过旋转后变为 v',下面推导计算 v' 的公式。

把 v 拆分为两部分,一部分 $v_\parallel$ 与 u 平行,一部分 $v_\perp$ 与 u 垂直。

$$v = v_\parallel + v_\perp \tag{5-11}$$

根据向量数量积的性质,平行分量为:

$$v_\parallel = (u \cdot v)u \tag{5-12}$$

垂直分量为:

$$v_\perp = v - (u \cdot v)u \tag{5-13}$$

类似地,把 v' 拆分为两部分:

$$v' = v'_\parallel + v'_\perp \tag{5-14}$$

平行分量旋转前后不变:

$$v'_\parallel = v_\parallel \tag{5-15}$$

垂直分量的旋转,类似于公式(2-5),并参考"4.2 向量的叉乘"章节的内容,则有:

$$v'_\perp = \cos\theta v_\perp + \sin\theta (u \times v_\perp) \tag{5-16}$$

因为平行向量的叉乘为 $\mathbf{0}$,所以

$$u \times v_\perp = u \times (v - v_\parallel) = u \times v - u \times v_\parallel = u \times v \tag{5-17}$$

综上

$$\begin{aligned} v' &= (u \cdot v)u + \cos\theta(v - (u \cdot v)u) + \sin\theta(u \times v) \\ &= \cos\theta v + (1 - \cos\theta)(u \cdot v)u + \sin\theta(u \times v) \end{aligned} \tag{5-18}$$

5.5 乘法*

四元数有几种不同的表示形式,如矩阵形式 $[q_0 \quad q_1 \quad q_2 \quad q_3]^T$ 和超复数形式 $q_0 + q_1 \mathrm{i} + q_2 \mathrm{j} + q_3 \mathrm{k}$。四元数也能看作标量和三维向量的拼接 $[q_0, v]$,即四元数的后3个数看

作一个向量,这样便于对应轴角式。四元数里的 i、j、k 既能看作是 3 个不同的虚数,四元数由实部和虚部构成;又能看作是 3 个基向量,四元数由标量和向量构成。

四元数的加减、数乘运算与常规理解相同,此处不再赘述。此处重点关注四元数的乘法计算。超复数的虚数单位规定为:

$$i^2 = j^2 = k^2 = ijk = -1 \tag{5-19}$$

为了与上式兼容,有顺序的乘法计算为:

$$\begin{aligned} ij &= k \\ jk &= i \\ ki &= j \\ ji &= -k \\ kj &= -i \\ ik &= -j \end{aligned} \tag{5-20}$$

因而四元数的乘法为:

$$\begin{aligned} &(a+bi+cj+dk)(e+fi+gj+hk) \\ &= (ae-bf-cg-dh) + \\ &\quad (be+af-dg+ch)i + \\ &\quad (ce+df+ag-bh)j + \\ &\quad (de-cf+bg+ah)k \end{aligned} \tag{5-21}$$

类似于叉乘,四元数的乘法计算改写为矩阵形式,则有:

$$\begin{bmatrix} a \\ b \\ c \\ d \end{bmatrix} \times \begin{bmatrix} e \\ f \\ g \\ h \end{bmatrix} = \begin{bmatrix} a & -b & -c & -d \\ b & a & -d & c \\ c & d & a & -b \\ d & -c & b & a \end{bmatrix} \begin{bmatrix} e \\ f \\ g \\ h \end{bmatrix} \tag{5-22}$$

把这个矩阵定义为左乘矩阵:

$$L(\boldsymbol{q}) = \boldsymbol{L} \begin{bmatrix} a \\ b \\ c \\ d \end{bmatrix} = \begin{bmatrix} a & -b & -c & -d \\ b & a & -d & c \\ c & d & a & -b \\ d & -c & b & a \end{bmatrix} \tag{5-23}$$

类似地,定义四元数的右乘矩阵:

$$\begin{bmatrix} e \\ f \\ g \\ h \end{bmatrix} \times \begin{bmatrix} a \\ b \\ c \\ d \end{bmatrix} = \boldsymbol{R}(\boldsymbol{q}) \begin{bmatrix} e \\ f \\ g \\ h \end{bmatrix} \tag{5-24}$$

$$\boldsymbol{R}(\boldsymbol{q}) = \boldsymbol{R} \begin{bmatrix} a \\ b \\ c \\ d \end{bmatrix} = \begin{bmatrix} a & -b & -c & -d \\ b & a & d & -c \\ c & -d & a & b \\ d & c & -b & a \end{bmatrix} \tag{5-25}$$

如果以标量和向量的拼接形式表示四元数,那么四元数乘法为:

$$[s, \boldsymbol{v}][t, \boldsymbol{u}] = [st - \boldsymbol{v} \cdot \boldsymbol{u}, s\boldsymbol{u} + t\boldsymbol{v} + \boldsymbol{v} \times \boldsymbol{u}] \tag{5-26}$$

上面的结论称为 Graβmann 积。

四元数乘法通常不满足交换律,但是满足结合律和分配律。与之对比,向量的叉乘不满足结合律,但是四元数乘法满足结合律,这是四元数的一种优良性质。

对于纯四元数,即实部为 0 的四元数,则有:

$$[0, \boldsymbol{v}][0, \boldsymbol{u}] = [-\boldsymbol{v} \cdot \boldsymbol{u}, \boldsymbol{v} \times \boldsymbol{u}] \tag{5-27}$$

5.6 共轭*

四元数的共轭定义为:

$$\begin{bmatrix} a \\ b \\ c \\ d \end{bmatrix}^* = \begin{bmatrix} a \\ -b \\ -c \\ -d \end{bmatrix} \tag{5-28}$$

或者表示为:

$$[q_0, \boldsymbol{v}]^* = [q_0, -\boldsymbol{v}] \tag{5-29}$$

四元数与其共轭的乘积为:

$$\begin{bmatrix} a \\ b \\ c \\ d \end{bmatrix} \times \begin{bmatrix} a \\ b \\ c \\ d \end{bmatrix}^* = \begin{bmatrix} a \\ b \\ c \\ d \end{bmatrix} \times \begin{bmatrix} a \\ -b \\ -c \\ -d \end{bmatrix} = \begin{bmatrix} a^2 + b^2 + c^2 + d^2 \\ 0 \\ 0 \\ 0 \end{bmatrix} \tag{5-30}$$

对于单位四元数,即模长为 1 的四元数,有:

$$qq^* = q^*q = 1 \tag{5-31}$$

单位四元数具有性质:

$$q^{-1} = q^* \tag{5-32}$$

在这种特殊情况下,单位四元数和共轭的乘积满足交换律。

5.7 四元数与旋转*

没有实部的四元数是纯四元数。纯四元数就是向量,向量就是纯四元数。或者说向量 $\begin{bmatrix} v_x & v_y & v_z \end{bmatrix}^T$ 和四元数 $\begin{bmatrix} 0 & v_x & v_y & v_z \end{bmatrix}^T$ 本质上是一样的。在这个基础上进行下列推导,考察轴角式的旋转,绕一个轴 u 旋转一个角度 θ,向量 v 经过旋转后变为 v'。

构造一个单位四元数

$$p = [\cos\theta, \sin\theta u] \tag{5-33}$$

根据 Graβmann 积并注意到向量关系 $u \cdot v_\perp = 0$,则有四元数关系

$$pv_\perp = [\cos\theta, \sin\theta u][0, v_\perp] = [0, \cos\theta v_\perp + \sin\theta u \times v_\perp] \tag{5-34}$$

这个结果与公式(5-16)匹配,所以

$$v'_\perp = pv_\perp \tag{5-35}$$

所以旋转变换的四元数表达式为:

$$v' = v_\parallel + pv_\perp \tag{5-36}$$

下面的推导中,期望合并平行分量和垂直分量。为此需要实现四元数的左乘和右乘的转换,继续利用 Graβmann 积先证明两个引理。

(1) 平行分量的四元数乘法

考虑四元数 p 与平行分量 $v_\parallel$ 的乘法,平行向量的叉乘为 $\mathbf{0}$ 向量,所以

$$pv_\parallel = [\cos\theta, \sin\theta u][0, v_\parallel] = [-\sin\theta u \cdot v_\parallel, \cos\theta v_\parallel] \tag{5-37}$$

注意到

$$v_\parallel p = [0, v_\parallel][\cos\theta, \sin\theta u] = [-\sin\theta u \cdot v_\parallel, \cos\theta v_\parallel] \tag{5-38}$$

所以

$$pv_\parallel = v_\parallel p \tag{5-39}$$

(2) 垂直分量的四元数乘法

考虑四元数 p 与垂直分量 $v_\perp$ 的乘法

$$v_\perp p = [0, v_\perp][\cos\theta, \sin\theta u] = [0, \cos\theta v_\perp + \sin\theta v_\perp \times u] \tag{5-40}$$

即

$$v_\perp p = p^* v_\perp \tag{5-41}$$

上述两个引理借助 Graβmann 积分析了平行分量和垂直分量,实现了四元数左乘和右乘的换算。在此基础上,继续处理公式(5-36),实现合并平行分量和垂直分量。

再构造一个单位四元数

$$q = \left[\cos\frac{\theta}{2}, \sin\frac{\theta}{2}u\right] \tag{5-42}$$

利用 Graβmann 积以及三角函数的关系,容易证明:

$$\begin{aligned}qq &= \left[\cos\frac{\theta}{2}, \sin\frac{\theta}{2}u\right]\left[\cos\frac{\theta}{2}, \sin\frac{\theta}{2}u\right] \\ &= \left[\left(\cos\frac{\theta}{2}\right)^2 - \left(\sin\frac{\theta}{2}\right)^2, 2\cos\frac{\theta}{2}\sin\frac{\theta}{2}u\right] \\ &= [\cos\theta, \sin\theta u] = p\end{aligned} \tag{5-43}$$

上述公式具有直观的几何意义:绕轴 u 旋转 $\frac{\theta}{2}$ 角 2 次,等价于绕轴 u 旋转 θ 角 1 次。

$$qq = p \tag{5-44}$$

由此继续处理公式(5-36)

$$\begin{aligned}v' &= v_\parallel + pv_\perp \\ &= qq^* v_\parallel + qqv_\perp \\ &= qv_\parallel q^* + qv_\perp q^* \\ &= q(v_\parallel + v_\perp)q^* = qvq^*\end{aligned} \tag{5-45}$$

所以,用单位四元数表示旋转具有非常简洁的形式

$$v' = qvq^* = qvq^{-1} \tag{5-46}$$

5.8 四元数与惯性导航*

四元数运算改写成矩阵形式为:

$$v' = qvq^* = R(q^*)L(q)v \tag{5-47}$$

把矩阵乘法合并,则有:

$$R(q^*)L(q) = \begin{bmatrix} q_0 & q_1 & q_2 & q_3 \\ -q_1 & q_0 & -q_3 & q_2 \\ -q_2 & q_3 & q_0 & -q_1 \\ -q_3 & -q_2 & q_1 & q_0 \end{bmatrix} \begin{bmatrix} q_0 & -q_1 & -q_2 & -q_3 \\ q_1 & q_0 & -q_3 & q_2 \\ q_2 & q_3 & q_0 & -q_1 \\ q_3 & -q_2 & q_1 & q_0 \end{bmatrix}$$

$$= \begin{bmatrix} 1 & 0 & 0 & 0 \\ 0 & q_0^2 + q_1^2 - q_2^2 - q_3^2 & 2(q_1q_2 - q_0q_3) & 2(q_1q_3 + q_0q_2) \\ 0 & 2(q_1q_2 + q_0q_3) & q_0^2 - q_1^2 + q_2^2 - q_3^2 & 2(q_2q_3 - q_0q_1) \\ 0 & 2(q_1q_3 - q_0q_2) & 2(q_2q_3 + q_0q_1) & q_0^2 - q_1^2 - q_2^2 + q_3^2 \end{bmatrix} \tag{5-48}$$

这个矩阵的右下角的3×3矩阵,即 C_b^n,即得到公式(5-6)。

需要说明的是,公式(5-48)计算的是转动向量,公式(5-6)计算的是转动坐标系。转动向量和转动坐标系是一种相反的关系,如图3-1所示。公式(5-48)推导至公式(5-6),其实是"负负得正"。

如果陀螺仪测到的角增量为 $[\theta_x \quad \theta_y \quad \theta_z]^T$,那么按照前面若干章节的思路,构造四元数

$$q(\boldsymbol{\theta}) = \begin{bmatrix} \cos\dfrac{\theta}{2} \\ \dfrac{\sin\dfrac{\theta}{2}}{\theta} \begin{bmatrix} \theta_x \\ \theta_y \\ \theta_z \end{bmatrix} \end{bmatrix} \tag{5-49}$$

将上述 $q(\boldsymbol{\theta})$ 代入公式(5-25),显然 $R(q(\boldsymbol{\theta}))$ 恰好就与公式(5-3)和公式(5-4)匹配,即

$$\cos\dfrac{\theta}{2}\boldsymbol{I} + \dfrac{\sin\dfrac{\theta}{2}}{\theta}[\boldsymbol{\theta}] = R(q(\boldsymbol{\theta})) \tag{5-50}$$

由此可见,公式(5-4)成立。

6 简化版惯性导航

6.1 等效原理[#]

物理中的等效原理有几种不同的表述方式,其中一种表述方式是惯性质量与引力质量等效。在惯性导航领域,等效原理的内涵是:加速度计不能区分万有引力和加速度。对于没有误差的加速度计,当加速度计敏感轴竖直向上、静止放置于地面时,加速度计输出值等于重力加速度;当加速度计处于自由落体运动时,加速度计输出值为 0。

加速度计的输出实际上是加速度和万有引力的叠加,因而引入概念"比力",其就是加速度和万有引力的叠加。IMU 中加速度计实际输出的数值是 b 系的比力 $\boldsymbol{f}^{\mathrm{b}}$。对于地面附近的惯性导航,如果忽略离心加速度和科里奥利加速度,那么

$$\boldsymbol{f}^{\mathrm{b}} = \boldsymbol{C}_{\mathrm{n}}^{\mathrm{b}} \left(\boldsymbol{a}^{\mathrm{n}} + \begin{bmatrix} 0 \\ 0 \\ g_{\mathrm{e}} \end{bmatrix} \right) \tag{6-1}$$

反之,载体相对于地面的加速度为:

$$\dot{\boldsymbol{v}}_{\mathrm{en}}^{\mathrm{n}} = \boldsymbol{a}^{\mathrm{n}} = \boldsymbol{C}_{\mathrm{b}}^{\mathrm{n}} \boldsymbol{f}^{\mathrm{b}} + \begin{bmatrix} 0 \\ 0 \\ -g_{\mathrm{e}} \end{bmatrix} \tag{6-2}$$

式中,g_{e} 是重力加速度。

如果以速度增量形式表达上述原理,则有:

$$\Delta \boldsymbol{v}_{\mathrm{en}}^{\mathrm{n}} = \boldsymbol{C}_{\mathrm{b}}^{\mathrm{n}} \Delta \boldsymbol{v}^{\mathrm{b}} + \begin{bmatrix} 0 \\ 0 \\ -g_{\mathrm{e}} \end{bmatrix} T \tag{6-3}$$

总之,在计算惯性导航时需要扣除重力,这是惯性导航非常重要的步骤和特性。

引入比力的概念主要是强调加速度计不能区分引力和真正的加速度。在一般的场合,如果不需要强调这个概念,也可以粗略地认为加速计测量的就是加速度,只不过是叠加了重力影响的加速度。

以惯性系作为参考,一般使用万用引力的概念;以地面作为参考,一般使用重力的概

念。因为地面随着地球自转,所以地面不是严格的惯性系。重力就是扣除了地球自转影响的万有引力。在通常的导航计算中,如果高度不是太高,那么一般都以地面作为参考。所以通常导航计算只使用重力,不涉及引力。对于高度很高的航天器的惯性导航,应当另外参考专门资料,本书不专门讨论。

6.2 简化版惯性导航

按照从简单到复杂的思路,考虑简化情况的惯性导航:在局部直角坐标系中,考虑地球重力,忽略地球的自转和曲率,从静态开始运动。在这种简化状态下,导航系 n 近似为惯性系。

惯性导航需要给定初值,这一部分参见后面的章节。在确定了初始状态后,开始惯性导航。采集陀螺仪数据,利用公式(5-4)计算姿态。利用公式(5-6)把四元数表示的姿态转换为矩阵。采集加速度计数据,利用公式(6-2)得到载体相对于地面的加速度。加速度积分得到速度,速度积分得到位置。

惯性导航的计算过程用伪代码描述如下:

```
给定初值
while(1)
{
    姿态更新,公式(5-4)
    四元数转矩阵,公式(5-6)
    b 系比力换算到 n 系,扣除重力得到加速度,公式(6-2)
    n 系加速度积分得到速度
    n 系速度积分得到位置
}
```

纯惯性导航对运动过程没有任何限制。载体横向运动、原地转动、抛物运动、持续加速等运动方式,都能适用纯惯性导航。稍后的章节会介绍一些其他的导航计算方法,它们往往对运动过程有一些特殊限制。在使用其他方法时,应该对限制条件保持高度关注。

惯性导航需要给定初值。通常情况下,速度位置比较容易确定。例如,一种比较常见的情况,在静止状态下启动惯性导航,则初始速度为 0;利用 GNSS 或其他传感器测量当前位置;或者采用"阵地法",事先标记好已知位置点,从这一点启动惯性导航。确定惯性导航初始姿态的方法则稍微复杂一些,需要专门介绍,建议先阅读本书后面的"8.4 姿态解析对准"章节。解析对准是一种确定初始姿态的简单方法。本章节暂且搁置一些更加复杂的姿态对准方法,以便尽快学习组合导航的核心内容。

6.3 简化版惯性导航仿真程序

为了便于理解,下面给出简化版惯性导航仿真 Matlab 程序。这个程序人为给定了一组加速度计、陀螺仪数据,然后计算纯惯性导航。

```matlab
%% 生成仿真数据
clear
close all
rng(0);
dt = 0.005;
L = 20000;
t = ((1:L)' - 1) * dt;
ge = 9.8;
w = [zeros(L,1),zeros(L,1),0.05 * sin(0.3 * t)];
a = [0.15 * sin(0.09 * t),zeros(L,1),9.8 * ones(L,1)];
%% 纯惯性导航
atti1 = setoula(0,0,0);
speed1 = [0;0;0];
pos1 = [0;0;0];
data = zeros(L,15);%陀螺仪、加速度计、姿态、速度、位置
for k = 1:1:L
    gyro = w(k,:)';
    acc = a(k,:)';
    atti1 = qupdate(atti1,gyro * dt);%更新姿态
    Cbn = cbn(atti1);%四元数转矩阵
    accn = Cbn * acc;
    an = accn + [0;0;-ge];
    speed1 = speed1 + an * dt;%更新速度
    pos1 = pos1 + speed1 * dt;%更新位置
    data(k,:) = [gyro',acc',getoula(atti1)',speed1',pos1'];
end
save('data.mat','data');
%% 结果绘图
figure
subplot(3,1,1);
plot(t,data(:,7));
ylabel('偏航/°');
subplot(3,1,2);
plot(t,data(:,8));
ylabel('俯仰/°');
subplot(3,1,3);
plot(t,data(:,9));
```

```
ylabel('滚转/°');
xlabel('时间/s');
figure
subplot(3,1,1);
plot(t,data(:,10));
ylabel('vx/(m/s)');
subplot(3,1,2);
plot(t,data(:,11));
ylabel('vy/(m/s)');
subplot(3,1,3);
plot(t,data(:,12));
ylabel('vz/(m/s)');
ylim([-1,1]);
xlabel('时间/s');
figure
subplot(3,1,1);
plot(t,data(:,13));
ylabel('px/m');
subplot(3,1,2);
plot(t,data(:,14));
ylabel('py/m');
subplot(3,1,3);
plot(t,data(:,15));
ylabel('pz/m');
ylim([-1,1]);
xlabel('时间/s');
```

这个程序的运行结果即姿态、速度、位置曲线。

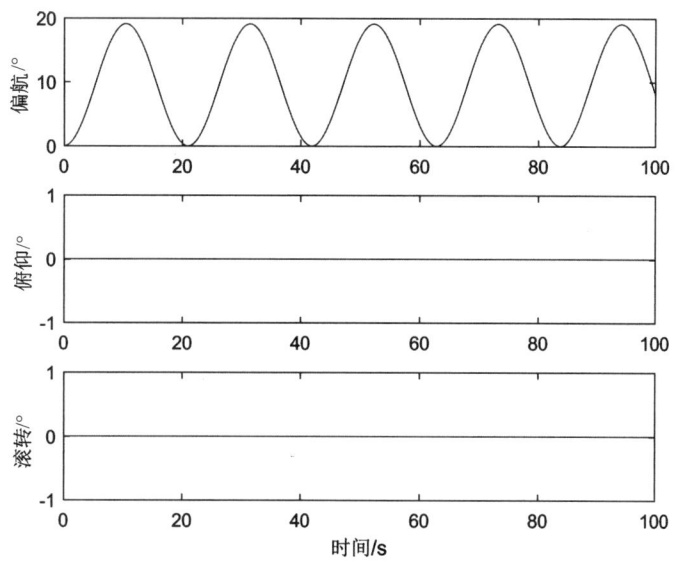

图 6-1　简化版惯性导航仿真程序姿态结果

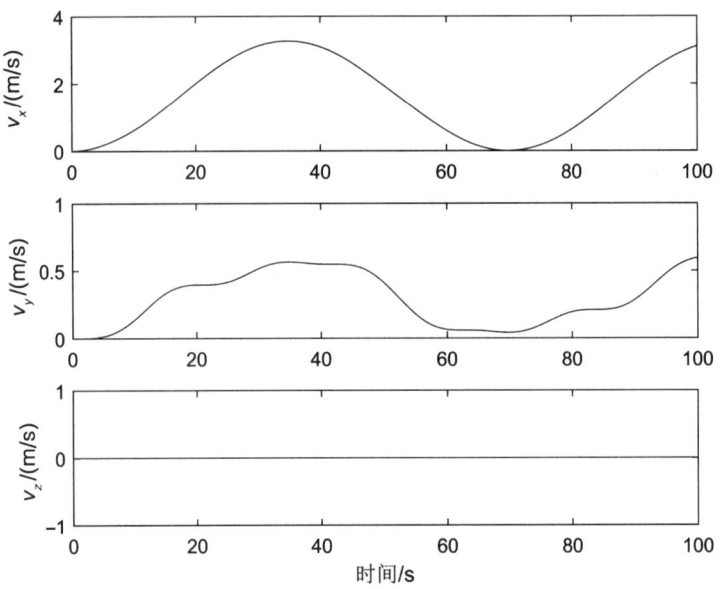

图 6-2　简化版惯性导航仿真程序速度结果

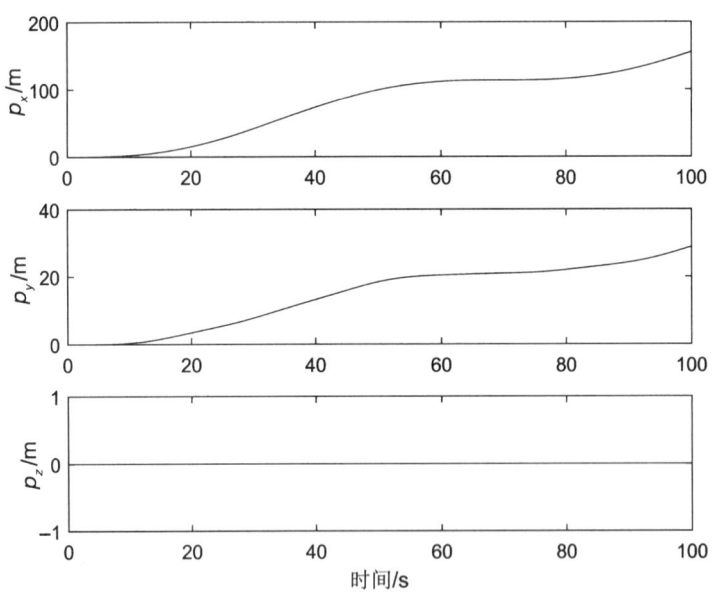

图 6-3　简化版惯性导航仿真程序位置结果

6.4　惯性导航的短期误差

惯性导航的计算过程是积分过程,所以传感器的零偏会逐渐累积,产生误差。下面粗略估计惯性导航的误差。

设加速度计零偏为 a_0。加速度积分为速度,速度积分为位置。加速度计零偏造成的位置误差为:

$$\varepsilon_{acc} = \frac{1}{2} a_0 t^2 \tag{6-4}$$

设陀螺仪角速度零偏为 ω_0。角速度积分为姿态,扣除重力时,姿态误差引起导航系加速度误差,加速度积分为速度,速度积分为位置。角速度零偏造成的水平位置误差为:

$$\varepsilon_{gyro} = \frac{1}{6} \omega_0 g_e t^3 \tag{6-5}$$

上述两个简单的公式用于快速估计惯性导航误差,指导传感器初步选型。惯性导航完整的误差分析是比较复杂的。比如,初始对准误差等也会导致惯性导航结果误差。完整的惯性导航误差公式参考本书后面章节中状态转移矩阵的内容。工程中更为方便的误差分析方法是制作导航仿真程序,在程序中设定误差后仿真计算导航结果即可评估误差。

惯性导航的位置误差与时间有关。随着导航时间的增加,惯性导航的位置误差会迅速增大。导航结果误差与时间的关系如表 6-1 所示。一表示误差源不影响导航结果;0 表示结果误差与时间不直接相关;1 表示误差与时间成正比;2 表示误差与时间的平方成正比;3 表示误差与时间的立方成正比。纯惯性导航时间比较长时,时间指数为 3 的误差源是主导部分,忽略更低指数的误差源。纯惯性导航时间比较短时,时间指数为 0、1、2 的误差源不能忽略,可能成为主要的误差源。标度因数误差也会影响导航结果。在机动不大的情况下,标度因数不是主要的误差源;在机动很大的情况下,需要重视标度因数的影响。

表 6-1 惯性导航误差的时间指数

误差源\结果误差	姿态	速度	位置
初始位置	—	—	0
初始速度	—	0	1
初始姿态 x、y	0	1	2
初始姿态 z(速度突变,水平)	0	0	1
陀螺仪零偏	1	2	3
加速度计零偏	—	1	2
陀螺仪标度因数(恒速转动)	1	2	3
加速度计标度因数(竖直)	—	1	2

下面给出惯性导航误差的参考数值。几十元级别的 IMU 惯性导航位置误差典型值为 20 秒 10 米;几十万元级别的 IMU 惯性导航位置误差典型值为 200 秒 10 米。当时间增加为 10 倍时,位置误差有可能增加至 1 000 倍。所以低精度传感器的惯性导航只能维持非常

短的时间,而维持长时间的惯性导航需要非常昂贵、精确的传感器。这是非常重要的结论,设计导航系统的技术人员需要对这个误差数值有直观感受。

在实际使用的导航系统中,应根据具体情况选用以下措施以避免误差过大:(1)引入其他传感器;(2)利用零速等额外特性修正惯性导航;(3)采用更高精度的惯性传感器;(4)限制惯性导航的工作时间。

市面上存在一些产品,采用了额外的传感器或者其他特征进行修正,达到了较高精度。这些产品可能被宣传为"纯惯性导航",但是它们并不是真正的纯惯性导航,选用时应当注意甄别这种情形。一些相关技术参考后面"15.3 零速阻尼"等相关章节。

习惯上,根据用途、精度等,惯性导航装置及系统可以分为战略级、导航级、战术级、商业级等。以陀螺仪零偏稳定性为例,4 类惯性导航的典型值约为 $0.0001\ (°)/h$、$0.01\ (°)/h$、$1\ (°)/h$、$0.1\ (°)/s$。这种分类只是一种粗略的习惯划分,本书不再详细介绍。本书粗略地划分为两类惯性导航:低精度惯性导航不能准确地测量地球自转,相当于商业级和较差的战术级;高精度惯性导航能较为准确地测量地球自转,相当于导航级和较好的战术级。大多数读者难以亲自研发战略级惯性导航,本书对战略级惯性导航只做零星介绍。

陀螺仪零偏、加速度计零偏在导航系统中产生累积误差。一种抑制累积误差的方法是旋转调制。例如,让加速度计轴向一会向前、一会向后,那么加速度计零偏引起的导航误差就能抵消一部分;类似地,让陀螺仪轴向一会向前、一会向后,也能抵消一部分陀螺仪零偏的影响。这种方法需要惯性导航装置上有一个额外的旋转机构连续工作或间歇工作,或者载体本身恰好是一边旋转一边移动的。旋转调制技术在特定范围内有所应用,如战略级的平台式导航系统、重力梯度测量装置、旋转炮弹的导航装置等。绝大多数普通的惯性导航系统不需要关注旋转调制技术。

7 惯性导航的细节讨论*

7.1 采样过程的预积分*

运动的实际物理过程是连续信号,角度是角速度积分、速度是加速度积分,但是计算机的数字信号处理过程是离散的。通常的积分计算过程是:抽样采样、乘以时间间隔、累加。这种积分方式与理想积分相比,有轻微的差别。图 7-1(a)的面积表示信号的积分,图 7-1(b)的面积表示乘以时间间隔然后累加,二者面积有所不同。

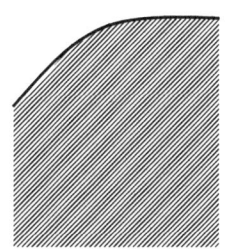
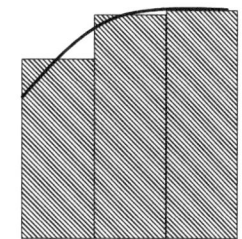

(a) 理想的积分　　(b) 乘以时间间隔,然后累加

图 7-1　积分与累加

针对这个问题,本书列举两种改进的手段:

(1) 高速采样。显然,尽量减小时间间隔有利于减少累加与积分之间的误差。除了单纯地加快主处理器计算速度,也有一些其他方式可改善积分计算的问题。一些较高精度的导航系统采用辅助处理器实现预积分功能。例如,辅助处理器以 0.5 ms 的时间间隔采集陀螺仪数据,累积 10 次后,以 5 ms 的间隔把累积结果发送至主处理器,主处理器仍然以 5 ms 的周期计算惯性导航,这样就实现了角速度预积分为角增量的效果。

(2) 模拟电路。一些特殊的模拟电路能实现预积分的功能。例如,一些石英加速度计输出电流信号,电流与加速度成正比;采用电流-频率转换电路(I/F 电路),该电路输出脉冲信号,输出的脉冲频率与输入电流成正比,即输出的脉冲个数与输入电流的积分成正比。利用 I/F 电路转换石英加速度计的信号,脉冲个数就与速度增量成正比,实现了加速度预积分为速度增量的功能。

本节描述的角增量、速度增量的概念强调的是导航系统的采样环节是否具有预积分功能。在采样环节,预积分优于抽样采样。对于采样之后的计算环节,角增量就是角速度乘以计算周期,速度增量就是加速度乘以计算周期,采用角增量、速度增量,与采用角速度、加速度没有本质差别。

对于动态较低的或者低精度的惯性导航系统,采用预积分技术是不必要的。对于动态较高的、高精度导航系统,建议采用预积分技术。

7.2 电流-频率转换电路*

电流-频率转换电路(I/F 电路)将石英加速度计输出的电流信号转换为数字脉冲,是具有预积分功能的特殊的模拟-数字转换电路,广泛应用于高精度 IMU。

I/F 电路主要包括积分电路、逻辑控制电路、恒流源和电流开关三大部分。一种 I/F 电路的 Matlab/Simulink 模型如图 7-2 所示。积分电路对电流信号积分为电压;逻辑控制电路根据积分电路的电压输出脉冲,脉冲控制电流开关;电流开关在有脉冲的时候将恒定电流反馈至积分电路,抵消输入电流。这样的反馈电路,使得输入电流减去反馈电流后的积分总是维持在 0 附近,即反馈电流的积分等于输入电流的积分。因为反馈电流是由脉冲控制的,所以脉冲数量与输入电流的积分成正比,瞬时脉冲频率与输入电流幅度成正比,实现了 I/F 功能。

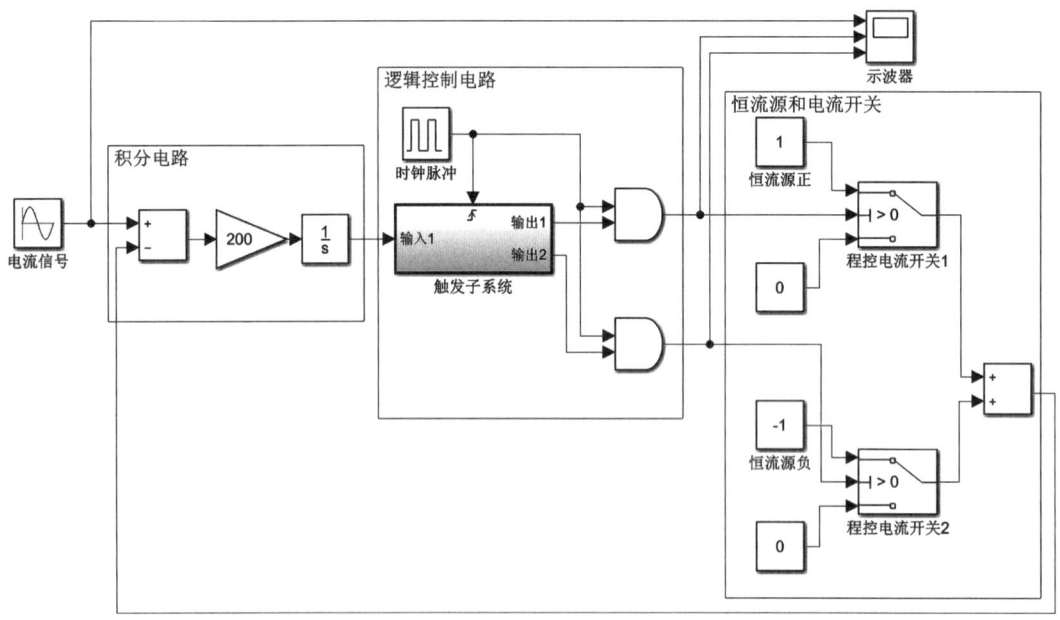

图 7-2　I/F 电路的 Matlab/Simulink 模型

逻辑控制电路包含比较器、触发电路、与门等元件。图 7-2 中的触发子系统内部如图 7-3 所示。当电流积分在 0 附近时,不输出脉冲;当电流积分为正时,输出正脉冲,反馈电流是正恒流源;当电流积分为负时,输出负脉冲,反馈电流是负恒流源。

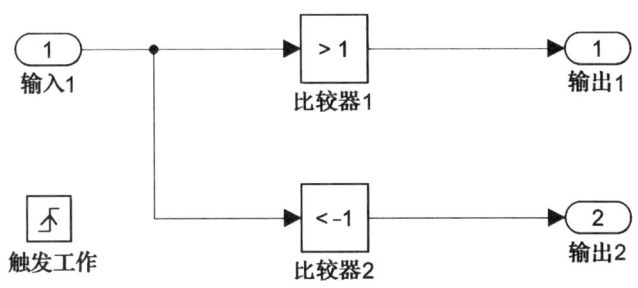

图 7-3 有触发功能的比较器

I/F 电路的输出脉冲信号如图 7-4 所示。输出脉冲分为正、负脉冲,与输入电流的极性匹配。当电流幅度较大时,瞬时脉冲频率高;当电流幅度较小时,瞬时脉冲频率低。

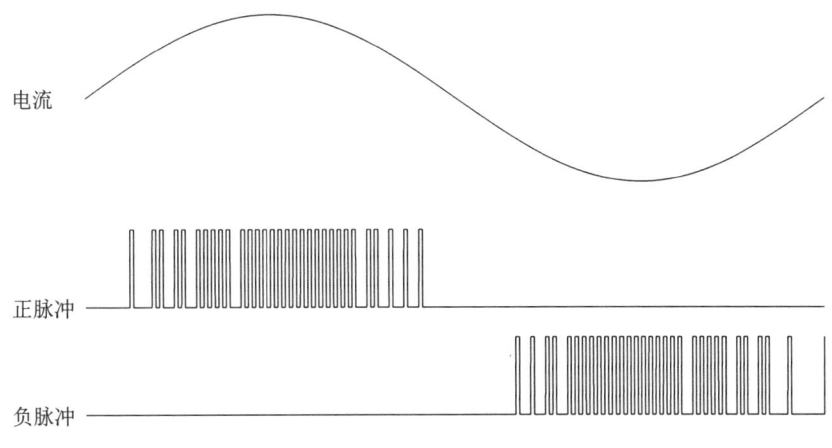

图 7-4 I/F 电路输出脉冲信号

上面描述了 I/F 电路的工作原理。除了用多个电路元件搭建 I/F 电路外,实际的 IMU 也可以选用一些专门的具有 I/F 功能的集成电路。

I/F 电路产生的脉冲接入处理器的数字端口,处理器利用计数器功能即可采集速度增量。总之,I/F 电路是一种特殊的模数转换电路,起到了对模拟信号预积分的效果。

7.3 位置陀螺和速率陀螺*

按照陀螺仪的工作原理和输出信号特性,可将陀螺仪划分为两类:角位置陀螺和角速率陀螺,简称位置陀螺和速率陀螺。

传统的机械陀螺是位置陀螺,如燃气陀螺、静电悬浮陀螺、液浮陀螺等。它们利用机械转子的定轴性,直接测量角度变化量。

光学陀螺,如激光陀螺、光纤陀螺,基于 Sagnac(萨格纳克)效应,利用光的干涉检测转动。大部分 MEMS(微机电系统)陀螺以及半球谐振陀螺等基于科氏力检测转动。这些陀螺仪直接测量角速度,是速率陀螺。

相对于速率陀螺,利用位置陀螺进行惯性导航计算减少了一次积分环节,有利于减少累积误差。位置陀螺在战略级导航系统中具有独特优势,其主要缺点是机械结构比较复杂。

捷联惯性导航通常使用速率陀螺而非位置陀螺。两类陀螺在指标体系、使用方法上略有差别。本书的讨论主要适用于速率陀螺,不专门讨论位置陀螺。

7.4 圆锥运动、旋转效应、划桨效应*

在根据公式(5-4)计算姿态时,隐含了一个条件,即三轴同时匀速转动。在三维旋转演示实验的章节中已经证明,三维旋转的结果与转动顺序有关。如果三轴的转动不是同时匀速转动,而是快慢变化的、有先有后的转动,那么公式(5-4)计算的姿态会有误差,称之为圆锥运动效应。

减少圆锥运动效应最根本的办法仍然是提高采样率。除了提高采样率,还有一种补偿的办法:根据前后两帧数据,用一次函数对角速度插值,然后计算姿态。此处略过推导过程,直接给出补偿量的公式:

$$\Delta \boldsymbol{\theta}_1 = \frac{2}{3} \Delta \boldsymbol{\theta}_k \times \Delta \boldsymbol{\theta}_{k-1} \tag{7-1}$$

上述补偿公式本质上是对信号线性插值,实际信号可能是复杂的曲线,而非简单的一次函数关系。所以,上述补偿公式并不能完全恢复信号,并不能彻底补偿圆锥运动效应。

与圆锥运动效应类似的,还有旋转效应和划桨效应。

在根据 b 系速度增量计算 n 系速度增量时,认为姿态恒定。但是实际姿态是持续转动的,导致了额外的计算误差,称之为旋转效应。采用线性插值方法,对旋转效应的补偿量为:

$$\Delta \boldsymbol{v}_1 = \frac{1}{2} \Delta \boldsymbol{\theta}_k \times \Delta \boldsymbol{v}_k \tag{7-2}$$

在根据 b 系速度增量计算 n 系速度增量时,认为加速度恒定,但是实际加速度是波动的,导致了额外的计算误差,称之为划桨效应。采用线性插值方法,对划桨效应的补偿量为:

$$\Delta \boldsymbol{v}_2 = \frac{1}{12} (\Delta \boldsymbol{\theta}_{k-1} \times \Delta \boldsymbol{v}_k + \Delta \boldsymbol{v}_{k-1} \times \Delta \boldsymbol{\theta}_k) \tag{7-3}$$

关于这三种效应,有两点特性需要强调:(1)对于绝大多数的应用场合,在合理的导航系统设计下,上述效应导致的误差很小,远远小于传感器自身的误差;(2)上述补偿公式并不能消除误差。

本书建议尽可能通过提高采样率的方式减小上述效应。绝大多数时候,合理设计的导航系统不需要考虑上述效应,不需要对其加以补偿。

7.5 采样率和减振*

前面章节讨论了惯性导航信号的一些误差细节。从信息论的角度,这些结论可以重新表述为:当运动比较平缓、采样率比较高的时候,数字信号良好地复原了运动过程,惯性导航有较高的精度;反之,当运动比较剧烈、采样率比较低的时候,数字信号漏掉了运动过程的一些细节信息,惯性导航有精度损失。

这个结论指导了惯性导航的设计:采样率和运动剧烈程度呈正相关。普通的载体,采样率取 200 Hz 左右是比较合适的;运动较为剧烈的载体,采样率需要提高到 500 Hz 甚至更高;运动比较平稳的载体,如大型船舶,允许适当降低采样率。

如果载体整体运动不剧烈但是存在较大的振动,则建议采用物理减振措施,如使用橡胶垫或阻尼机构。注意:采用减振措施的目的是减少真实物理运动的振动;不宜在电路和数字信号计算时设置额外的低通滤波器,否则可能导致信号与真实物理过程不相符,引起额外的导航误差。

采用橡胶垫后,虽然有利于改善惯性导航的精度,但是可能导致 IMU 的轴向与实际载体的轴向有轻微偏差。对于大多数自动驾驶系统,这样的轻微偏差是可以容忍的。

7.6 IMU 的安装方向*

初学惯性导航的人经常有疑问:IMU 应当安装在车辆的哪个方向?本节解释这个问题。

对于通常的惯性导航,IMU 的坐标系就是 b 系。总是让 b 系取 IMU 的坐标轴方向,与车身方向无关,或者说对于惯性导航,载体真正的几何形状是无所谓的。在任意方向安装 IMU,甚至安装歪斜,惯性导航都能正确计算速度和位置。

惯性导航输出的姿态结果是 IMU 相对于导航系的姿态。如果安装 IMU 歪斜,那么 IMU 的姿态与车身的姿态不同,需要额外换算才能得到车身姿态。车身姿态对于惯性导航完全没有影响,或者说惯性导航本身不需要将 IMU 姿态换算为车身姿态。但是载体的几何形状方向对于自动驾驶的控制系统是非常重要的,车辆前向速度是多少、车头指向哪个方向等往往是控制系统需要的参数。将 IMU 姿态换算为车身姿态,对于控制系统而言常常是必要的。

为了更严谨地表述概念,设车身坐标系为 v 系。b 系和 v 系之间的姿态变换矩阵为 C_b^v,这个矩阵就反映了 IMU 相对于车身的安装方向。在标准惯性导航的情况下,只涉及 b 系,自始至终不涉及 v 系。而闭环控制需要 v 系的导航信息,所以应当向控制系统明确声明 C_b^v。习惯上,IMU 安装方向的右前上、前上右、前右下等概念就是在表述 C_b^v。总之,IMU 在载体上的安装方向允许任意选取,但是必须向控制系统明确声明。

上面引入了 v 系,并刻意辨析了各坐标系的概念。然而,在通常情况下,应尽可能合理地安装 IMU,使得 C_b^v 为单位矩阵。或者说,虽然 b 系和 v 系的概念不同,但是通常让这两个坐标系方向相同,以减少额外的坐标换算。本书默认 b 系与 v 系重合,在大多数章节不会刻意区分二者。

上面讨论的是纯惯性导航的情况。在组合导航的一些情况下,比如需要使用轮速计进行导航,就不得不考虑 IMU 和车身的安装关系,参见后面的"20 观测速度"章节。在更加复杂的组合导航系统中,应当尽可能地把传感器坐标系统一到同一个方向,以减少换算引起的混乱。

8 完整版惯性导航

8.1 地球模型

简化版惯性导航讨论了直角坐标系、近似惯性参考系的情形。本章将考虑地球的形状、地球附近的惯性导航。

导航领域通常用理想的椭球(ellipsoid)规定地球的形状,用来表述载体位置坐标。其他学科中可能使用大地水准面(geoid)或者地形(terrain)描述地球。导航领域规定的椭球与局部水准面、局部地形无关。导航领域的高度定义为载体到参考椭球面的最短距离,不考虑当地是山峰还是山谷。

在导航中使用的纬度是椭球面垂线与赤道面的夹角 L_1,而不是地心连线与赤道面的夹角 L_2。

因为地球是椭球,所以地面在南北方向和东西方向的曲率半径不同。本书将南北方向曲率半径表示为 R_m,将东西方向曲率半径表示为 R_p。

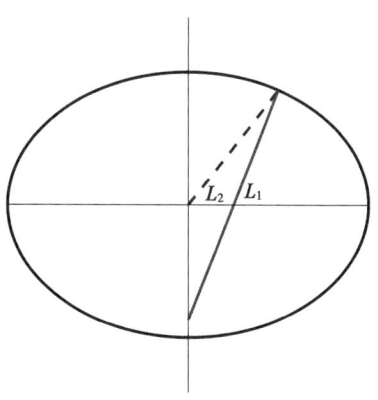

图 8-1 纬度的定义

下面不加证明地给出一套计算曲率半径的公式。中国一般采用 CGCS2000 坐标系,地球椭球长半轴 $a=6\,378\,137$ m,扁率 $f=1/298.257\,222\,101$。国际上常用 WGS-84 坐标系,其扁率 $f=1/298.257\,223\,563$。

$$R_m = a[1 - 2f + 3f(\sin L)^2] \tag{8-1}$$

$$R_p = a[1 + f(\sin L)^2] \tag{8-2}$$

曲率半径也能根据离心率 e 进行计算,具体如下:

$$e = \sqrt{\frac{a^2 - b^2}{a^2}} = \sqrt{f(2-f)} \tag{8-3}$$

$$R_m = \frac{a(1 - e^2)}{[1 - e^2(\sin L)^2]^{3/2}} \tag{8-4}$$

$$R_\mathrm{p} = \frac{a}{[1 - e^2(\sin L)^2]^{1/2}} \tag{8-5}$$

上面给出了以扁率计算和以离心率计算这两组公式，二者计算结果不是完全相同的，但是差异小于十万分之一，对于绝大多数情况没必要刻意区分。以扁率表示的公式更容易计算，因而推荐使用。

有的文献将南北方向曲率半径称为子午圈半径，将东西方向曲率半径称为卯酉圈半径。导航学科里的卯酉圈通常不通过极点和地心。然而不同学科中卯酉圈的概念有所不同，为了避免混淆，建议尽可能回避卯酉圈的概念，而只用曲率半径的概念。

关于这两个曲率半径，有两点需要强调：一是曲率半径不是到地心的距离，二是东西方向曲率不等于纬圈半径 R_L，二者的关系为：

$$R_\mathrm{L} = R_\mathrm{p} \cos L \tag{8-6}$$

地球自转角速率 ω_e 约为 $7.292\,115 \times 10^{-5}$ rad/s，向量方向自南极指向北极。

地球重力有很多计算模型，此处给出一种计算重力的公式：

$$g_\mathrm{e} = g_0 \times [1 + 0.005\,302\,4 \times (\sin L)^2 - 0.000\,005\,9 \times (\sin 2L)^2] / \left(1 + \frac{h}{a}\right)^2 \tag{8-7}$$

式中，g_0 是赤道处重力，取 $9.780\,326\,771\,4$ m/s^2，L、h、a 分别是纬度、高度、长半轴。此公式适用于地面和天空，不适用于水下、地下。

对于大多数的惯性导航系统，由于重力公式与实际重力之间的差异不是误差的主要项，因此任意选择一个重力公式即可。对于战略级的惯性导航，建立包含局部重力异常的精确重力模型是有效的，但是绝大多数普通的导航系统不需进行如此细致的修正。

8.2 经纬度与 ECEF 坐标系转换*

卫星导航等领域经常使用地心地固坐标系（Earth-Centered Earth-Fixed Frame, ECEF）。这是以地球球心为原点，随着地球一同转动的非惯性系，通常规定为直角坐标系。

经纬度与 ECEF 系的坐标的关系为：

$$\begin{bmatrix} x \\ y \\ z \end{bmatrix}^\mathrm{ECEF} = \begin{bmatrix} (R_\mathrm{p} + h) \cos L \cos \lambda \\ (R_\mathrm{p} + h) \cos L \sin \lambda \\ [R_\mathrm{p}(1 - e^2) + h] \sin L \end{bmatrix} \tag{8-8}$$

式中，R_p 是东西方向曲率半径，L 是纬度，λ 是经度，h 是椭球高度，e 是离心率。

从经纬度换算为 ECEF 系的坐标时,直接套用公式即可得出结果。然而,因为东西方向曲率半径与纬度有关,所以当 ECEF 系换算为经纬度时,不能直接一次得到最终结果,而需要迭代计算。

下面给出一个算例:设 ECEF 系的 x、y、z 分别为 1 673 666、4 598 359、4 078 626,求经度、纬度、高度。

经度容易直接解算,结果为 1.221 730 rad,即 70.000 00°。

$$\lambda = \text{atan2}(y, x) \tag{8-9}$$

暂时忽略高度,求得粗略纬度,为 0.698 132 2 rad。

$$L = \text{atan2}\left(\frac{z}{1-e^2}, \sqrt{x^2+y^2}\right) \tag{8-10}$$

根据粗略纬度更新东西方向曲率半径,然后求解粗略高度。纬度较小时选用公式(8-11),纬度较大时选用公式(8-12)。解得高度为 1 000.3 m。

$$h = \sqrt{x^2+y^2}/\cos L - R_p \tag{8-11}$$

$$h = z/\sin L - R_p(1-e^2) \tag{8-12}$$

根据东西方向曲率半径和高度,计算精确纬度。类似地,优先选用公式(8-14);纬度较大时选用公式(8-13),但是要注意选取正确的正负号。解得纬度为 0.698 131 3 rad,即 39.999 97°。如有必要,根据纬度更新东西方向曲率半径,从公式(8-11)或(8-12)开始再迭代一轮,获得更加精确的高度。

$$L = \pm\text{acos}\frac{\sqrt{x^2+y^2}}{R_p+h} \tag{8-13}$$

$$L = \text{asin}\frac{z}{R_p(1-e^2)+h} \tag{8-14}$$

这样迭代计算的思路在导航领域是非常普遍的,后续章节中还有多处涉及类似的迭代计算。

8.3 完整版惯性导航

本章考察地球表面附近的惯性导航,给出更准确的、完整的惯性导航计算公式,考虑地球的自转和曲率,并以经纬度表示位置。完整版惯性导航流程与 6.2 节的简化版惯性导航类似,也是计算姿态、导航系加速度,加速度积分为速度、速度积分为位置。

在完整版惯性导航中,以地理系作为导航系,导航系不再是惯性系了。计算姿态时,除了考虑载体的转动外,还需要考虑两个额外因素:地球自转和地表曲率。

第一个因素是地球自转。前面"3.1 向量的计算规律"章节已经给出了导航系地球自转的公式。

$$\boldsymbol{\omega}_{ie}^{n} = \boldsymbol{\omega}_{ie}^{t} = \begin{bmatrix} 0 \\ \omega_e \cos L \\ \omega_e \sin L \end{bmatrix} \tag{8-15}$$

第二个因素是地表曲率。当载体向一个方向运动时,地表会向下弯曲,导致载体相对于地表的姿态发生变化。或者说,因为地表是弯曲的,所以载体速度会导致相对地表的姿态有额外的角速度。

$$\boldsymbol{\omega}_{en}^{n} = \begin{bmatrix} -\dfrac{v_N}{R_m + h} \\ \dfrac{v_E}{R_p + h} \\ \dfrac{v_E \tan L}{R_p + h} \end{bmatrix} \tag{8-16}$$

式中,下标 N 和 E 分别表示北向和东向分量。这个角速度在一些文献中被称为牵连角速度。为了便于理解,本书尽量不引入额外的概念。

载体系 b 与导航系 n 之间的角速度不仅包括陀螺仪测到的角速度 $\boldsymbol{\omega}_{ib}^{b}$,而且包含上述两种额外的角速度。

$$\boldsymbol{\omega}_{nb}^{b} = \boldsymbol{\omega}_{ib}^{b} - \boldsymbol{\omega}_{ie}^{b} - \boldsymbol{\omega}_{en}^{b} \tag{8-17}$$

在公式(8-15)和公式(8-16)中,地球自转和地球曲率导致的角速度是在 n 系中计算的。为了计算方便,将它们换算到 b 系中,公式改写为:

$$\boldsymbol{\omega}_{nb}^{b} = \boldsymbol{\omega}_{ib}^{b} - \boldsymbol{C}_{n}^{b}(\boldsymbol{\omega}_{ie}^{n} + \boldsymbol{\omega}_{en}^{n}) \tag{8-18}$$

完整版惯性导航中,在利用公式(5-4)计算姿态这个环节,用上述角速率 $\boldsymbol{\omega}_{nb}^{b}$ 代替原本的陀螺仪测量值 $\boldsymbol{\omega}_{ib}^{b}$。

因为导航系不是惯性系,所以载体相对导航系的加速度也需要额外补偿地球自转和地表曲率的影响。

因为地表的曲率,所以速度会导致离心加速度 $\boldsymbol{\omega}_{en}^{n} \times \boldsymbol{v}_{en}^{n}$。此外,地球自转会导致科氏加速度(科里奥利加速度) $2\boldsymbol{\omega}_{ie}^{n} \times \boldsymbol{v}_{en}^{n}$。综上,公式(6-2)被修正为:

$$\dot{\boldsymbol{v}}_{en}^{n} = \boldsymbol{C}_{b}^{n} \boldsymbol{f}^{b} - 2\boldsymbol{\omega}_{ie}^{n} \times \boldsymbol{v}_{en}^{n} - \boldsymbol{\omega}_{en}^{n} \times \boldsymbol{v}_{en}^{n} + \begin{bmatrix} 0 \\ 0 \\ -g_e \end{bmatrix} \tag{8-19}$$

加速度积分为速度的计算不发生变化。

速度积分为位置时,为了以经纬度表示位置,需要除以半径。注意:在此处的公式中,纬度 L、经度 λ 的单位都是弧度。

$$\dot{L} = \frac{v_N}{R_m + h} \tag{8-20}$$

$$\dot{\lambda} = \frac{v_E}{(R_p + h)\cos L} \tag{8-21}$$

总之,完整版惯性导航与前面的简化版惯性导航相比,需要根据上述公式加以修正。

完整版惯性导航中额外的几个修正项目,如 $\boldsymbol{\omega}_{ie}^n$、$\boldsymbol{\omega}_{en}^n$ 以及 $2\boldsymbol{\omega}_{ie}^n \times \boldsymbol{v}_{en}^n$、$\boldsymbol{\omega}_{en}^n \times \boldsymbol{v}_{en}^n$ 通常很小。低精度惯性导航系统可以忽略这些额外项目,但是高精度惯性导航系统应该考虑这些额外项目。

8.4 姿态解析对准

惯性导航需要给定初值。确定惯性导航初值的过程就是初始对准。通常情况下,速度位置比较容易确定。比较常见的情况是,在静止状态初始对准,则初始速度为0,利用卫星导航系统测量当前位置。确定惯性导航初始姿态的方法则稍微复杂一些,需要专门介绍。为了简化问题,本章只考虑初始条件为静态的情况。

用加速度计的测量数据确定姿态欧拉角的俯仰角 θ 和横滚角 γ:

$$\theta = \operatorname{atan2}(f_y, \sqrt{f_x^2 + f_z^2}) \tag{8-22}$$

$$\gamma = \operatorname{atan2}(-f_x, f_z) \tag{8-23}$$

显然,上述公式与公式(3-26)、(3-27)是类似的。

偏航角的计算要稍复杂一些。在公式(3-24)中,把欧拉角拆分为3次旋转:

$$\boldsymbol{C}_n^b = \boldsymbol{C}_{M2}^{M3} \boldsymbol{C}_{M1}^{M2} \boldsymbol{C}_{M0}^{M1} \tag{8-24}$$

式中,$\boldsymbol{C}_{M1}^{M2}$ 由俯仰角决定,$\boldsymbol{C}_{M2}^{M3}$ 由横滚角决定。这两个矩阵的数值根据已经得到的俯仰角和横滚角计算。考虑一个水平坐标系 h,相对于地理系有偏航角,但是俯仰角和横滚角为0,则坐标系 h 内的角速度为:

$$\boldsymbol{C}_{M0}^{M1} \begin{bmatrix} 0 \\ \omega_e \cos L \\ \omega_e \sin L \end{bmatrix} = \boldsymbol{\omega}^h = (\boldsymbol{C}_{M2}^{M3} \boldsymbol{C}_{M1}^{M2})^T \boldsymbol{\omega}_{ib}^b \tag{8-25}$$

式中，ω^h 是水平坐标系下的角速度。根据陀螺仪测到的角速度以及俯仰角和横滚角，推算 h 系的角速度。根据水平坐标系 h 的角速度确定偏航角为：

$$\psi = \mathrm{atan2}(\omega_x^h, \omega_y^h) \tag{8-26}$$

这种在静态条件下根据加速度计、陀螺仪数据直接计算姿态的方法，称为解析对准。

显而易见，加速度计零偏误差会影响俯仰角和横滚角，陀螺仪零偏误差会影响偏航角。通常情况下，普通的加速度计就具有适当的精度，能满足对准俯仰角和横滚角的需要。然而，对准偏航角需要很高精度的陀螺仪，这样高精度的三轴陀螺仪的价格通常超过 5 万元。如果没有足够高精度的陀螺仪，那么就不能依靠 IMU 对准偏航角，而是需要利用其他手段对准偏航角，如双天线卫星导航接收机或者人工注入偏航角等。

因为传感器数据存在噪声波动，所以初始对准时需要取一段时间的加速度计、陀螺仪数据计算平均值，或者计算低通滤波，则得到比较平滑、稳定的加速度计、陀螺仪测量数据，再用于对准。一般加速度计数据平滑几秒钟即可满足对准的需求，而陀螺仪数据常常需要较长的平滑时间，比如 30 s 甚至几分钟。关于平滑时间的讨论，参见"16.6 阿伦方差"章节。

偏航角对准精度和陀螺仪精度的关系为：

$$\Delta \psi = \frac{\Delta \omega}{\omega_e \cos L} \tag{8-27}$$

式中，$\Delta \psi$ 为偏航角误差，$\Delta \omega$ 为陀螺仪测量的角速度误差，ω_e 为地球自转角速度，L 为纬度。

8.5 惯性导航的精度设计

下面给出一个简化的算例来演示惯性导航的精度设计：设制导火箭射程 100 km，飞行时间 200 s，每个方向位置误差不超过 100 m；采用自对准，发射点纬度 30°。根据上述要求设计 IMU 中陀螺仪零偏和加速度计零偏。

为了解决上述设计问题，先分析精度要求对主要误差源的限制；然后对误差源加以缩放，实现误差分配；最后仿真验证。

按照一个方向 100 m 的位置误差计算。根据公式(6-4)，加速度计零偏的最大值为 0.005 m/s^2。根据公式(6-5)，陀螺仪零偏的最大值为 7.7×10^{-6} rad/s，约 1.6 (°)/h。

对准方法也是影响所需 IMU 精度的重要因素。射程 100 km，每个方向误差 100 m，那么偏航角初始对准精度需要至少优于 0.001 rad。假设发射点纬度为 30°，根据公式(8-27)，陀螺仪精度应当优于 0.013 (°)/h。射向的常用单位是密位，我国取 1 密位为 0.06°，即圆整后的 0.001 rad。

考虑到惯性导航误差有多个误差源，所需传感器精度要更高一些。因而设计陀螺仪精度为 0.008 (°)/h，加速度计精度为 0.003 m/s²。

用上述参数进行仿真试验。仿真采用完整版惯性导航公式，并考虑了自对准产生的姿态误差。为了简便，运动过程设置初始速度为 0，然后向东加速，然后恒速。位置误差仿真结果如图 8-2 所示，满足各方向误差不超过 100 m 的要求。其中，天向位置误差主要是由加速度计零偏产生的。北向位置误差主要是由初始偏航角误差直接导致的，根源是陀螺仪零偏影响了偏航角自对准。东向位置误差很小，这是因为加速度计零偏既影响初始对准过程，也影响惯性导航过程，而在这个算例中，这两方面影响恰好抵消。其他应用场景中，对准和导航误差不一定抵消。

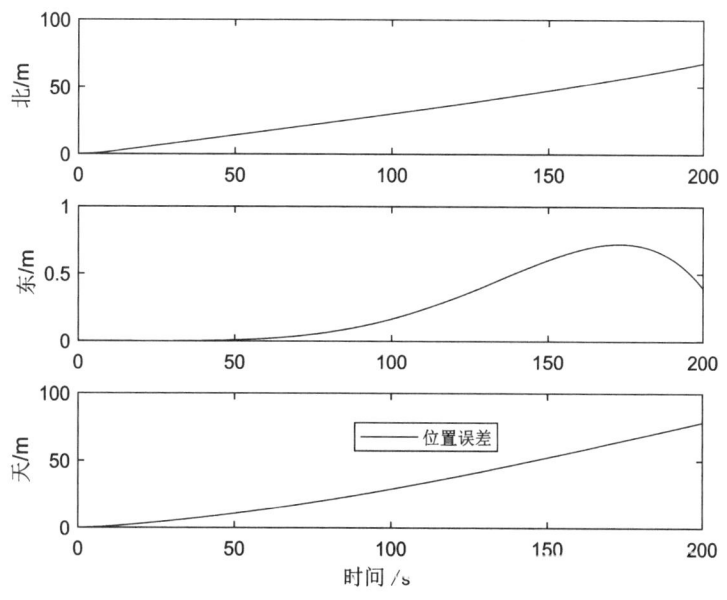

图 8-2　位置误差仿真结果

这个仿真过程进行了一些简化，把零偏设置为常数，而且没有考虑更多误差项目。实际的惯性导航系统中误差更加复杂，其结果可能比仿真结果更差。所以在设计实际惯性导航系统时，传感器精度要比上述简化的设计值进一步提高。

上述考虑是基于全程纯惯性导航计算的。如果制导火箭工作于组合导航模式，那么上述要求允许放宽。

8.6　不同地理系的导航计算*

地理系的定义受两方面影响：(1)习惯上定义 b 系与 t 系重合时为 0 姿态，因而 t 系的坐标轴方向的定义影响姿态的定义。需要说明的是，定义 b 系与 t 系重合时为 0 姿态不是必须的,特殊情况下也允许采用其他定义。(2)地理系的定义影响向量的坐标排列顺序。例如,t 系选取东北天时,速度向量的坐标也按照东北天排列;t 系选取北天东时,速度向量的坐标也按照北天东排列。显然,t 系坐标轴方向的选取影响了物理量的表面形式,但是并不影响实际的导航结果。

考虑这个问题:已经有了一种地理系定义下的导航程序,如何计算另一种地理系定义下的导航?解决此问题有两种方法:(1)彻底修改程序,为此几乎需要重新考察所有向量的排列顺序;(2)不改变计算过程的地理系定义,继续沿用现有程序,不改变任何中间计算过程,只是在最后输出导航结果的时候,对姿态、速度等进行换算或重新排列。方法(2)较为简便,推荐使用。这个思路不仅适用于纯惯性导航,也适用于组合导航。

8.7 舒勒振荡*

短时间内惯性导航的误差是发散的,但是惯性导航中 $\boldsymbol{\omega}_{en}^{n}$ 项产生了负反馈的效果,使得高精度惯性导航的水平通道在长时间内具有振荡特性,这个特性称为舒勒(Schuler)振荡,又名舒拉振荡、休拉调谐、舒勒周期等。

下面通过仿真程序演示惯性导航的误差,仿真的初始条件为姿态 0、速度 0;初始位置纬度为 14.477 5°,使得纬度正弦值恰好为 1/4,以便于观察周期;经度 0、高度 0;初始姿态偏航角 yaw 故意添加误差 0.1°;载体处于静态;高度方向锁定,纯惯性导航。其速度位置曲线如图 8-3 所示,可见速度曲线缓慢振荡。

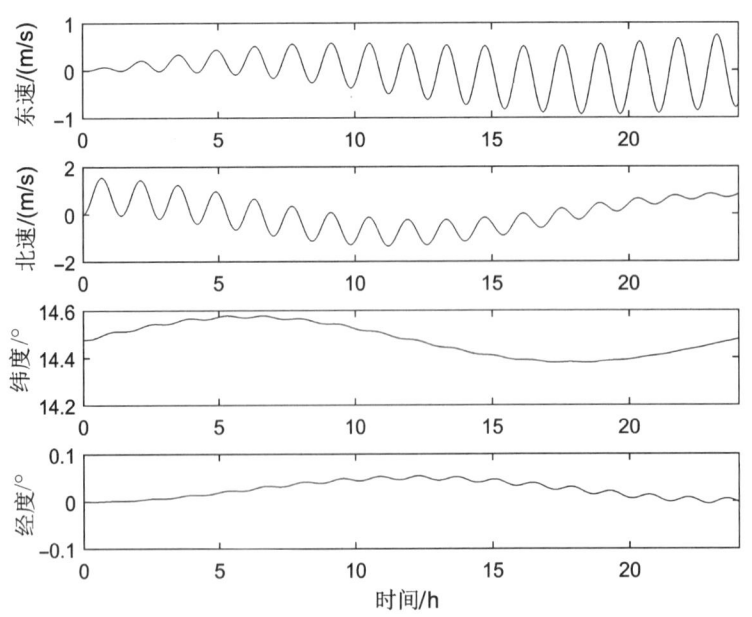

图 8-3 惯性导航的振荡(导航时间 1 天)

如果惯性导航时间进一步增长,可以观察到更丰富的周期特性,如图 8-4 所示。惯性导航的误差有 3 个周期:(1)舒勒周期 84.4 min。舒勒周期的根源在于计算姿态时补偿了地球的曲率,即位置变化引起姿态变化,影响重力分量的补偿,形成负反馈。(2)地球周期 1 天,源于计算姿态时补偿了地球自转。(3)傅科周期 $1/\sin L$ 天,源于计算速度时补偿了科氏加速度。

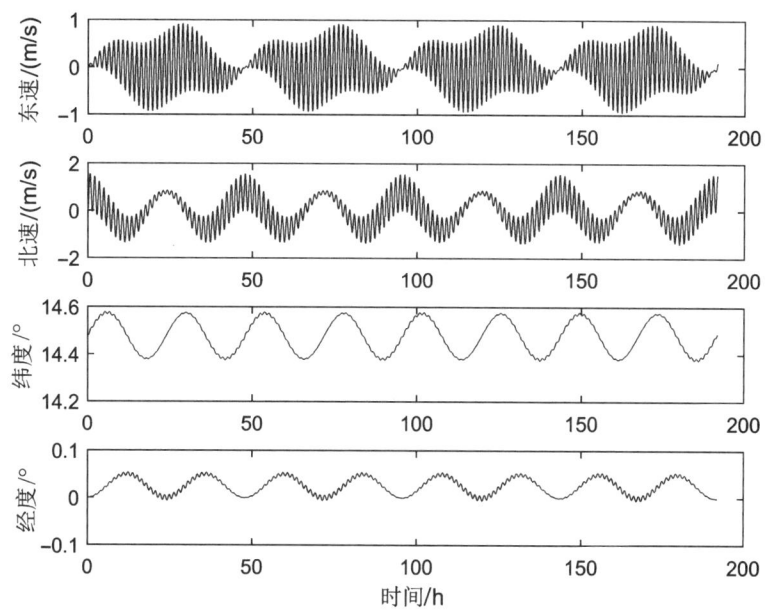

图 8-4 惯性导航的振荡(导航时间 8 天)

惯性导航产生舒勒振荡的条件是:(1)高精度的惯性导航;(2)通过额外手段稳定了高度通道;(3)长时间的惯性导航。有舒勒振荡的典型应用是潜艇。对于大多数导航系统来说,并不会在纯惯性状态下工作如此长的时间,所以无法观察到舒勒振荡现象。

舒勒振荡的一个用途是检查惯性导航程序的正确性。在研发导航算法时,实验结果的误差可能源于程序错误,也可能源于传感器固有的误差,二者难以辨别。所以研发时应当先进行软件仿真实验:仿真数据暂时剔除传感器的误差,进行惯性导航计算,观察是否有舒勒振荡现象。如果软件仿真实验没有出现舒勒振荡等 3 个周期,那么推测惯性导航程序存在错误。

8.8 极区导航*

惯性导航系统在南北极附近时会面临一些需要特殊处理的问题。例如,下列公式中存在正切函数,在极点附近会趋于无穷大。

$$\boldsymbol{\omega}_{\text{en}}^{\text{n}} = \begin{bmatrix} -\dfrac{v_{\text{N}}}{R_{\text{m}}+h} \\ \dfrac{v_{\text{E}}}{R_{\text{p}}+h} \\ \dfrac{v_{\text{E}}\tan L}{R_{\text{p}}+h} \end{bmatrix} \qquad (8-28)$$

平台式与捷联式惯性导航的很多原理是通用的,只不过捷联式惯性导航用数学计算替代了平台式惯性导航的机械伺服平台。本书中介绍的完整版惯性导航,虽然是针对捷联惯性导航的,但是这个原理基本等同于方位指北的平台式惯性导航系统。

平台式惯性导航系统具有真正的机械伺服平台,难以进行大角速度的旋转。所以极区导航时,平台式惯性导航系统不宜采用方位指北方案。为了改善极区导航问题,有一些方法替换方位指北方案,如自由方位惯性导航、游移方位惯性导航、格网坐标系、横坐标系、惯性坐标系等。这些方法既能用于平台式惯性导航,也能用于捷联式惯性导航。

捷联式惯性导航采用数学计算的方式代替机械伺服平台,对极区导航问题更不敏感。对于目前处理器的计算精度,只要偏离极点几百米,就能保证捷联惯性导航的计算过程具有足够的精度,不会引发奇异问题。对于绝大多数一般用途的捷联惯性导航,不会恰好经过极点,那么完全可以忽略极区导航问题,不做特殊处理。导航轨迹跨越180°经度时不需要特殊算法,但是需要做简单的数值处理,即$-180°$和$+180°$是相同的经度。

9 算法基础

9.1 最小二乘法#

组合导航领域的核心算法是扩展卡尔曼滤波。本书在阐述这个比较复杂的算法前,先借助一些简单的算法演示思路。

最小二乘法是求解过约束问题的基本算法,具有广泛的应用。考虑一个方程个数比未知数个数多的线性方程组

$$\boldsymbol{Ax} = \boldsymbol{b} \tag{9-1}$$

此处暂时跳过推导过程,直接给出最小二乘法的解为:

$$\boldsymbol{x} = (\boldsymbol{A}^\mathrm{T}\boldsymbol{A}) \backslash (\boldsymbol{A}^\mathrm{T}\boldsymbol{b}) \tag{9-2}$$

最小二乘法另有迭代解法。不过组合导航领域的方程维数一般不大,直接用高斯消元法即可满足解方程的需求。高斯消元法的原理可参考线性代数等相关资料。Matlab 能直接计算高斯消元法。采用 C 语言时,高斯消元法的操作过程参见"附录 C 语言矩阵计算代码"的相关部分。

下面列举一个算例,已知 x 和 y 的关系为 $y = kx + b$,已知 3 组 x 和 y 的对应关系如表 9-1 所示,求参数 k 和 b。

表 9-1 最小二乘法算例

x	y
1	1.9
2	3.1
3	3.9

上述问题写为方程组的形式:

$$\boldsymbol{Ax} = \begin{bmatrix} 1 & 1 \\ 2 & 1 \\ 3 & 1 \end{bmatrix} \begin{bmatrix} k \\ b \end{bmatrix} = \begin{bmatrix} 1.9 \\ 3.1 \\ 3.9 \end{bmatrix} = \boldsymbol{b} \tag{9-3}$$

按照最小二乘法求解,则有:

$$\mathbf{A}^\mathrm{T}\mathbf{A} = \begin{bmatrix} 14 & 6 \\ 6 & 3 \end{bmatrix} \tag{9-4}$$

$$\mathbf{A}^\mathrm{T}\mathbf{b} = \begin{bmatrix} 19.8 \\ 8.9 \end{bmatrix} \tag{9-5}$$

解得

$$\begin{bmatrix} k \\ b \end{bmatrix} = (\mathbf{A}^\mathrm{T}\mathbf{A}) \backslash (\mathbf{A}^\mathrm{T}\mathbf{b}) = \begin{bmatrix} 1 \\ 0.966\ 7 \end{bmatrix} \tag{9-6}$$

因为问题本身是一个过约束问题,所以最小二乘法的解通常不能使得残差为 0。但是最小二乘法的解使得残差很小,是工程意义上的合理结果。

9.2 最小二乘法的推导*

最小二乘法的目的是寻找合适的 $\mathbf{x}$,使得残差平方和最小。残差平方和如下:

$$J(\mathbf{x}) = (\mathbf{b} - \mathbf{A}\mathbf{x})^\mathrm{T}(\mathbf{b} - \mathbf{A}\mathbf{x}) \tag{9-7}$$

展开则有:

$$J(\mathbf{x}) = \mathbf{b}^\mathrm{T}\mathbf{b} - (\mathbf{A}\mathbf{x})^\mathrm{T}\mathbf{b} - \mathbf{b}^\mathrm{T}\mathbf{A}\mathbf{x} + (\mathbf{A}\mathbf{x})^\mathrm{T}\mathbf{A}\mathbf{x} \tag{9-8}$$

注意到 $(\mathbf{A}\mathbf{x})^\mathrm{T}\mathbf{b}$ 和 $\mathbf{b}^\mathrm{T}\mathbf{A}\mathbf{x}$ 是相等的标量,则有:

$$J(\mathbf{x}) = \mathbf{b}^\mathrm{T}\mathbf{b} - 2\mathbf{x}^\mathrm{T}\mathbf{A}^\mathrm{T}\mathbf{b} + \mathbf{x}^\mathrm{T}\mathbf{A}^\mathrm{T}\mathbf{A}\mathbf{x} \tag{9-9}$$

这是向量的函数,在极值处导数为 0。其导数为:

$$\frac{\partial J(\mathbf{x})}{\partial \mathbf{x}} = -2\mathbf{A}^\mathrm{T}\mathbf{b} + 2\mathbf{A}^\mathrm{T}\mathbf{A}\mathbf{x} \tag{9-10}$$

取导数为 0,则有

$$-2\mathbf{A}^\mathrm{T}\mathbf{b} + 2\mathbf{A}^\mathrm{T}\mathbf{A}\mathbf{x} = 0 \tag{9-11}$$

$$\mathbf{x} = (\mathbf{A}^\mathrm{T}\mathbf{A}) \backslash (\mathbf{A}^\mathrm{T}\mathbf{b}) \tag{9-12}$$

由此得到了最小二乘法的公式(9-2)。

9.3 牛顿法解方程#

牛顿法是一种解非线性方程的迭代算法。

曲线 $y = f(x)$ 在 x_k 附近的切线为:

$$y = f(x_k) + f'(x_k)(x - x_k) \tag{9-13}$$

式中，$f'(x_k)$ 是导数。

用这个切线近似代替 $y=f(x)$ 的曲线。求这个切线和横轴的交点，即可逼近方程 $f(x)=0$ 的解。

$$x_{k+1}=x_k-\frac{f(x_k)}{f'(x_k)} \qquad (9\text{-}14)$$

例如，求解下列方程：

$$f(x)=x^3+x^2+x-1=0 \qquad (9\text{-}15)$$

不妨取初值 $x_1=1$。

导数为：

$$f'(x)=3x^2+2x+1 \qquad (9\text{-}16)$$

初值 $x_1=1$ 时，$f(x_1)=2$，$f'(x_1)=6$，那么下一个值为 $x_2=2/3$。按照这个步骤继续迭代，过程如表 9-2 所示。

表 9-2 牛顿法解方程过程

迭代次数	x_k	$f(x_k)$	$f'(x_k)$	x_{k+1}
1	1	2	6	0.666 7
2	0.666 7	0.407 4	3.666 7	0.555 6
3	0.555 6	0.035 7	3.037 0	0.543 8
4	0.543 8	0.000 4	2.974 8	0.543 7
5	0.543 7	0.000 0	2.974 2	0.543 7

经过几次迭代之后，即可得到方程的解约为 0.543 7。

上述操作的 Matlab 程序如下：

```
%牛顿法解方程
%x^3+x^2+x-1=0;
clear
L=6;
A=zeros(L,4);
A(1,:)=[0;0;0;1];
for k=2:1:L
    x=A(k-1,4);
    A(k,1)=x;
    A(k,2)=f0(x);
    A(k,3)=f1(x);
```

```
        A(k,4) = x − f0(x)/f1(x);
    end
A = A(2:end,:);
disp(A)
function y = f0(x)
y = x^3 + x^2 + x − 1;
end
function y = f1(x)
y = 3 * x^2 + 2 * x + 1;
end
```

牛顿法解方程就是通过局部微分用线性函数逼近非线性函数,然后多次迭代。采用这种方法,有两个限制条件:(1)要给定适当的初值;(2)适合弱非线性,不适合强非线性。

牛顿法解方程反映了反馈、迭代的思想。这种思想的特色在于,并不要求绝对精确的反馈系数。当反馈系数在一定范围内变化时,稳定后的结果仍然是正确的。例如,尝试改变上述代码中的反馈环节系数,将代码中"A(k,4) = x − f0(x)/f1(x)"改为"A(k,4) = x − 0.6 * f0(x)/f1(x)";并增加迭代次数,把"L=6"改为"L=12",则运行结果依然为 0.543 7。

反馈迭代的思想将在组合导航中继续沿用。一些初学者会对组合导航算法的参数非常在意。然而,组合导航算法的参数并不需要非常精确,通常一组粗略的参数就能满足需求。所以组合导航中一些精细的建模方法往往是不必要的。在介绍组合导航算法的具体操作之前,本节先给出了组合导航算法的思想内涵,以及一个基本结论:组合导航算法的重点并不在于精细调参。

9.4 非线性最小二乘法

为了求解非线性过约束方程组,将最小二乘法和牛顿法合并使用,即得到非线性最小二乘法:通过偏微分,用线性关系逼近非线性关系,然后迭代计算最小二乘法。

下面举例演示非线性最小二乘法:在平面上的无线电导航,已知 3 个基站的坐标以及载体到 3 个基站的距离,如表 9-3 所示,求载体位置。

表 9-3 非线性最小二乘法算例

基站位置	载体到基站的距离
1 5	2.2
5 1	3.6
6 6	5.0

距离与坐标的关系为:

$$r_1 = \sqrt{(x-x_1)^2 + (y-y_1)^2} \tag{9-17}$$

距离对坐标的偏微分为：

$$\frac{\partial r_1}{\partial x} = \frac{x-x_1}{\sqrt{(x-x_1)^2+(y-y_1)^2}} = \frac{x-x_1}{r_1} \tag{9-18}$$

同理

$$\frac{\partial r_1}{\partial y} = \frac{y-y_1}{r_1} \tag{9-19}$$

牛顿法解方程需要利用导数，非线性最小二乘法需要利用偏导数矩阵代替线性最小二乘法的系数矩阵。

$$\mathbf{A} = \begin{bmatrix} \dfrac{\partial r_1}{\partial x} & \dfrac{\partial r_1}{\partial y} \\ \dfrac{\partial r_2}{\partial x} & \dfrac{\partial r_2}{\partial y} \\ \dfrac{\partial r_3}{\partial x} & \dfrac{\partial r_3}{\partial y} \end{bmatrix} \tag{9-20}$$

为了求解上述无线电导航问题，不妨取载体位置初值为 $[0 \quad 0]^T$，迭代计算过程如表9-4所示。

表9-4 非线性最小二乘法第一次迭代

基站位置	已知距离 r_0	当前距离 r_1	$b = r_1 - r_0$	$x - x_1$	$y - y_1$	$\dfrac{\partial r_1}{\partial x}$	$\dfrac{\partial r_1}{\partial y}$
1 5	2.2	5.099	2.899	-1	-5	-0.1961	-0.9806
5 1	3.6	5.099	1.499	-5	-1	-0.9806	-0.1961
6 6	5.0	8.485	3.485	-6	-6	-0.7071	-0.7071

由此得到最小二乘法的 $\mathbf{A}$ 矩阵为雅可比矩阵：

$$\mathbf{A} = \begin{bmatrix} -0.1961 & -0.9806 \\ -0.9806 & -0.1961 \\ -0.7071 & -0.7071 \end{bmatrix} \tag{9-21}$$

$\mathbf{b}$ 矩阵为：

$$\mathbf{b} = \begin{bmatrix} 2.899 \\ 1.499 \\ 3.485 \end{bmatrix} \tag{9-22}$$

解得

$$x = (A^{\mathrm{T}}A)\backslash(A^{\mathrm{T}}b) = \begin{bmatrix} -1.226\,3 \\ -3.010\,9 \end{bmatrix} \tag{9-23}$$

载体位置修改为 $[1.226\,3 \quad 3.010\,9]^{\mathrm{T}}$。然后进行第二次迭代，如表 9-5 所示。

表 9-5　非线性最小二乘法第二次迭代

基站位置	已知距离 r_0	当前距离 r_1	$b = r_1 - r_0$	$x - x_1$	$y - y_1$	$\dfrac{\partial r_1}{\partial x}$	$\dfrac{\partial r_1}{\partial y}$
1　5	2.2	2.001 9	−0.198 1	0.226 3	−1.989 1	0.113 0	−0.993 6
5　1	3.6	4.276 1	0.676 1	−3.773 7	2.010 9	−0.882 5	0.470 3
6　6	5.0	5.632 3	0.632 3	−4.773 7	−2.989 1	−0.847 6	−0.530 7

依据公式(9-2)求解得到 $[-0.760\,8 \quad 0.080\,7]^{\mathrm{T}}$。载体位置修改为 $[1.987\,0 \quad 2.930\,2]^{\mathrm{T}}$。然后进行第三次迭代，如表 9-6 所示。

表 9-6　非线性最小二乘法第三次迭代

基站位置	已知距离 r_0	当前距离 r_1	$b = r_1 - r_0$	$x - x_1$	$y - y_1$	$\dfrac{\partial r_1}{\partial x}$	$\dfrac{\partial r_1}{\partial y}$
1　5	2.2	2.293 1	0.093 1	0.987	−2.069 8	0.430 4	−0.902 6
5　1	3.6	3.578 2	−0.021 8	−3.013	1.930 2	−0.842 0	0.539 4
6　6	5.0	5.052 5	0.052 5	−4.013	−3.069 8	−0.794 3	−0.607 6

依据公式(9-2)求解得到 $[-0.010\,1 \quad -0.089\,0]^{\mathrm{T}}$。载体位置修改为 $[1.997\,1 \quad 3.019\,2]^{\mathrm{T}}$。此时的结果较为准确，作为最终结果。

上述计算的 Matlab 代码如下：

```
clear
p=[0;0];
p1=[1;5];
p2=[5;1];
p3=[6;6];
r1=2.2;
r2=3.6;
r3=5.0;
for n=1:1:3
    r=[norm(p-p1);norm(p-p2);norm(p-p3)];
    x=p(1);
    y=p(2);
```

```
xx1=[x-p1(1);x-p2(1);x-p3(1)];
yy1=[y-p1(2);y-p2(2);y-p3(2)];
b=r-[r1;r2;r3];
disp([r,xx1,yy1,b])
A=[xx1./r,yy1./r];
disp(A)
dxy=(A'*A)\(A'*b);
disp(dxy)
p=p-dxy;
disp(p)
end
```

非线性最小二乘法展示了迭代和微分逼近的算法思想。组合导航常用的扩展卡尔曼滤波算法中将继续沿用这一思想。

9.5 随机变量的期望和方差[#]

对于随机变量 X,用符号 $E(X)$ 表示期望,$D(X)$ 表示方差。随机变量 X 和 Y 以及常数 c 显然有以下性质:

$$E(X+Y)=E(X)+E(Y) \tag{9-24}$$

$$E(cX)=cE(X) \tag{9-25}$$

$$D(cX)=c^2 D(X) \tag{9-26}$$

随机变量 X 和 Y 相互独立,则有:

$$D(X \pm Y)=D(X)+D(Y) \tag{9-27}$$

如果随机变量 X 满足均值为 μ,方差为 σ^2 的正态分布,则可表示为:

$$X \sim N(\mu, \sigma^2) \tag{9-28}$$

如果有 n 个相互独立的随机变量都满足上述正态分布,那么它们求和满足:

$$\left(\sum_{i=1}^{n} X_i\right) \sim N(n\mu, n\sigma^2) \tag{9-29}$$

它们的平均值满足:

$$\left(\frac{1}{n}\sum_{i=1}^{n} X_i\right) \sim N\left(\mu, \frac{\sigma^2}{n}\right) \tag{9-30}$$

下面给出一个典型的算例。如果陀螺仪角速度误差是标准差为 σ 的白噪声,采样率为

f_s,那么时间 t 内陀螺仪积分后的角度误差的方差为 $t\sigma^2/f_s$。换句话说,当角速度误差是白噪声时,角度误差的方差与积分时间成正比,这就是白噪声与角度随机游走的关系。角度随机游走的概念将在后面的"16.6 阿伦方差"章节中进一步介绍。

9.6　加权平均数#

卡尔曼滤波是组合导航的经典方法,它的原理基于两个基础:概率论中的加权平均数,以及现代控制理论中的线性系统状态空间方程。本节介绍加权平均数。

考虑这样一个例子:两个人分别测量同一个长度,测量结果是正态分布的随机变量,它们的期望相同而方差不同,求一个合理的加权平均数。

这个问题用数学符号重新表述为:两个相互独立的随机变量满足:

$$x_1 \sim N(\mu, \sigma_1^2) \tag{9-31}$$

$$x_2 \sim N(\mu, \sigma_2^2) \tag{9-32}$$

设加权平均数为:

$$x = kx_1 + (1-k)x_2 = x_2 + k(x_1 - x_2) \tag{9-33}$$

那么其方差为:

$$\begin{aligned} D(x) &= k^2\sigma_1^2 + (1-k)^2\sigma_2^2 \\ &= k^2(\sigma_1^2 + \sigma_2^2) - 2k\sigma_2^2 + \sigma_2^2 \\ &= \left(k - \frac{\sigma_2^2}{\sigma_1^2 + \sigma_2^2}\right)^2(\sigma_1^2 + \sigma_2^2) + \frac{\sigma_1^2\sigma_2^2}{\sigma_1^2 + \sigma_2^2} \end{aligned} \tag{9-34}$$

为了让 $D(x)$ 最小,应当取

$$k = \frac{\sigma_2^2}{\sigma_1^2 + \sigma_2^2} \tag{9-35}$$

此时最小的方差为:

$$D(x) = \frac{\sigma_1^2\sigma_2^2}{\sigma_1^2 + \sigma_2^2} \tag{9-36}$$

容易证明,最小方差的下面两个计算公式也是成立的:

$$D(x) = (1-k)\sigma_2^2 \tag{9-37}$$

$$D(x) = k^2\sigma_1^2 + (1-k)^2\sigma_2^2 \tag{9-38}$$

如果又测量了 x_3，那么可以用 x_3 和 x 继续计算加权平均数，不需要保留 x_1 和 x_2。采用这样的加权平均数算法，数据增加时占用内存不增加，且算法复杂度为 $O(n)$。当数据越来越多时，随着数据更新迭代计算的进行，每次迭代的计算量不变。这是一种适合实时处理数据的算法，具有应用优势。

10 卡尔曼滤波

10.1 状态空间方程#

卡尔曼滤波的基础是加权平均数和状态空间方程。本节介绍状态空间方程。状态空间方程是现代控制理论中的系统建模方法，它考虑两个因素：一是系统具有多个自由度，二是几个自由度之间互相影响。

现代控制理论中的状态空间方程表示为：

$$\dot{x} = Ax + Bu \tag{10-1}$$

$$y = Cx + Du \tag{10-2}$$

式中，x 是状态向量（简称状态量），u 是系统输入，y 是系统输出，A、B、C、D 是系数矩阵。两个方程分别称为状态方程和输出方程。

在组合导航技术中，要建立离散的系统模型，才能与计算机处理过程匹配。因而组合导航中系统表示为：

$$x_k = \Phi x_{k-1} + \Gamma w_{k-1} \tag{10-3}$$

$$z_k = H x_k + v_k \tag{10-4}$$

两个方程分别称为状态方程和观测方程（也称测量方程、量测方程），Φ 和 H 称为状态转移矩阵和观测矩阵。与现代控制理论的原版公式相比，两个离散方程去掉了系统输入 u，换为两种噪声 w 和 v。这两种噪声对应不同传感器的噪声，如 w 对应陀螺仪、加速度计的噪声，v 对应卫星导航的噪声。这两个离散方程是从测量的角度表述的，而非从控制的角度表述，所以系统的输入是噪声而非控制信号。观测量 z 就是传感器的测量值，v 就是 z 的噪声，v 没有必要乘系数矩阵。

在控制理论中，基本问题是通过输入 u 控制状态量 x，继而控制输出 y。而组合导航研究的基本问题是相反的，是已知观测量 z 推算状态量 x。

对于大多数组合导航的情况，系数矩阵 Γ 直接取单位矩阵即可，即状态方程简化为：

$$x_k = \Phi x_{k-1} + w_{k-1} \tag{10-5}$$

在实际的建模过程中，一般先推导连续形式的方程，再离散化为离散形式的方程。连续形式的状态方程为：

$$\dot{x} = Fx \tag{10-6}$$

式中，F 为偏微分矩阵，即雅可比矩阵。

对于时间间隔 T 不大的情况，连续形式与离散形式的关系为：

$$\Phi = I + FT \tag{10-7}$$

上面的公式比较抽象，下面举一个例子演示状态空间方程模型。考虑自由度落体运动，状态量为位移、速度、加速度，观测量为位移。显然，位移的导数是速度，速度的导数是加速度，则有：

$$F = \begin{bmatrix} 0 & 1 & 0 \\ 0 & 0 & 1 \\ 0 & 0 & 0 \end{bmatrix} \tag{10-8}$$

容易得到：

$$\Phi = \begin{bmatrix} 1 & T & 0 \\ 0 & 1 & T \\ 0 & 0 & 1 \end{bmatrix} \tag{10-9}$$

$$H = \begin{bmatrix} 1 & 0 & 0 \end{bmatrix} \tag{10-10}$$

10.2 卡尔曼滤波

卡尔曼滤波（Kalman Filter，KF）就是下列状态空间方程中已知 z，估计未知 x 的过程。

$$x_k = \Phi x_{k-1} + w_{k-1} \tag{10-11}$$

$$z_k = Hx_k + v_k \tag{10-12}$$

设 x、w、v 的协方差矩阵分别为 P、Q、R。

如果不考虑误差，前后时刻的 x 具有如下关系：

$$\hat{X}_{k|k-1} = \Phi \hat{X}_{k-1} \tag{10-13}$$

式中，$\hat{X}_{k-1}$ 是前一时刻 x 的估计值，$\hat{X}_{k|k-1}$ 是推算的后一时刻的 x。

由于噪声等因素的影响，上述推算并不准确，需要根据 z 来修正。类似于公式(9-33)，取

$$\hat{X}_k = \hat{X}_{k|k-1} + K_k(z_k - H\hat{X}_{k|k-1}) \tag{10-14}$$

式中，K_k 是反映权重的滤波增益。现在的关键问题就是，这个权重如何取值。

类似于公式(9-26)和(9-27)，$\hat{X}_{k|k-1}$ 的方差为：

$$P_{k|k-1} = \boldsymbol{\Phi} P_{k-1} \boldsymbol{\Phi}^\mathrm{T} + \boldsymbol{Q} \tag{10-15}$$

类似于公式(9-35)，权重为：

$$\boldsymbol{K}_k = \boldsymbol{P}_{k|k-1} \boldsymbol{H}^\mathrm{T} (\boldsymbol{H} \boldsymbol{P}_{k|k-1} \boldsymbol{H}^\mathrm{T} + \boldsymbol{R})^{-1} \tag{10-16}$$

加权平均结果的方差有两种计算方法。一种计算公式类似于公式(9-37)：

$$\boldsymbol{P}_k = (\boldsymbol{I} - \boldsymbol{K}_k \boldsymbol{H}) \boldsymbol{P}_{k|k-1} \tag{10-17}$$

另一种计算公式类似于公式(9-38)，加权平均结果的方差为：

$$\boldsymbol{P}_k = (\boldsymbol{I} - \boldsymbol{K}_k \boldsymbol{H}) \boldsymbol{P}_{k|k-1} (\boldsymbol{I} - \boldsymbol{K}_k \boldsymbol{H})^\mathrm{T} + \boldsymbol{K}_k \boldsymbol{R} \boldsymbol{K}_k^\mathrm{T} \tag{10-18}$$

公式(10-17)是数值敏感的，轻微的计算误差会导致严重的影响，在实际工程中一般不使用该公式，而是采用公式(10-18)计算，这个公式称为约瑟夫(Joseph)形式。

卡尔曼滤波与一维加权平均数公式的比较如表 10-1 所示，二者是高度相似的。卡尔曼滤波的计算公式看似形式复杂，但是本质上很简单，就是多维的加权平均数。按照加权平均数完全相同的过程，即可推导出卡尔曼滤波的公式。本书略过这些推导。

表 10-1　卡尔曼滤波与一维加权平均数对比

卡尔曼滤波	一维加权平均数
$\hat{X}_{k|k-1} = \boldsymbol{\Phi} \hat{X}_{k-1}$	—
$\hat{X}_k = \hat{X}_{k|k-1} + \boldsymbol{K}_k (z_k - \boldsymbol{H} \hat{X}_{k|k-1})$	$x = x_2 + k(x_1 - x_2)$
$P_{k|k-1} = \boldsymbol{\Phi} P_{k-1} \boldsymbol{\Phi}^\mathrm{T} + \boldsymbol{Q}$	$D(cX) = c^2 D(X)$ $D(X \pm Y) = D(X) + D(Y)$
$\boldsymbol{K}_k = \boldsymbol{P}_{k|k-1} \boldsymbol{H}^\mathrm{T} (\boldsymbol{H} \boldsymbol{P}_{k|k-1} \boldsymbol{H}^\mathrm{T} + \boldsymbol{R})^{-1}$	$k = \dfrac{\sigma_2^2}{\sigma_1^2 + \sigma_2^2}$
$\boldsymbol{P}_k = (\boldsymbol{I} - \boldsymbol{K}_k \boldsymbol{H}) \boldsymbol{P}_{k|k-1}$	$D(x) = (1-k)\sigma_2^2$
$\boldsymbol{P}_k = (\boldsymbol{I} - \boldsymbol{K}_k \boldsymbol{H}) \boldsymbol{P}_{k|k-1} (\boldsymbol{I} - \boldsymbol{K}_k \boldsymbol{H})^\mathrm{T} + \boldsymbol{K}_k \boldsymbol{R} \boldsymbol{K}_k^\mathrm{T}$	$D(x) = k^2 \sigma_1^2 + (1-k)^2 \sigma_2^2$

10.3　卡尔曼滤波算例——自由落体

下面以自由落体运动为例，演示卡尔曼滤波：在理想的自由落体运动中，物体在 1 s、2 s、3 s、4 s、5 s 的位置依次是 4.9、19.6、44.1、78.4、122.5，求重力加速度。根据前面章节的公式编写 Matlab 程序如下：

```
%自由落体的卡尔曼滤波
h=[4.9;19.6;44.1;78.4;122.5];
X=[0;0;10];
Phi0=[1 0.001 0;0 1 0.001;0 0 1];
P=diag([0,0,0.01]);
Q=zeros(3);
R=0.0001;
H=[1,0,0];
Phi=eye(3);
data=zeros(6,3);
data(1,:)=X';
for n=1:1:5000
    Phi=Phi0*Phi;
    if(mod(n,1000)==0)
        Pkk=Phi*P*Phi'+Q;
        K=(Pkk*H')/(H*Pkk*H'+R);
        P=(eye(3)-K*H)*Pkk*(eye(3)-K*H)'+K*R*K';
        Xkk=Phi*X;
        z=h(n/1000);
        X=Xkk+K*(z-H*Xkk);
        data(n/1000+1,:)=X';
        Phi=eye(3);
    end
end
plot(0:5,data(:,3));
xlabel('时间/s');
ylabel('加速度估计值/(m/s^2)');
```

这个程序的运行结果如图 10-1 所示。初始的加速度设为 10，卡尔曼滤波之后发生变化，逐渐收敛至 9.8 左右。这个程序实现了根据位移反推加速度的功能。

为了保证状态方程的准确性，离散的状态方程的时间间隔不能太大。此处状态方程每 0.001s 更新一次，观测方程每秒更新一次，具体原理参见后面 "13.4 数据刷新率不一致" 章节。此处

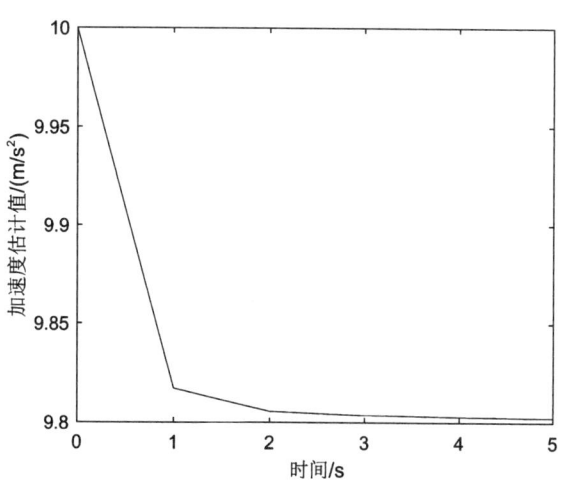

图 10-1 自由落体算例运行结果

的 **P**、**Q**、**R** 参数是出于演示需要而人工设置的,并非具有实际物理意义的数值。

对于这个自由落体的算例,虽然也能用中学物理的方法计算,但是此处采用卡尔曼滤波方法以达到演示目的。需要再次强调的是:每有一个观测数据便计算一次卡尔曼滤波,而非积攒全部数据之后再处理;卡尔曼滤波的方法具有实时计算的能力。

卡尔曼滤波的解算过程基本上是固定的。应用卡尔曼滤波解决问题时,重点在于建模,然后只需要套用公式即可解算。

10.4 卡尔曼滤波的滞后性*

下面再列举一个稍复杂的例子演示卡尔曼滤波的滞后性。考虑一个一维运动,飞机的加速度是正弦函数;雷达能测量飞机的位置,但是测量值包含噪声;通过卡尔曼滤波估计飞机的位置、速度、加速度,与准确值进行比较。

在这个例子中,状态空间模型与自由落体是一致的,只是加速度不再是常数,而是变化的。可对自由落体的 Matlab 程序稍加修改,针对此问题的 Matlab 程序如下:

```
%正弦运动的卡尔曼滤波
dt = 0.001;
L = 10000;
t = (1:L)' * dt;
a = sin(t);
v = cumsum(a * dt);
p = cumsum(v * dt);
pm = p + randn(L,1) * 1e-2;%位置测量值

X = [0;0;0];
Phi = [1 0.001 0;0 1 0.001;0 0 1];
P = diag([0,0,0]);
Q = diag([0,0,1e-6]);
R = 1e-4;
H = [1,0,0];
data = zeros(L,3);
for n = 1:1:L
    Pkk = Phi * P * Phi' + Q;
    K = (Pkk * H')/(H * Pkk * H' + R);
    P = (eye(3) - K * H) * Pkk * (eye(3) - K * H)' + K * R * K';
    Xkk = Phi * X;
    z = pm(n);
    X = Xkk + K * (z - H * Xkk);
```

```
        data(n,:) = X';
end
figure
subplot(3,1,1);
plot(t,data(:,1),'b-',t,p,'r--');
ylabel('位置/m');
subplot(3,1,2);
plot(t,data(:,2),'b-',t,v,'r--');
ylabel('速度/(m/s)');
subplot(3,1,3);
plot(t,data(:,3),'b-',t,a,'r--');
ylabel('加速度/(m/s^2)');
legend('估计值','真值');
xlabel('时间/s');
```

该程序的运行结果如图 10-2 所示。卡尔曼滤波估计的结果与真值相比会稍微落后一些。加速度有明显滞后,速度和位置有轻微滞后。这个算例中,一个较大的加速度输入驱动了系统的状态变量,但是在卡尔曼滤波中把这个加速度输入当作了噪声。标准版本的卡尔曼滤波只考虑输入小噪声的情况。如果实际系统有较大的、非噪声信号输入,则会偏离标准版本卡尔曼滤波的情况。

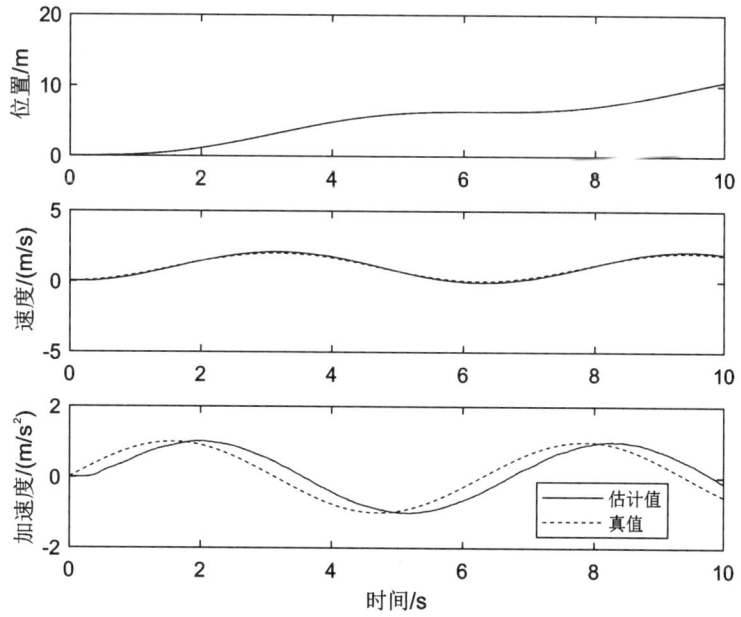

图 10-2　正弦运动算例运行结果

卡尔曼滤波的理论在多个领域都有应用,在组合导航领域应用的卡尔曼滤波与通常的卡尔曼滤波有一些微妙的区别。在一般的领域中,常常针对非合作对象使用卡尔曼滤波器。比如雷达目标跟踪问题,目标的加速度是不能直接测量的,因而会出现上述算例中的滞后性问题。而在组合导航领域中,卡尔曼滤波往往面向合作对象。对于上面的算例,组合导航领域中常常允许直接在目标上安装一个加速度计,利用这个额外的信息再进行卡尔曼滤波。

对于上面的算例,如果飞机的加速度能直接测量,那么仿真代码改为:

```
%正弦运动的卡尔曼滤波
dt = 0.001;
L = 10000;
t = (1:L)' * dt;
a = sin(t);
v = cumsum(a * dt);
p = cumsum(v * dt);
pm = p + randn(L,1) * 1e-2;%位置测量值
am = a + randn(L,1) * 1e-3;%加速度测量值

X = [0;0;0];
Phi = [1 0.001 0;0 1 0.001;0 0 1];
P = diag([0,0,0]);
Q = diag([0,0,1e-6]);
R = 1e-4;
H = [1,0,0];
data = zeros(L,3);
for n = 1:1:L
        Pkk = Phi * P * Phi' + Q;
        K = (Pkk * H')/(H * Pkk * H' + R);
        P = (eye(3) - K * H) * Pkk * (eye(3) - K * H)' + K * R * K';
        Xkk = Phi * [X(1);X(2);am(n)];%加速度能直接测到
        z = pm(n);
        X = Xkk + K * (z - H * Xkk);
        data(n,:) = X';
end
figure
subplot(3,1,1);
plot(t,data(:,1),t,p);
ylabel('位置');
subplot(3,1,2);
plot(t,data(:,2),t,v);
ylabel('速度');
subplot(3,1,3);
```

```
plot(t,data(:,3),t,a);
ylabel('加速度');
legend('估计值','真值');
xlabel('时间');
```

改进后程序的运行结果如图 10-3 所示,估计值与真值基本重合,加速度、速度、位置都没有滞后了。

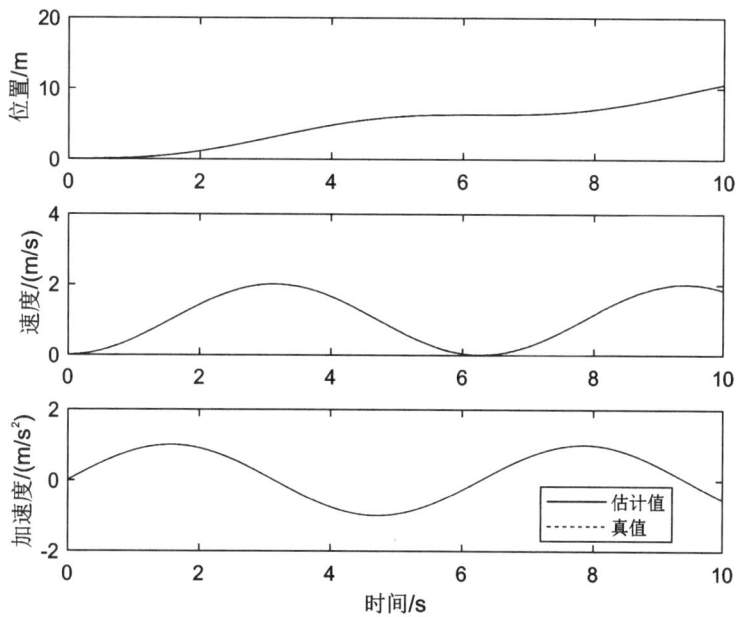

图 10-3　能直接测量加速度时,正弦运动算例运行结果

下面从另外一个角度理解上述算例。为了减少卡尔曼滤波的滞后性,要妥善处理较大的、非噪声信号输入。在组合导航中,如果没有惯性导航、只使用纯粹的卡尔曼滤波,根据卫星导航的位置推算速度、加速度、姿态等,那么就类似于上述雷达目标跟踪的算例会有滞后性。实用的组合导航中的惯性导航测量了较大的、非噪声信号输入。组合导航结合惯性导航和卡尔曼滤波,几乎没有滞后地输出导航信息。

与其他领域相比,组合导航领域的卡尔曼滤波需要与惯性导航有技巧地融合在一起使用,而非单纯地使用卡尔曼滤波。一些读者在其他领域掌握了卡尔曼滤波后,在组合导航领域仍然需要注意这些微妙的改动。

10.5　扩展卡尔曼滤波

卡尔曼滤波建立的是线性模型,原版的卡尔曼滤波只能解决线性问题。导航系统是一个非线性系统,不能使用原版的卡尔曼滤波。为了解决非线性问题,采用扩展卡尔曼滤波(Extended Kalman Filter,EKF)方法。EKF 和 KF 的关系,类似于非线性最小二乘法和最小二乘法的关系。扩展卡尔曼滤波的核心思想是:把非线性系统局部微分当作线性系统来处理。

实际上,基于这种线性化思想的卡尔曼滤波变种方法的概念非常庞杂,包括线性化的卡尔曼滤波 LKF、扩展卡尔曼滤波 EKF、误差量卡尔曼滤波 ESKF、闭环反馈的卡尔曼滤波等。有些文献对仅有微小细节差别的方法给予不同的命名,有些文献又会把有差别的方法混为一谈;有时候同一种操作方法在不同文献中有不同的命名,有时候同一种名字的方法在不同文献中具体操作又不同。这些因素使得问题变得复杂化。

不同操作细节的扩展卡尔曼滤波方法具有类似的特性,没有本质区别。为了简化问题、避免混淆,本书只给出一种扩展卡尔曼滤波的计算方式。本书的方法是 ESKF 方法,也可以认为就是一种变通的 EKF 方法。本方法要点在于:(1)采用偏微分方法把非线性系统线性化;(2)卡尔曼滤波的状态量采用误差量,状态量是小量;(3)计算惯性导航的非线性过程在卡尔曼滤波之外单独进行;卡尔曼滤波只处理误差量,把误差量当作线性系统来处理;(4)卡尔曼滤波之后,立刻反馈补偿惯性导航误差量,因而上一时刻的状态量 X_{k-1} 认为取 0。

对于这样的 EKF 方法,KF 的公式有两处需要修正:(1)不需要计算公式(10-13);(2)公式(10-14)变为:

$$\hat{X}_k = K_k z_k \tag{10-19}$$

其余所有公式,EKF 与 KF 是相同的。

使用 EKF 方法处理组合导航,主要包括三大步骤:正常进行惯性导航计算;计算 EKF;根据 EKF 结果修正惯性导航。以惯性卫星组合导航为例,该步骤如图 10-4 所示。

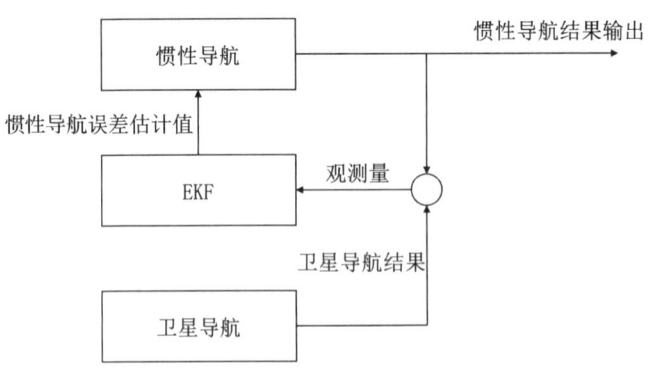

图 10-4　EKF 方法处理组合导航

扩展卡尔曼滤波是卡尔曼滤波的变种。在不需要特别强调的时候,卡尔曼滤波的概念涵盖各种变种方法,因此扩展卡尔曼滤波也被简称为卡尔曼滤波。

10.6 EKF 算例——单轴倾角仪

下面举例演示 EKF 算法。单轴倾角仪包含 2 轴加速度计、1 轴陀螺仪,如图 10-5 所示。陀螺仪有零偏 0.01 rad/s,重力 10 m/s²。以横向速度为 0 作为条件,考虑以恒定角速度 0.1 rad/s 旋转情况下的滤波。

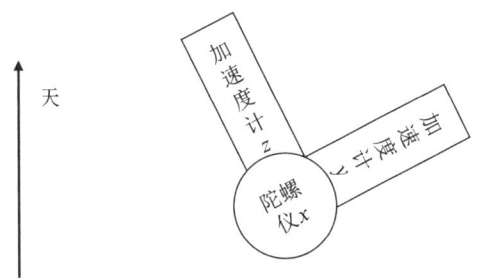

图 10-5 单轴倾角仪

针对这个问题,仿真条件即已知数据,取陀螺仪数据为恒定的 0.11,加速度计数据分别为 10sin 0.1t 和 10cos 0.1t,其中 t 为时间。姿态的真实值为 0.1t。

惯性导航计算过程主要包括三步:(1)陀螺仪积分算姿态;(2)加速度换算到水平方向;(3)水平方向加速度积分得到速度。

扩展卡尔曼滤波中,状态量定义为:横向速度误差、姿态误差、陀螺仪零偏误差,共 3 个维度。连续形式状态方程的矩阵为:

$$\boldsymbol{F} = \begin{bmatrix} 0 & f_U & 0 \\ 0 & 0 & -1 \\ 0 & 0 & 0 \end{bmatrix} \quad (10\text{-}20)$$

式中,f_U 是天向比力。

注意:这里姿态误差的定义是:平台系 p 相对于导航系 n 的旋转角度。例如,如果真实姿态(b 相对于 n)是 30°,惯性导航计算的、包含误差的姿态(b 相对于 p)是 31°,那么平台系角度(p 相对于 n)为 -1°。姿态剧烈变化的时候,平台系是基本稳定的。平台系存在误差角时,会引起比力换算误差,导致速度误差,所以矩阵 $\boldsymbol{F}$ 中存在天向比力 f_U 项。

扩展卡尔曼滤波的观测方程是横向速度为 0。

$$\boldsymbol{H} = \begin{bmatrix} 1 & 0 & 0 \end{bmatrix} \quad (10\text{-}21)$$

基于上述分析,单轴倾角仪 EKF 算法仿真 Matlab 程序如下:

%倾角仪的卡尔曼滤波
```
dt = 0.001;
L = 2000;
t = (1:L)' * dt;
ay = 10 * sin(0.1 * t);
az = 10 * cos(0.1 * t);
wx = 0.11 * ones(L,1);

P = diag([0,0,0.0001]);
Q = zeros(3);
R = 0.01;
H = [1,0,0];

data = zeros(L,6);
th = 0;
speed = 0;
biasgyro = 0;
for n = 1:1:L
    th = th + (wx(n) + biasgyro) * dt;
    Cnb = [cos(th),sin(th); -sin(th),cos(th)];
    ab = [ay(n);az(n)];
    an = Cnb' * ab;
    speed = speed + an(1) * dt;

    fu = an(2);
    z = speed;
    F = [0 fu 0;0 0 -1;0 0 0];
    Phi = eye(3) + F * dt;
    Pkk = Phi * P * Phi' + Q;
    K = (Pkk * H')/(H * Pkk * H' + R);
    P = (eye(3) - K * H) * Pkk * (eye(3) - K * H)' + K * R * K';
    X = K * z;

    speed = speed - X(1);
    th = th + X(2);%注意这里特殊处理
    biasgyro = biasgyro - X(3);
    data(n,:) = [speed,th,biasgyro,X'];

end
figure
subplot(3,1,1);
plot(t,data(:,2),'b-',t,0.1 * t,'r--');legend('组合导航','参考');ylabel('姿态角');xlabel('
```

时间');
subplot(3,1,2);
plot(t,data(:,2)-0.1*t);ylabel('姿态误差');xlabel('时间');
subplot(3,1,3);
plot(t,data(:,3));ylabel('陀螺仪零偏补偿量');xlabel('时间');

上述程序运行结果如图 10-6 所示。由于陀螺仪零偏的影响，前半段的时候姿态误差有所增大。算法逐渐估计了陀螺仪零偏的数值，并修正了姿态误差。后半段的时候姿态误差几乎收敛为 0。

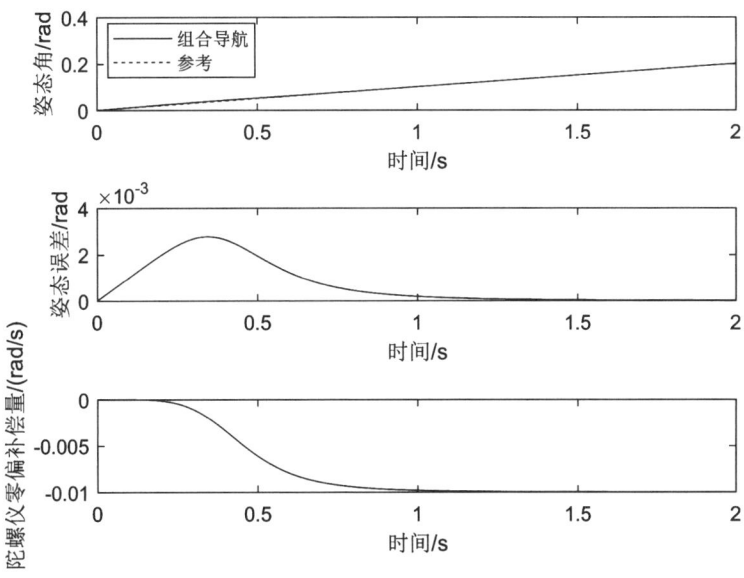

图 10-6　倾角仪算例运行结果

EKF 与 KF 类似，解算过程基本上是固定的，工程应用时的重点在于建模，即列出状态方程和观测方程，然后只需要套用公式解算即可。

11 无线电导航和卫星导航简介

11.1 无线电导航概述

无线电导航是卫星导航的基础,卫星导航是无线电导航的特例。无线电导航种类繁多,按照工作原理分类如图 11-1 所示。无线电导航的基本原理是根据载体和基站的相对位置关系确定载体的位置。载体和基站的相对位置关系分为两类:一类是测相对角度,一类是测相对距离。测距离的方法主要分为两类:测信号强度推算距离或者测信号飞行时间推算距离。测信号飞行时间的技术手段又分为两类:信号往返飞行或者信号单向飞行。信号单向飞行又分为两种情况:载体发射信号基站接收和基站发射信号载体接收。

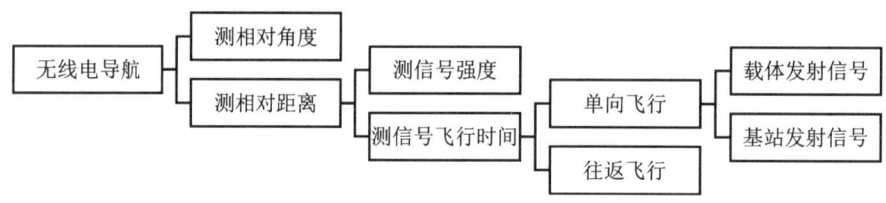

图 11-1 无线电导航分类

信号往返飞行能测量载体到基站的绝对距离。利用距离解算载体位置的方法已经在"9.4 非线性最小二乘法"章节中演示过了。

信号单向飞行的情况中,如果发射端和接收端具有精确同步的时钟,那么载体到基站的绝对距离能被直接测量。但是通常的信号单向飞行、基站发射信号的无线电导航系统,只能直接精确同步基站的时钟,测量相对飞行时间即到达时间差。换句话说,信号单向飞行的情况中,直接测量到达时间差而非绝对距离。根据到达时间差乘光速换算为长度,这个长度有时称为伪距。伪距与真正的距离相比,存在一个共同偏置,这个共同偏置相当于接收机时钟误差。到达时间差和伪距的内涵是相同的,只不过一个概念从时间的维度表述,另一个概念从距离的维度表述。

下面以平面无线电导航为例,演示根据伪距推算载体位置的计算过程。基站位置、伪距如表 11-1 所示。

表 11-1 伪距定位算例

基站位置	伪距
1　5	−1.4
5　1	0
6　6	1.4
−2　−1	3

伪距与载体位置、基站位置的关系为：

$$r_1 = \sqrt{(x-x_1)^2 + (y-y_1)^2} + d \tag{11-1}$$

相应的雅可比矩阵为：

$$\begin{bmatrix} \dfrac{x-x_1}{r_1} & \dfrac{y-y_1}{r_1} & 1 \end{bmatrix} \tag{11-2}$$

采用非线性最小二乘法求解 x、y、d 三个未知数，与前面"9.4 非线性最小二乘法"章节类似。首先不妨给一个载体位置初值 $0,0$，然后计算 r_1 的残差如表 11-2 所示。

表 11-2 到达时间差定位第一次迭代

基站位置	已知伪距 r_0	当前伪距 r_1	$b = r_1 - r_0$
1　5	−1.4	5.099	6.499
5　1	0	5.099	5.099
6　6	1.4	8.485	7.085
−2　−1	3	2.236	−0.764

矩阵 A 是伪距 r_1 对三个未知数的偏微分。

$$A = \begin{bmatrix} -0.1961 & -0.9806 & 1 \\ -0.9806 & -0.1961 & 1 \\ -0.7071 & -0.7071 & 1 \\ 0.8944 & 0.4472 & 1 \end{bmatrix} \tag{11-3}$$

根据公式(9-2)，最小二乘法解得 −1.9608, −3.7723, 2.6400。因而下次迭代的位置取 1.9608, 3.7723, d 取 −2.64。再继续迭代非线性最小二乘法，如表 11-3 所示，即可得到这个算例中载体位置为 2.3389, 3.3580。至此，定位结果基本收敛。

表 11-3 到达时间差定位迭代

迭代次数	x	y	d
0	0	0	0
1	1.960 8	3.772 3	−2.640 0
2	2.323 8	3.375 0	−3.322 0
3	2.338 9	3.358 0	−3.334 6

无线电导航中测量绝对距离和到达时间差所需最少基站数量不同,如表 11-4 所示。需要注意的是,在最少基站数量的情况下,会解算得到两个载体位置结果,应当保留一个、舍去另一个。此外,到达时间差定位是数值敏感的,往往需要更多的基站才能获得稳定准确的定位结果。

表 11-4 无线电导航最少基站数量

	二维	三维
绝对距离	2	3
到达时间差	3	4

用几何精度因子(GDOP)描述基站布局和数量对定位结果的影响。

$$\mathrm{GDOP} = \sqrt{\mathrm{trace}\left((\boldsymbol{A}^{\mathrm{T}}\boldsymbol{A})^{-1}\right)} \tag{11-4}$$

式中,trace 表示迹,即方阵对角线求和。

本章着重讨论了根据距离获取位置的无线电导航。此外,通过无线电导航获取速度有两种方法:一种是借助一些适当的滤波器对位置微分,求解速度;另一种是利用多普勒效应测量速度。多普勒效应即收发器相对速度引起接收信号频率变化的效应。

11.2 卫星导航概述

考察测量飞行时间的无线电导航的载体容量。信号往返飞行或者载体发射、基站接收的信号单向飞行,需要基站专门处理每个载体的信号,所以容量有限,只能为少量载体提供定位服务。在基站发射、载体接收的信号单向飞行技术中,基站只需要广播信号、不需要针对每个载体专门处理信号,因而载体容量几乎是无限的。所以,卫星导航的主流方式就是基站发射、载体接收的信号单向飞行无线电导航。在卫星导航中,包含接收机时钟误差的接收机到卫星的距离类似公式(11-1),称为伪距。

卫星导航是一种无线电导航,卫星就是基站。与无线电导航类似,解算载体位置只需要两种信息:卫星位置和信号的飞行时间差。为了获取这两种信息,卫星导航系统包含了大量的复杂技术,例如:(1)不同卫星的信号一同广播,接收机需要同时接收不同卫星的信号,因而信号需要复杂的调制和解调方法;(2)卫星是运动的,因而需要通过卫星轨道参数计算卫星位置,卫星信号中也要广播轨道参数;(3)卫星需要精确同步时间,因而卫星包含原子钟,且需要广播原子钟的修正参数;(4)信号传输过程受到大气影响,需要根据电离层参数等加以修正;(5)各项参数需要地面站频繁校正,大约几小时就需要更新一次参数。

  自制卫星导航接收机难度极大,本书也不能完整介绍卫星导航接收机的所有细节。绝大多数读者不需要自己制作卫星导航接收机,只需购买卫星导航接收机的商业产品即可。使用商业产品时,不需要深入了解卫星导航的内部原理,只需要利用接收机的输出结果,如位置、速度等。

  卫星导航的主要优点是:误差有界,通常情况下,卫星导航的误差在几米以内。如果采用实时动态(Real-Time Kinematic,RTK)等差分增强技术,卫星导航误差能进一步减小至2 cm左右。卫星导航的主要缺点是容易受到遮挡和干扰;此外,卫星导航数据更新率较低,约1~20 Hz。理论上卫星导航至少需要4个可见卫星,但是现代的卫星接收机通常会使用更多的可见卫星。

  卫星接收机的概念有时包含信号处理电路板和信号接收天线,有时只包含信号处理电路板而排除信号接收天线。卫星导航的标称位置是卫星信号接收天线相位中心的位置。但是为了避免过于啰嗦,在不引起歧义的情况下简称为卫星接收机的位置。

11.3 NMEA-0183 标准

  虽然允许厂商自行设计卫星导航接收机的输出格式,但是很多卫星导航接收机都使用NMEA(National Marine Electronics Association,美国国家海洋电子协会)-0183标准。

  NMEA-0183标准的数据是字符串形式,一条典型的数据如下:

$GPGGA,134658.00,5106.9792,N,11402.3003,W,2,09,1.0,1048.47,M,-16.27,M,08,AAAA*60

  这条典型数据表示卫星导航的位置是北纬51度加06.9792角分,西经114度加02.3003角分,即北纬51°6′59″、西经114°2′18″,或北纬51.11632°、西经114.03834°。更详细的解释如表11-5所示。

表 11-5 GPGGA 数据格式

序号	内容	描述
1	$GPGGA	数据头
2	utc	utc 时间 hhmmss.ss
3	lat	纬度 DDmm.mm

(续表)

序号	内容	描述
4	lat dir	纬度方向,N 北,S 南
5	lon	经度 DDDmm.mm
6	lon dir	经度方向,E 东,W 西
7	quality	质量指示,0 无效,1 单点定位
8	♯ sats	使用的卫星数量
9	hdop	水平精度因子
10	alt	天线高度,平均海平面
11	a-units	天线高度单位,m
12	undulation	高程异常,大地水准面和椭球面的差
13	u-units	高程异常单位,m
14	age	改正数龄期;不用差分校正时,此项为空
15	stn ID	差分基站编号;不用差分校正时,此项为空
16	* xx	校验码
17	[CR][LF]	句尾 0x0d 0x0a

数据头包含 5 个字母,前 2 个字母表示卫星导航系统,如 GP 表示 GPS,BD 表示北斗,GN 表示多卫星系统;后 3 个字母表示数据内容,常用的如 GGA,RMC,GLL,VTG 等。如果后 3 个字母不相同,那么数据内容也不同,可参考相应标准文件或产品数据手册。

校验码是从 $ 到 * 之间所有字符按照字节进行异或(Exclusive OR,XOR)计算,不包括 $ 和 *。

11.4 异或计算#

异或计算是卫星信号中常用的数字信号计算,尤其在生成伪随机码时。

输入为奇数个 1 时,异或计算输出为 1;输入为偶数个 1 时,异或计算输出为 0。一个简单的例子,2 个输入的异或计算如表 11-6 所示。多个输入的异或计算也遵循上述规律。

表 11-6 异或计算

输入 1	输入 2	输出
0	0	0
1	0	1
0	1	1
1	1	0

从另外一个角度看,异或计算相当于没有进位的二进制加法,其可表示为 $\oplus$。

12 惯性卫星组合导航

12.1 简化版惯性卫星组合导航

沿用前面扩展卡尔曼滤波的计算过程，惯性卫星组合导航的计算过程伪代码描述如下：

```
设定初值
while(1)
{
    惯性导航；
    更新状态方程；
    if(收到卫星导航数据)
    {
        更新测量方程；
        计算扩展卡尔曼滤波；
        修正惯性导航；
    }
}
```

按照从简单到复杂的思路，本章先考虑简化情况：在局部直角坐标系中，考虑地球重力，忽略地球的自转和曲率。这个条件就是前面章节中简化版惯性导航的情况。位置以米为单位。

组合导航的关键是建立状态空间模型。状态量取 15 个维度，包括位置误差、速度误差、姿态误差、陀螺仪零偏误差、加速度计零偏误差各 3 个维度。连续形式状态空间方程的雅可比矩阵为：

$$F = \begin{bmatrix} O_3 & I_3 & O_3 & O_3 & O_3 \\ O_3 & O_3 & F_{av} & O_3 & C_b^n \\ O_3 & O_3 & O_3 & -C_b^n & O_3 \\ O_3 & O_3 & O_3 & O_3 & O_3 \\ O_3 & O_3 & O_3 & O_3 & O_3 \end{bmatrix} \tag{12-1}$$

式中，每个子矩阵都是 3 阶方阵，O_3 表示 0 矩阵，I_3 表示单位矩阵。有些资料中，组合导航的状态方程还包含马尔可夫过程的系数。但是通常情况下该系数对组合导航结果影响不大，所以本书省略。

姿态误差是平台系 p 相对于导航系 n 的角度。与前面单轴倾角仪的例子类似，反映姿态误差对速度误差影响的子矩阵为

$$\boldsymbol{F}_{av} = \begin{bmatrix} 0 & -f_U & f_N \\ f_U & 0 & -f_E \\ -f_N & f_E & 0 \end{bmatrix} \tag{12-2}$$

式中，f_E、f_N、f_U 是换算到 n 系的、不扣除重力的比力。

$$\boldsymbol{f}^n = \begin{bmatrix} f_E \\ f_N \\ f_U \end{bmatrix} = \boldsymbol{C}_b^n \boldsymbol{f}^b \tag{12-3}$$

更新状态方程的主要目的是处理 IMU 与卫星导航数据刷新率不一致的问题，这一步骤在后面"13.4 数据刷新率不一致"章节会深入介绍。

卫星导航接收机通常输出纬度、经度数据，需要将其转换为局部直角坐标系的位置。设卫星导航的纬度和经度分别为 L_{GNSS}、λ_{GNSS}，局部直角坐标系原点的纬度和经度分别为 L_0、λ_0，均以 rad 为单位，那么卫星导航在局部直角坐标系以米为单位的位置为：

$$y_{GNSS} = (L_{GNSS} - L_0)(R_m + h) \tag{12-4}$$

$$x_{GNSS} = (\lambda_{GNSS} - \lambda_0)(R_p \cos L_0 + h) \tag{12-5}$$

观测量可以只选取惯性导航与卫星导航的位置误差，3 个维度；也可以既包含位置误差，也包含速度误差，6 个维度。这一部分的讨论在后面"13.6 位置观测与速度观测"章节会深入介绍。此处观测量只选取 3 个维度，即惯性导航位置减去卫星导航位置。

$$\boldsymbol{z} = \boldsymbol{p}_{INS} - \boldsymbol{p}_{GNSS} \tag{12-6}$$

相应地，观测矩阵为 3 行 15 列。观测矩阵的位置部分是单位矩阵，其余部分为 0 矩阵。

$$\boldsymbol{H} = \begin{bmatrix} \boldsymbol{I}_3 & \boldsymbol{O} \end{bmatrix} \tag{12-7}$$

至此，已经建立了状态空间方程，能通过 EKF 估计惯性导航误差了。最后，只需要将误差反馈回惯性导航即可。对于位置、速度、陀螺仪零偏、加速度计零偏，直接减去状态量 $\boldsymbol{x}$ 中的对应部分即可。

但是，对于姿态误差的修正稍微复杂一些。姿态误差是平台系相对于导航系的角度。有两种方法修正姿态误差：一种是额外编写程序实现修正；另一种是以 $\boldsymbol{C}_n^b \boldsymbol{x}(7:9)$ 作为陀螺仪角度增量，利用公式(5-4)进行姿态更新即可。这样操作能复用四元数更新程序，不必

另外编写姿态修正程序。

本章介绍了简化版的惯性卫星组合导航。这个方案适合低精度 IMU，适用于运动范围不太大、运动速度不太高的应用场景，如价格在几千元以内的 IMU、10 km 的运动范围、100 m/s 的运动速度。

对于嵌入式系统，这种算法要求处理器至少具有单精度 float 型的浮点运算单元（Floating-Point Unit，FPU），如 STM32F4 系列处理器。对于没有硬件 FPU 的处理器，如果纯粹依靠软件计算浮点数，则很有可能导致计算超时，无法实时处理组合导航数据。

12.2　简化版惯性卫星组合导航仿真程序

组合导航有比较多的操作细节。为了便于理解这些细节，下面给出一套演示惯性卫星组合导航的 Matlab 程序代码。

首先运行下面程序，生成仿真数据。用没有误差的陀螺仪、加速度计数据计算惯性导航，以作为路线基准值。这个路线与前面章节的简化版惯性导航仿真程序的路线是相同的。在位置上增加随机噪声，以模拟卫星导航的数据。在 x 轴陀螺仪增加零偏，以测试组合导航的效果。

```
%% 生成仿真数据
clear
close all
rng(0);
dt = 0.005;
L = 20000;
t = ((1:L)' - 1) * dt;
ge = 9.8;
w = [zeros(L,1), zeros(L,1), 0.05 * sin(0.3 * t)];
a = [0.15 * sin(0.09 * t), zeros(L,1), 9.8 * ones(L,1)];
%% 纯惯性导航
atti1 = setoula(0,0,0);
speed1 = [0;0;0];
pos1 = [0;0;0];
data = zeros(L,18);%陀螺仪、加速度计、卫星导航位置、姿态、速度、位置
for k = 1:1:L
    gyro = w(k,:)';
    acc = a(k,:)';
    atti1 = qupdate(atti1, gyro * dt);%更新姿态
    Cbn = cbn(atti1);%四元数转矩阵
    accn = Cbn * acc;
```

```
    an = accn + [0;0; -ge];
    speed1 = speed1 + an * dt;%更新速度
    pos1 = pos1 + speed1 * dt;%更新位置
    data(k,:) = [gyro',acc',pos1',getoula(atti1)',speed1',pos1'];
end

%故意加误差
data(:,1) = data(:,1) + 0.01;
data(:,7:9) = data(:,7:9) + randn(L,3) * 0.1;
save('data.mat','data');
```

上述程序生成了仿真数据。然后再运行下面的程序,进行组合导航的计算。

```
clear
close all
load('data.mat');
L = length(data);
atti1 = setoula(0,0,0);
speed1 = [0;0;0];
pos1 = [0;0;0];
dt = 0.005;
dataA = zeros(L,30);
biasgyro = zeros(3,1);
biasacc = zeros(3,1);
ge = 9.8;
%% 卡尔曼滤波参数
Pk1 = diag([1e-4,1e-4,1e-4,1e-4,1e-4,1e-4,1e-4,1e-4,1e-4,1e-4,1e-4,1e-4,0,0,0]');
Q0 = diag([0,0,0,1e-8,1e-8,1e-8,1e-8,1e-8,1e-8,0,0,0,0,0,0]');
Phi1 = eye(15);
R = diag([1,1,1]');
H = eye(3,15);
Q1 = zeros(15);
Z1 = zeros(3,1);
X1 = zeros(15,1);

%% 组合导航
for k = 1:1:L
    gyro = data(k,1:3)';
    acc = data(k,4:6)';
    %惯性导航
    gyro1 = gyro + biasgyro;
    acc1 = acc + biasacc;
```

```
atti1 = qupdate(atti1,gyro1 * dt);%更新姿态
Cbn = cbn(atti1);%四元数转矩阵
accn = Cbn * acc1;
an = accn + [0;0; - ge];
speed1 = speed1 + an * dt;%更新速度
pos1 = pos1 + speed1 * dt;%更新位置

%状态方程
Fk = getfk(atti1,accn);
IFk = eye(15) + Fk * dt;
Phi1 = IFk * Phi1;
Q1 = Q1 + Q0 * dt;

if(mod(k,20) = = 0)%模拟间隔一段时间收到卫星数据的情况
    %测量方程
    gnsspos = data(k,7:9)';
    Z1 = pos1 - gnsspos;
    %卡尔曼滤波
    Pkk = Phi1 * Pk1 * (Phi1') + Q1;
    K = Pkk * (H')/(H * Pkk * (H') + R);
    X1 = K * Z1;
    IKH = eye(15) - K * H;
    Pk1 = IKH * Pkk * (IKH') + K * R * (K');

    Phi1 = eye(15);
    Q1 = zeros(15);
    %补偿惯性导航误差
    pos1 = pos1 - X1(1:3);
    speed1 = speed1 - X1(4:6);
    atti1 = qupdate(atti1,(cbn(atti1))' * X1(7:9));
    biasgyro = biasgyro - X1(10:12);
    biasacc = biasacc - X1(13:15);
end

%数据保存
dataA(k,1:9) = [getoula(atti1)',speed1',pos1'];
dataA(k,10:12) = Z1';
dataA(k,16:30) = X1';

end

%% 绘图
t = ((1:L)' - 1) * dt;
```

```
figure
subplot(3,1,1);
plot(t,dataA(:,1));
ylabel('yaw/°');
subplot(3,1,2);
plot(t,dataA(:,2));
ylabel('pitch/°');
subplot(3,1,3);
plot(t,dataA(:,3));
ylabel('roll/°');
xlabel('时间/s');
figure
subplot(3,1,1);
plot(t,dataA(:,4));
ylabel('vx/(m/s)');
subplot(3,1,2);
plot(t,dataA(:,5));
ylabel('vy/(m/s)');
subplot(3,1,3);
plot(t,dataA(:,6));
ylabel('vz/(m/s)');
ylim([-1,1]);
xlabel('时间/s');
figure
subplot(3,1,1);
plot(t,dataA(:,7));
ylabel('px/m');
subplot(3,1,2);
plot(t,dataA(:,8));
ylabel('py/m');
subplot(3,1,3);
plot(t,dataA(:,9));
ylabel('pz/m');
ylim([-1,1]);
xlabel('时间/s');
```

其中用到了计算 F 矩阵的子函数 getfk,如下:

```
function F = getfk(atti,accn)
F = zeros(15,15);
F(1:3,4:6) = eye(3);%速度对位置影响的子矩阵
```

```
fE = accn(1);
fN = accn(2);
fU = accn(3);
    Fav = [0,      -fU,    fN;
           fU,      0,    -fE;
          -fN,     fE,     0];
F(4:6,7:9) = Fav;%姿态对速度影响的子矩阵

cbnm = cbn(atti);
F(7:9,10:12) = (-cbnm);%陀螺仪零偏对姿态的影响。
F(4:6,13:15) = cbnm;%加速度计零偏对速度的影响。
end
```

组合导航的运行结果即姿态、速度、位置曲线。

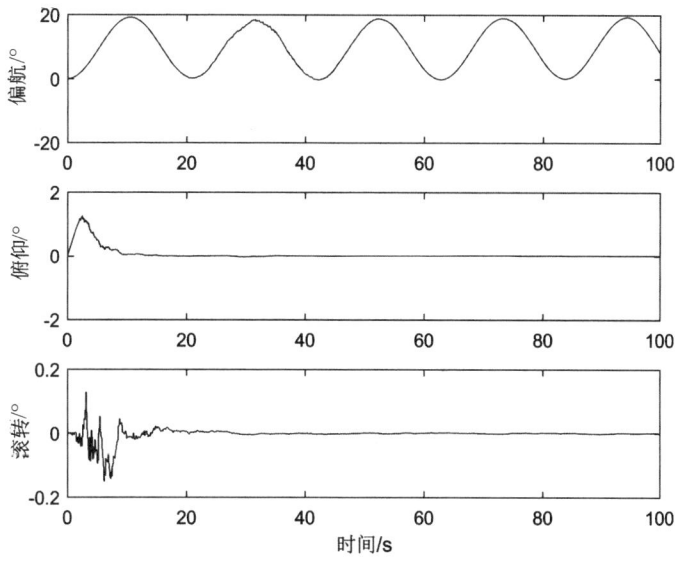

图 12-1　简化版组合导航仿真程序姿态结果

仿真数据中故意增加了陀螺仪零偏。如果不进行组合导航,而只是纯惯性导航,则导航结果会迅速发散。如果把程序"if(mod(k,20)==0)"后面的组合导航部分注释掉,即可演示纯惯性导航的情况,此处不再罗列结果。

这个程序的组合导航结果没有发散,证明了组合导航的有效性。在开始阶段,滤波器尚未收敛,陀螺仪零偏尚未充分补偿,则导航结果有所波动。一段时间后,滤波器收敛,陀螺仪零偏有效补偿,则导航结果更加平稳。

这个程序演示了组合导航的工作过程。虽然这个程序的运动轨迹比较简单,但是计算步骤已经具有实用性了。在更加复杂的组合导航中,只需要基于这个程序对公式等稍作修改即可。

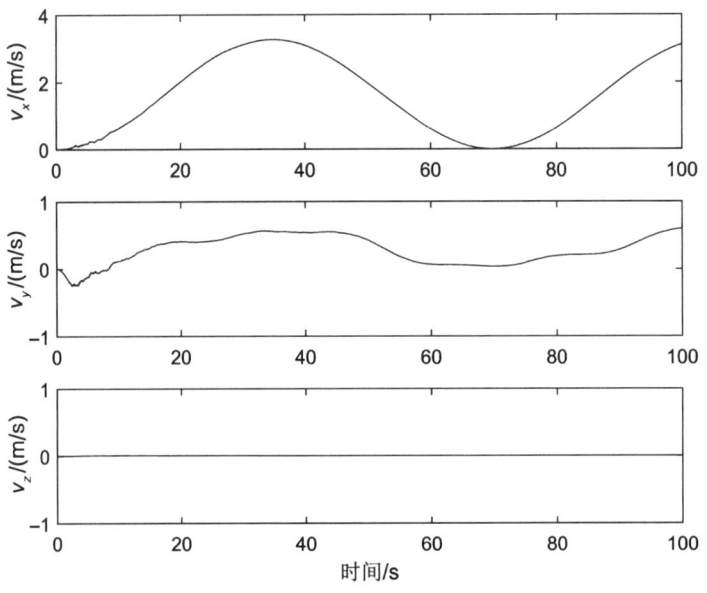

图 12-2 简化版组合导航仿真程序速度结果

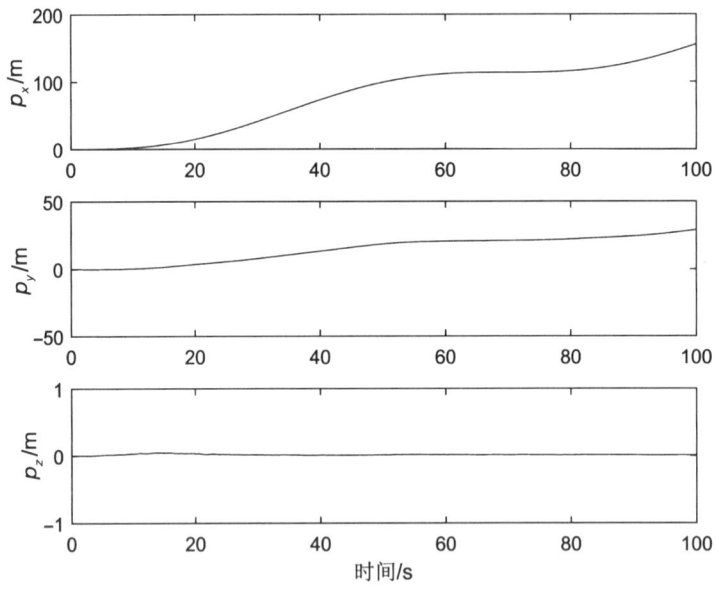

图 12-3 简化版组合导航仿真程序位置结果

12.3 惯性卫星组合导航的种类

惯性卫星组合导航是最经典的组合导航方案。按照组合的紧密程度,主要分为 4 个种类:

(1) 简单修正。只利用卫星导航结果修正惯性导航的速度位置,不利用卡尔曼滤波的方法修正惯性导航的姿态、传感器零偏等间接观测的状态量。这种方法最为简单，适合惯性导航精度很高的情况，但是不适用于大多数情况。

（2）松组合。利用卫星导航的结果，如速度、位置等，通过卡尔曼滤波方法修正惯性导航。松组合通过 EKF 算法反推惯性导航的姿态误差、零偏误差等。松组合是最常用的方法。

（3）紧组合。紧组合利用卫星导航的伪距、伪距率修正惯性导航。

（4）深组合，又称为超紧组合。松组合和紧组合只利用卫星导航修正惯性导航，而深组合也要利用惯性导航修正卫星导航。卫星接收机需要修正卫星信号的多普勒频移，利用惯性导航结果能估计多普勒频移，辅助卫星导航接收机跟踪卫星信号。在超高速、超快机动的情况下，深组合具有优势，但是深组合难度很大，在一般应用场合中极少使用。

松组合、紧组合、深组合等概念在一些资料中也称为松耦合、紧耦合、深耦合。

除了卫星导航外，在无线电导航、图像导航等导航方式中也有类似的松组合、紧组合的概念。松组合利用无线电导航、图像导航等方法的速度、位置结果，而紧组合利用更加原始的信息，如无线电导航的载体基站距离、图像导航的像素位置等。

12.4 完整版惯性卫星组合导航

本节考虑完整版惯性卫星组合导航：以纬度、经度表示位置，考虑地球重力、自转和曲率。计算步骤与简化版惯性卫星组合导航大体相同，只是公式稍有调整。本章采用完整版惯性导航的计算公式。

状态量仍取 15 个维度，包括位置误差、速度误差、姿态误差、陀螺仪零偏误差、加速度计零偏误差各 3 个维度。但是惯性导航和 EKF 中的位置取纬度、经度、高度，纬度和经度的单位是°，不再是 m。

连续形式状态空间方程的雅可比矩阵 F 就是惯性导航计算公式的偏微分。例如，根据经度的计算公式：

$$\dot{\lambda} = \frac{v_\mathrm{E}}{(R_\mathrm{p}+h)\cos L} \tag{12-8}$$

那么，经度误差的导数对纬度误差的偏微分为：

$$\begin{aligned}\frac{\partial \dot{\lambda}}{\partial L} &= \frac{\partial}{\partial L}\left(\frac{v_\mathrm{E}}{(R_\mathrm{p}+h)\cos L}\right) = \frac{v_\mathrm{E}}{(R_\mathrm{p}+h)}\frac{1}{(\cos L)^2}\sin L \\ &= \frac{v_\mathrm{E}\sec L \tan L}{R_\mathrm{p}+h}\end{aligned} \tag{12-9}$$

这就是 F 矩阵的第 2 行第 1 列。

F 矩阵中其他公式的推导过程也是类似的。此处略去这些推导过程，直接给出公式如下：

$$\boldsymbol{F} = \begin{bmatrix} \boldsymbol{F}_{pp} & \boldsymbol{F}_{vp} & \boldsymbol{O}_3 & \boldsymbol{O}_3 & \boldsymbol{O}_3 \\ \boldsymbol{F}_{pv} & \boldsymbol{F}_{vv} & \boldsymbol{F}_{av} & \boldsymbol{O}_3 & \boldsymbol{C}_b^n \\ \boldsymbol{F}_{pa} & \boldsymbol{F}_{va} & \boldsymbol{F}_{aa} & -\boldsymbol{C}_b^n & \boldsymbol{O}_3 \\ \boldsymbol{O}_3 & \boldsymbol{O}_3 & \boldsymbol{O}_3 & \boldsymbol{O}_3 & \boldsymbol{O}_3 \\ \boldsymbol{O}_3 & \boldsymbol{O}_3 & \boldsymbol{O}_3 & \boldsymbol{O}_3 & \boldsymbol{O}_3 \end{bmatrix} \quad (12\text{-}10)$$

反映位置误差对位置误差影响的子矩阵为：

$$\boldsymbol{F}_{pp} = \begin{bmatrix} 0 & 0 & -\dfrac{v_N}{(R_m+h)^2} \\ \dfrac{v_E \sec L \tan L}{R_p+h} & 0 & -\dfrac{v_E \sec L}{(R_p+h)^2} \\ 0 & 0 & 0 \end{bmatrix} \quad (12\text{-}11)$$

反映速度误差对位置误差影响的子矩阵为：

$$\boldsymbol{F}_{vp} = \begin{bmatrix} 0 & \dfrac{1}{R_m+h} & 0 \\ \dfrac{\sec L}{R_p+h} & 0 & 0 \\ 0 & 0 & 1 \end{bmatrix} \quad (12\text{-}12)$$

反映位置误差对速度误差影响的子矩阵为：

$$\boldsymbol{F}_{pv} = \begin{bmatrix} 2\omega_e v_N \cos L + 2\omega_e v_U \sin L + \dfrac{v_N v_E \sec^2 L}{R_p+h} & 0 & \dfrac{v_U v_E - v_N v_E \tan L}{(R_p+h)^2} \\ -\left(2\omega_e v_E \cos L + \dfrac{v_E^2 \sec^2 L}{R_p+h}\right) & 0 & \dfrac{v_N v_U}{(R_m+h)^2} + \dfrac{v_E^2 \tan L}{(R_p+h)^2} \\ -2 v_E \omega_e \sin L & 0 & -\dfrac{v_N^2}{(R_m+h)^2} - \dfrac{v_E^2}{(R_p+h)^2} \end{bmatrix} \quad (12\text{-}13)$$

反映速度误差对速度误差影响的子矩阵为：

$$\boldsymbol{F}_{vv} = \begin{bmatrix} \dfrac{v_N \tan L - v_U}{R_p+h} & 2\omega_e \sin L + \dfrac{v_E \tan L}{R_p+h} & -2\omega_e \cos L - \dfrac{v_E}{R_p+h} \\ -2\omega_e \sin L - \dfrac{2 v_E \tan L}{R_p+h} & \dfrac{-v_U}{R_m+h} & \dfrac{-v_N}{R_m+h} \\ 2\left(\omega_e \cos L + \dfrac{v_E}{R_p+h}\right) & \dfrac{2 v_N}{R_m+h} & 0 \end{bmatrix}$$

$$(12\text{-}14)$$

反映姿态误差对速度误差影响的子矩阵为：

$$\boldsymbol{F}_{\mathrm{av}} = \begin{bmatrix} 0 & -f_{\mathrm{U}} & f_{\mathrm{N}} \\ f_{\mathrm{U}} & 0 & -f_{\mathrm{E}} \\ -f_{\mathrm{N}} & f_{\mathrm{E}} & 0 \end{bmatrix} \qquad (12\text{-}15)$$

其中 f_{E}、f_{N}、f_{U} 是换算到 n 系的、不扣除重力的比力信息，即：

$$\boldsymbol{f}^{\mathrm{n}} = \begin{bmatrix} f_{\mathrm{E}} \\ f_{\mathrm{N}} \\ f_{\mathrm{U}} \end{bmatrix} = \boldsymbol{C}_{\mathrm{b}}^{\mathrm{n}} \boldsymbol{f}^{\mathrm{b}} \qquad (12\text{-}16)$$

反映位置误差对姿态误差影响的子矩阵为：

$$\boldsymbol{F}_{\mathrm{pa}} = \begin{bmatrix} 0 & 0 & \dfrac{v_{\mathrm{N}}}{(R_{\mathrm{m}}+h)^{2}} \\ -\omega_{\mathrm{e}}\sin L & 0 & \dfrac{-v_{\mathrm{E}}}{(R_{\mathrm{p}}+h)^{2}} \\ \omega_{\mathrm{e}}\cos L + \dfrac{v_{\mathrm{E}}\sec^{2}L}{R_{\mathrm{p}}+h} & 0 & \dfrac{-v_{\mathrm{E}}\tan L}{(R_{\mathrm{p}}+h)^{2}} \end{bmatrix} \qquad (12\text{-}17)$$

反映速度误差对姿态误差影响的子矩阵为：

$$\boldsymbol{F}_{\mathrm{va}} = \begin{bmatrix} 0 & -\dfrac{1}{R_{\mathrm{m}}+h} & 0 \\ \dfrac{1}{R_{\mathrm{p}}+h} & 0 & 0 \\ \dfrac{\tan L}{R_{\mathrm{p}}+h} & 0 & 0 \end{bmatrix} \qquad (12\text{-}18)$$

反映姿态误差对姿态误差影响的子矩阵为：

$$\boldsymbol{F}_{\mathrm{aa}} = \begin{bmatrix} 0 & \omega_{\mathrm{e}}\sin L + \dfrac{v_{\mathrm{E}}\tan L}{R_{\mathrm{p}}+h} & -\omega_{\mathrm{e}}\cos L - \dfrac{v_{\mathrm{E}}}{R_{\mathrm{p}}+h} \\ -\omega_{\mathrm{e}}\sin L - \dfrac{v_{\mathrm{E}}\tan L}{R_{\mathrm{p}}+h} & 0 & -\dfrac{v_{\mathrm{N}}}{R_{\mathrm{m}}+h} \\ \omega_{\mathrm{e}}\cos L + \dfrac{v_{\mathrm{E}}}{R_{\mathrm{p}}+h} & \dfrac{v_{\mathrm{N}}}{R_{\mathrm{m}}+h} & 0 \end{bmatrix}$$

$$(12\text{-}19)$$

除了公式有所修改外，完整版惯性卫星组合导航与简化版的计算过程基本一致。

以纬度经度表示位置时，单精度 float 型浮点数的分辨率往往不能满足需求，所以需要采用双精度 double 型浮点数。嵌入式系统采用本章的算法时，需要性能较好的、具有双精度 FPU 的处理器，如 STM32F7 系列的部分产品或者 TMS320C6000 系列等。

13 组合导航的细节讨论

13.1 卡尔曼滤波的进阶解释*

卡尔曼滤波采用了最优的权重，是一种最优滤波。卡尔曼滤波是最优滤波的前提是模型准确，具体包括：(1)状态空间方程准确；(2)噪声服从正态分布；(3)协方差矩阵的参数准确。但是在实际工程中很难满足模型准确这个条件。在模型近似成立的条件下，卡尔曼滤波仍然能有效工作，只不过不再是最优滤波了。模型应该大体准确，"抓大放小"，涵盖影响较大的环节，允许忽略影响较小的环节。卡尔曼滤波对协方差矩阵的参数不敏感。噪声的协方差矩阵不需要绝对准确的数值，但是主要噪声项的方差量级应当合适。

普通的滤波器一般是基于频率而设计的，但是卡尔曼滤波器是基于噪声而设计的。卡尔曼滤波器也具有频率特性。借助现代控制理论，分析矩阵的特征值，即可推导出卡尔曼滤波器的频率特性。通常情况下，z 输入、x 输出的传递关系相当于低通滤波器。但是这样的分析方法往往过于复杂，所以在工程设计中常采用数值仿真的方法获得滤波器的频率特性。

在惯性卫星组合导航中，收到卫星导航数据后计算卡尔曼滤波，然后根据扩展卡尔曼滤波的结果修正惯性导航。修正惯性导航有两类方法：输出校正和反馈校正。输出校正即修改惯性导航输出的结果，但是不修改惯性导航内部的变量，状态量会逐渐增大；反馈校正即修改惯性导航内部的变量，状态量维持在 0 附近。本书采用反馈校正。EKF 中的 x 是误差量，在误差量较小时，局部微分得到的线性系统与原始的非线性系统基本一致，EKF 能取得较好的效果。

为了在非线性问题中使用卡尔曼滤波，除了 EKF 方法外，还有无迹卡尔曼滤波（Unscented Kalman Filter，UKF）、容积卡尔曼滤波（Cubature Kalman Filter，CKF）等方法。为了解决协方差矩阵难以确定或者协方差矩阵时变的问题，有自适应卡尔曼滤波方法。一方面惯性导航是弱非线性系统，另一方面卡尔曼滤波对协方差矩阵的数值不敏感。所以大多数卡尔曼滤波的改进方法在实际工程中往往是不必要的。此外，还有一些其他方法处理组合导航问题，如因子图、神经网络等。对于绝大多数组合导航问题，这些更高级的方法也是不必要的，EKF 方法就足以满足需求了。

13.2 EKF 正负号的定义

EKF 中的正负号定义是初学者经常面临的困难。实际上，正负号的定义是自由的。状态量定义为测量值减去真值，或者真值减去测量值，都是可行的；观测量定义为惯性导航减去卫星导航，或者定义为卫星导航减去惯性导航，也都是可行的。关键在于，程序各处相互协调，使得 EKF 对误差量形成闭环负反馈的效果。

本书的定义是：状态量定义为测量值减去真值；观测量定义为惯性导航减去卫星导航；EKF 之后的补偿方法为：惯性导航的结果减去状态量 x 的估计值。

有些资料的定义是：观测量定义为卫星导航减去惯性导航；EKF 之后的补偿方法为：惯性导航的结果加上状态量 x 的估计值。

上述两种定义，都是可行的。总之，EKF 的关键是保障全局负反馈，而不必拘泥于局部定义的正负号。

对于初学者，如果难以清晰地确认正负号，那么不妨采用仿真程序试验法。针对较为简单的、维数较少的问题编写仿真程序：如果导航结果基本稳定，则 EKF 正负号正确；如果导航结果单向指数发散，则 EKF 正负号错误。凭空理解正负号是困难的，而在实践中试验出正确的正负号是更容易的。

13.3 噪声系数矩阵*

组合导航中状态空间方程本来包含噪声系数矩阵 $\boldsymbol{\Gamma}$，但是很多时候，该矩阵取单位矩阵。本章专门解释这一操作的原理。

$$\boldsymbol{x}_k = \boldsymbol{\Phi}\boldsymbol{x}_{k-1} + \boldsymbol{\Gamma}\boldsymbol{w}_{k-1} \tag{13-1}$$

陀螺仪、加速度计等噪声实际直接作用于载体系 b 系。状态量往往是定义于导航系 n 系的，所以 $\boldsymbol{\Gamma}$ 矩阵包含 $\boldsymbol{C}_b^n$ 项。为了简化问题，暂时剔除多余的状态量维度，只保留速度误差，那么状态方程为：

$$\delta\boldsymbol{v}_k = \boldsymbol{I}\delta\boldsymbol{v}_{k-1} + \boldsymbol{C}_b^n \boldsymbol{w}_{k-1} \tag{13-2}$$

速度的方差矩阵预测为：

$$\boldsymbol{P}_{k|k-1} = \boldsymbol{\Phi}\boldsymbol{P}_{k-1}\boldsymbol{\Phi}^{\mathrm{T}} + \boldsymbol{\Gamma}\boldsymbol{Q}\boldsymbol{\Gamma}^{\mathrm{T}} \tag{13-3}$$

在这个例子中，

$$\boldsymbol{P}_{k|k-1} = \boldsymbol{P}_{k-1} + \boldsymbol{C}_b^n \boldsymbol{Q} (\boldsymbol{C}_b^n)^{\mathrm{T}} \tag{13-4}$$

如果三轴加速度计的噪声是相同的,那么乘正交矩阵并没有影响噪声协方差矩阵的数值。用公式表示,如果取

$$Q = \begin{bmatrix} \sigma^2 & 0 & 0 \\ 0 & \sigma^2 & 0 \\ 0 & 0 & \sigma^2 \end{bmatrix} \tag{13-5}$$

那么

$$C_b^n Q (C_b^n)^T = Q \tag{13-6}$$

通常 IMU 的加速度计和陀螺仪的三轴噪声是大体相同的,所以噪声系数矩阵 $\boldsymbol{\Gamma}$ 可直接省略。但是如果有一些特殊的 IMU,它的三轴传感器显著不同,那么就应当保留噪声系数矩阵。或者在一些应用中,三轴噪声不相同,如有特定方向的发射冲击,那么也应当保留噪声系数矩阵。

13.4 数据刷新率不一致*

在原始的卡尔曼滤波中,状态方程与观测方程的数据刷新率相同,但是在组合导航系统中,常常出现数据刷新率不同的情况。例如,惯性卫星组合导航系统中,惯性导航数据刷新率取 200 Hz,卫星导航数据刷新率取 1 Hz。针对这种情况,有 4 种处理方法如表 13-1 所示。

表 13-1 数据刷新率不一致时状态预测的 4 种处理方法

方法	惯性数据处理	卫星数据处理	精度	计算量
一	$P_{k\mid k-1} = \boldsymbol{\Phi} P_{k-1\mid k-2} \boldsymbol{\Phi}^T + Q_0$	/	很高	很高
二	$\boldsymbol{\Phi}_k = (I + FT)\boldsymbol{\Phi}_{k-1}$	$P_{k\mid k-n} = \boldsymbol{\Phi} P_{k-n} \boldsymbol{\Phi}^T + Q_0 nT$	高	高
三	$\sum F_k = \sum F_{k-1} + F_k$	$\boldsymbol{\Phi} = I + T\sum F$ $P_{k\mid k-n} = \boldsymbol{\Phi} P_{k-n} \boldsymbol{\Phi}^T + Q_0 nT$	中	中
四	/	$\boldsymbol{\Phi} = I + nTF$ $P_{k\mid k-n} = \boldsymbol{\Phi} P_{k-n} \boldsymbol{\Phi}^T + Q_0 nT$	低	低

方法一就是在每次惯性导航数据刷新时,重新计算状态量预测的协方差 $P_{k\mid k-1}$;或者说,方差预测与惯性导航数据同步。

方法四是让方差预测的计算与卫星导航数据同步。只不过公式中的时间间隔是卫星数据的间隔 nT,而非惯性导航数据的间隔 T。在机动不大、卫星数据比较密集的情况下,F 矩阵近似为常数,方法四是合理的。但是在机动较大、卫星数据比较稀疏的时候,F 矩阵

实际上不是常数,方法四误差较大。

方法二是在每次惯性导航数据刷新时,计算状态转移矩阵 $\boldsymbol{\Phi}$。方法二考虑了机动较大时 $\boldsymbol{F}$ 矩阵不是常数的情况。与方法一相比,方法二对噪声项 $\boldsymbol{Q}$ 的处理稍有不同。因为噪声一般不大,所以一阶近似是合理的,方法二与方法一的计算结果区别不大,方法二具有足够精度。方法一需要频繁计算三个较大矩阵的连乘法;方法二只需要频繁计算两个矩阵相乘,计算量有所减少。需要注意的是,方法二中,每次处理完卫星数据之后,需要重置 n 为 0,且重置 $\boldsymbol{\Phi}$ 为单位矩阵。

方法三与方法二的思路类似,在每次惯性导航数据刷新时,只计算 $\boldsymbol{F}$ 矩阵,对 $\boldsymbol{F}$ 矩阵累加。与方法二相比,方法三不必频繁计算大矩阵相乘,计算量进一步减少,但是误差有所增大。低精度的、计算能力较低的组合导航系统允许使用方法三。

本书默认使用方法二。

13.5 时间延迟的处理

惯性导航中,陀螺仪、加速度计的带宽较高,计算比较简单,所以惯性导航能几乎实时地输出导航结果。卫星导航接收机的信号处理比较复杂,通常会有一些时间延迟,如几十毫秒。载体机动的时候,需要让惯性导航结果与卫星导航结果尽量同步,再根据观测方程计算组合导航。

导航系统是闭环控制的反馈环节,期望测量的时间延迟尽量小。所以组合导航系统要立刻输出惯性导航结果,通常不允许故意延迟输出惯性导航结果。

由于卫星导航的延迟,组合导航收到卫星导航数据时,实际的情况是:取得了 k 时刻惯性导航数据,但是只取得$(k-n)$时刻的卫星导航数据。为了使惯性导航结果与卫星导航结果同步,组合导航系统需要缓存若干帧惯性导航的结果,用$(k-n)$时刻的惯性导航结果与卫星导航结果计算观测量。

$$z(k-n) = \boldsymbol{p}_{\text{INS}}(k-n) - \boldsymbol{p}_{\text{GPS}}(k-n) \tag{13-7}$$

状态量是惯性导航的误差是缓慢变化的,认为几十毫秒的时间内惯性导航误差几乎不变,即 $\boldsymbol{x}(k) = \boldsymbol{x}(k-n)$。换句话说,用$(k-n)$时刻的惯性导航结果与卫星导航结果作差,作为观测量,计算 EKF,然后修正 k 时刻的惯性导航。

上述处理中,需要确定卫星导航数据和惯性导航数据的延迟帧数 n。有两类方法:(1)动态测量 n。卫星导航接收机通常具有秒脉冲(Pulse Per Second, PPS)信号输出能力,处理器收到 PPS 信号至处理器收到卫星导航结果的间隔即卫星导航接收机的时间延迟。(2)把 n 作为常数。在机动不剧烈、速度不太高的情况下,允许把卫星导航接收机时间延迟当作常数,不专门处理 PPS 信号。

卫星接收机有一些专门优化的型号，如测量型、导航型。有的卫星接收机设置了额外的滤波器使得数据很平滑，但是这可能导致动态性能下降，对组合导航有害。用于组合导航的卫星接收机需要确保动态性能，不能随意平滑数据。其他用于组合导航的传感器有类似要求，需要保证动态性能，避免平滑数据导致动态性能下降。

13.6 位置观测与速度观测*

卫星导航能测到载体的位置和速度。惯性卫星组合导航有两种方案：一种是只利用卫星导航的位置，另一种是利用卫星导航的位置和速度。实际中，这两种方法的导航结果精度基本相同。

卡尔曼滤波是通过观测量反推状态量的过程。理论上，直接观测速度比通过位置反推速度更加直接；通过速度反推姿态比通过位置反推姿态更直接；更加直接的观测有利于加快收敛。但是对于实际的卫星导航接收机，通常位置的噪声比较小，而速度的噪声比较大；从加权平均数的角度看，速度的权重并不大。所以利用卫星导航位置、速度做组合导航，与只利用卫星导航位置做组合导航相比，对组合导航结果的改善不明显。因此，只利用卫星导航位置做组合导航即可满足通常需求。

13.7 外杆臂效应*

理想情况下，惯性卫星组合导航中，卫星导航接收天线的位置与 IMU 的位置重合，两种导航方法测量同一点的位置。但是有些时候受限于结构限制等因素，天线与 IMU 位置不重合，则二者的位置、速度不相同，产生外杆臂效应。

首先针对简化版惯性卫星组合导航，考虑导航系为局部直角坐标系的情况。设天线相对于 IMU 的位置为 r^b，那么外杆臂效应造成的 n 系位置差异为：

$$r^n = C_b^n r^b \tag{13-8}$$

外杆臂效应造成的速度差异为：

$$v^n = C_b^n (\omega_{nb}^b \times r^b) \tag{13-9}$$

上述公式包含角速度项。在实际导航过程中，角速度通常快速变化、有较大毛刺。因为卫星导航数据与 IMU 数据难以精确同步，所以外杆臂效应造成的速度差异往往难以精确补偿。在杆臂较大时，不宜将卫星导航速度用于组合导航。

补偿外杆臂效应造成的位置差异，那么：

$$z = p_{INS} + r^n - p_{GNSS} \tag{13-10}$$

由于补偿了外杆臂效应，观测量不仅与位置有关，而且与姿态误差有关，所以观测矩阵变为：

$$H = \begin{bmatrix} I & O & H_{ap} & O \end{bmatrix} \tag{13-11}$$

式中，H_{ap} 是姿态误差对外杆臂位置影响的偏微分矩阵。

$$H_{ap} = \begin{bmatrix} 0 & -r_U & r_N \\ r_U & 0 & -r_E \\ -r_N & r_E & 0 \end{bmatrix} \tag{13-12}$$

式中，r_E、r_N、r_U 是 r^n 的三个分量，换算到导航系的杆臂坐标。

组合导航的姿态误差通常不大，其对外杆臂位置的影响只有厘米级甚至更小。所以大多数时候，即使考虑了外杆臂，观测矩阵仍然采用简洁的公式：

$$H = \begin{bmatrix} I & O \end{bmatrix} \tag{13-13}$$

上面讨论了简化版惯性卫星组合导航在局部直角坐标系的情况，下面讨论完整版惯性卫星组合导航中使用纬度、经度、高度的情况。观测量需要单位换算：

$$z = p_{INS} + MC_b^n r^b - p_{GNSS} \tag{13-14}$$

其中

$$M = \begin{bmatrix} 0 & \dfrac{1}{R_m + h} & 0 \\ \dfrac{1}{(R_p + h)\cos L} & 0 & 0 \\ 0 & 0 & 1 \end{bmatrix} \tag{13-15}$$

虽然上面提供了公式补偿外杆臂效应，但是仍然存在一些残留的误差，如卫星导航数据与 IMU 数据不完全同步、杆臂参数不准确、载体发生变形等。所以依然鼓励设计组合导航系统时尽可能减小外杆臂。

在有些应用中需要对导航系统的输出位置加以换算，比如车辆的导航装置位于车顶，而希望获取车辆后轮中心的位置，这种位置换算与本节的公式是类似的。

13.8 组合导航与卫星导航的精度关系

卡尔曼滤波是一种加权平均数，能起到平滑噪声的效果。对于惯性卫星组合导航，在理想情况下，如果卫星导航的误差是高斯噪声，那么组合导航误差的方差小于卫星导航误差的方差，组合导航比卫星导航精度更高。但是实际的卫星导航的误差不是高斯噪声。一方面卫星导航结果与位置准确值之间存在绝对误差；另一方面，卫星导航接收机内部对卫星信号做了一些平滑处理，卫星导航接收机的输出结果是有色噪声。

在实际情况中，采用高精度 IMU 的惯性卫星组合导航系统，组合导航比卫星导航更加平滑，但是不能改善绝对位置误差。采用低精度 IMU 的组合导航系统难以使得组合导航比卫星导航更平滑，组合导航与卫星导航精度大体相当。实际工程中，低精度组合导航系统的主要作用是提高导航数据更新率，而非提高精度。

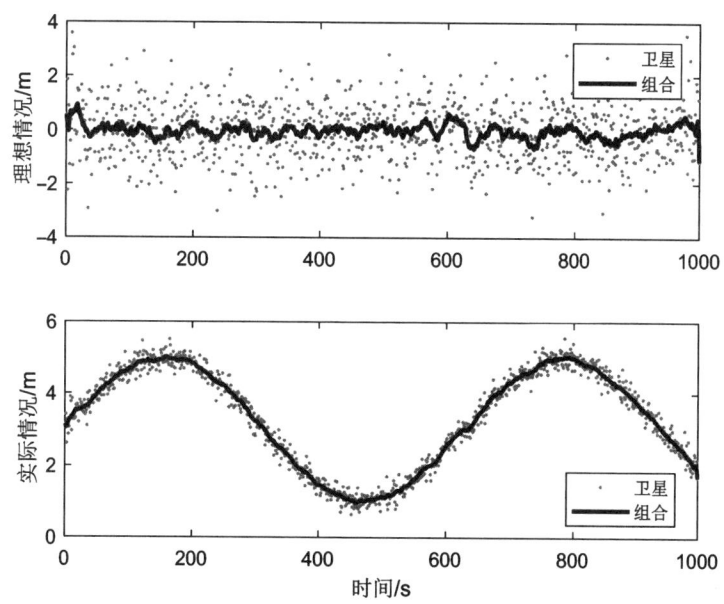

图 13-1　组合导航精度与卫星导航精度的关系

13.9　卫星导航数据更新率对组合导航的影响*

本章考察卫星导航数据更新率对组合导航性能的影响。例如，卫星导航数据更新率取 10 Hz 时，与 1 Hz 相比，组合导航利用卫星导航数据的次数增加了。从整体上看，提高卫星导航数据更新率相当于增加了组合导航中卫星导航数据的权重。这个机理产生的效果分为两种情况：

情况一：当卫星导航误差是白噪声时，提高数据更新率起到了平滑噪声的效果，加速了组合导航的收敛过程，这是有益的。

情况二：当卫星导航误差不是白噪声时，提高数据更新率实际上增加了卫星导航相关噪声的影响，导致组合导航"拉偏"，这是有害的。

考虑一些极端的情况：当卫星导航数据更新率从 1/100 Hz 提高到 1/10 Hz 时，相关噪声几乎不起作用,情况一起主导作用;当卫星导航数据更新率从 10 Hz 提高到 100 Hz 时,相关噪声的影响很严重,情况二起主导作用。

实际工程中,上述两个因素同时存在。卫星导航数据更新率一般在一个折中范围,如 1～10 Hz。当惯性导航精度较高、卫星导航精度较低时,卫星导航数据更新率对组合导航精度的影响不明显。当惯性导航精度较低、卫星导航精度较高时,提高卫星导航数据更新率有利于提高组合导航精度。

14 能观性分析

14.1 能观性概述*

卡尔曼滤波是根据观测量反推状态量的计算方法,部分状态量不是直接观测的,而是间接推测的。能观性(又名可观性、观测性)是现代控制理论的概念,用于分析是否能根据系统输出反推状态量。

以鸡兔同笼问题直观讨论能观性。在通常的鸡兔同笼问题中,若干只鸡和若干只兔子在同一个笼子里,每只鸡有1个头和2只脚,每只兔子有1个头和4只脚。已知头的数量和脚的数量,即可反推鸡和兔子的数量,这就是具有能观性的情况。考虑一个变形的鸡兔同笼问题:不知道脚的数量,而知道头的数量和眼睛的数量;因为鸡和兔子都有1个头和2只眼睛,所以不能根据头的数量和眼睛的数量反推鸡和兔子各自的数量,这就是不具有能观性的情况。类似的概念贯穿很多学科,如线性代数中秩的概念。

在现代控制理论中,针对公式(10-1)和公式(10-2),能观性矩阵为:

$$\boldsymbol{\Psi} = \begin{bmatrix} \boldsymbol{A} \\ \boldsymbol{CA} \\ \vdots \\ \boldsymbol{CA}^{n-1} \end{bmatrix} \quad (14\text{-}1)$$

在现代控制理论中,系统完全能观等价于 $\boldsymbol{\Psi}$ 是满秩的,即列向量不线性相关。矩阵中形如 $\boldsymbol{CA}$ 的项,意味着一些状态量没有直接输出,而是通过其他状态量间接影响输出。

在组合导航中,不仅关心状态量是否能观,而且需要定性分析能观性的强弱。能观性强的状态量,收敛比较快速;能观性弱的状态量,收敛比较慢或者难以收敛。

14.2 典型的运动过程

下面描述几种典型的运动过程,并介绍其特点:

(1) 相对地面完全静止。此时三轴角速度、三轴加速度都是常数。

(2) 原地转动。此时姿态变化,而位置、速度不变。载体系三轴加速度是变化的,但是导航系的加速度不变。导航系水平方向的加速度在0附近。

（3）匀速直线运动。匀速直线运动还可以继续细分为两种情况：姿态不变的匀速直线运动以及姿态大幅度改变的匀速直线运动。不论哪种状态，导航系水平方向的加速度都在0附近。

（4）通常的车辆、船舶、民航飞机的运动。姿态有一定变化，但是变化不大。导航系的天向比力基本在重力附近波动。导航系水平方向的加速度有所波动。

（5）抛体运动、自由落体运动。其特点是三轴比力在0附近。

（6）大机动运动。比如战斗机可能进行滚筒机动等动作；姿态大幅度变化；各方向加速度都有显著变化。

14.3 简化版惯性卫星组合导航的能观性*

对于组合导航问题，现代控制理论中的 C 矩阵对应卡尔曼滤波的 H 矩阵，A 矩阵对应 F 矩阵。简化版惯性卫星组合导航见公式(12-1)。15维状态量包括5个部分：位置误差、速度误差、姿态误差、陀螺仪零偏误差、加速度计零偏误差。位置误差是直接观测的，能观性很强；速度误差通过单位矩阵影响位置误差，其能观性也很强。

速度误差由加速度计零偏误差和姿态误差产生。在通常的运动条件下，很难把两种误差显著地区分开来。一些组合导航情景的处理方法是：锁定加速度计零偏误差，以改善姿态误差的能观性。

姿态误差影响速度误差的矩阵由比力构成，见公式(12-2)。下面分几种情况讨论姿态误差的能观性：(1)自由落体或抛体运动的时候，比力为0，姿态误差不能观测；(2)在通常的运动情况下，天向比力在重力加速度附近波动，数值较大，所以 x 和 y 向姿态误差的能观性很强；(3)匀速运动时，水平方向的比力为0；z 向姿态误差对应于水平方向的比力，所以 z 向姿态误差不能观测；不论姿态稳定情况下的匀速运动或者姿态变化而速度不变的匀速运动，这个结论都是适用的；(4)当载体机动运动、水平方向有加速度时，z 向姿态误差能观测。注意：上述讨论的姿态误差是平台系相对于导航系的角度，不直接对应于载体系的角度，也不是欧拉角。

陀螺仪零偏误差通过矩阵 C_b^n 影响姿态误差。陀螺仪零偏误差是否能观，一方面要考虑姿态误差是否能观，另一方面要考虑姿态矩阵 C_b^n 是否有所变化。(1)当3个姿态误差都具有能观性时，如载体水平方向有机动，那么3个陀螺仪零偏误差也具有能观性。(2)匀速运动时，只有2个姿态误差能观。如果 C_b^n 在发生适当变化的情况下，如载体原地翻滚几个位置，则陀螺仪零偏误差具有完全的能观性。(3)匀速运动时，只有2个姿态误差能观。如果载体的 z 轴基本保持竖直，或者说 C_b^n 只包含 z 向旋转时，陀螺仪的 x 和 y 向零偏能观，z 向陀螺仪零偏不能观。(4)当只有2个姿态误差能观且 C_b^n 为普通的常数时，陀螺仪三轴零偏不能观测。

在很大机动的情况下，15 维的 EKF 是完全能观的。但是对于通常的运动状态，加速度计零偏误差能观性很弱。

在组合导航中，对于能观性不强的情况，有几种可行的处理方法：(1) 置之不理，放任一些状态量不能观；(2) 裁剪卡尔曼滤波的维数；(3) 适度机动，以改善能观性；(4) 增加额外的传感器，如低速载体使用双天线卫星接收机改善 z 向姿态误差的能观性，又如抛体运动的载体使用星敏感器改善姿态误差的能观性。

14.4　完整版惯性卫星组合导航的能观性*

完整版惯性卫星组合导航与简化版惯性卫星组合导航相比，F 矩阵对比如表 14-1 所示。

表 14-1　惯性卫星组合导航的 F 矩阵

完整版	简化版
$\begin{bmatrix} F_{pp} & F_{vp} & O_3 & O_3 & O_3 \\ F_{pv} & F_{vv} & F_{av} & O_3 & C_b^n \\ F_{pa} & F_{va} & F_{aa} & -C_b^n & O_3 \\ O_3 & O_3 & O_3 & O_3 & O_3 \\ O_3 & O_3 & O_3 & O_3 & O_3 \end{bmatrix}$	$\begin{bmatrix} O_3 & I_3 & O_3 & O_3 & O_3 \\ O_3 & O_3 & F_{av} & O_3 & C_b^n \\ O_3 & O_3 & O_3 & -C_b^n & O_3 \\ O_3 & O_3 & O_3 & O_3 & O_3 \\ O_3 & O_3 & O_3 & O_3 & O_3 \end{bmatrix}$

完整版公式与简化版有很多相同之处。完整版的 F_{vp} 矩阵描述了速度积分为位置的过程，只是将单位从米换算为弧度，功能上仍然类似于简化版公式中的单位矩阵 I。两个版本中，矩阵 F_{av} 项以及 C_b^n 项是一致的。完整版的其余矩阵通常很小，起次要作用。所以完整版惯性卫星组合导航中，能观性的主导部分与简化版一致。完整版的能观性的结论基本与简化版相同，主要结论重申如下：(1) 位置误差、速度误差有强能观性；(2) 多数情况下，x 和 y 向的姿态误差有强能观性；在水平方向机动时，z 向姿态误差能观性较好；(3) 陀螺仪零偏误差的能观性取决于姿态误差的能观性；(4) 姿态稳定时，加速度计零偏误差与姿态误差难以分离，不能观；姿态翻滚时，加速度计零偏误差有时能观。

上面考虑了完整版惯性卫星组合导航的主导部分，下面考察次要部分。

如果忽略与速度有关的项，那么矩阵 F_{aa} 简化为公式(14-2)。这个矩阵表明，由于地球自转的作用会导致姿态误差扩散：z 向姿态误差能引发 x 向姿态误差。所以，在没有水平方向机动的时候，完整版中的 z 向姿态误差依然是能观的，只不过能观性比较弱。采用高精度陀螺仪时，利用此原理能实现偏航自对准功能。

$$\boldsymbol{F}_{aa} = \begin{bmatrix} 0 & \omega_e \sin L & -\omega_e \cos L \\ -\omega_e \sin L & 0 & 0 \\ \omega_e \cos L & 0 & 0 \end{bmatrix} \qquad (14\text{-}2)$$

需要指出的是,没有机动的时候,陀螺仪零偏误差与 z 向姿态误差存在竞争关系。陀螺仪零偏误差与 z 向姿态误差难以分离。所以寻北仪等情况中的常用处理方法是:锁定陀螺仪零偏误差,以改善 z 向姿态误差的能观性。这一部分将在后面"19.4 陀螺寻北仪"章节进一步解释。

因为位置、速度具有很好的能观性,所以组合导航中位置误差和速度误差一般很小,矩阵中 $\boldsymbol{F}_{pp}$、$\boldsymbol{F}_{pv}$、$\boldsymbol{F}_{pa}$、$\boldsymbol{F}_{vv}$、$\boldsymbol{F}_{va}$ 这几项作用很弱。大多数情况下,即使这几个矩阵直接取 0,也不影响组合导航结果。

14.5 卡尔曼滤波的维数*

惯性卫星组合导航的一个重要作用是在卫星导航失效时,利用惯性导航继续维持导航精度。组合导航就是利用卫星导航修正惯性导航的过程,卡尔曼滤波的状态量就是惯性导航的各项误差。如果惯性导航误差得到有效修正,则在卫星导航失效时,惯性导航能维持更高精度的导航结果;反之,如果尚未有效修正惯性导航误差,惯性导航结果的精度会更差。

为了讨论卡尔曼滤波的维数,进一步考虑两方面因素:(1)惯性导航误差项是否影响严重;(2)惯性导航误差项是否能有效估计。

误差项是否影响严重受到几方面因素的影响:(1)IMU 精度较高时,误差项影响不严重;IMU 精度较低时,误差项影响严重;(2)卫星信号失效、纯惯性导航时间长时,误差项影响严重;纯惯性导航时间短时,误差项影响不严重;(3)误差项影响严重程度与机动过程有关,如平时的陀螺仪标度因数误差影响不严重,但是在旋转炮弹的捷联惯性导航中,陀螺仪标度因数误差影响比较严重。

误差项是否能有效估计,受到几方面因素影响:(1)能观性较好的误差项更容易估计;(2)组合导航的时间更长,有利于估计惯性导航误差项;如果组合导航时间短,有可能扩展卡尔曼滤波过程尚未充分收敛,估计的惯性导航误差项不准确;(3)噪声较小的情况下,更容易估计惯性导航误差项,所以高精度 IMU 容易估计误差项,低精度 IMU 难以估计误差项。这几方面因素存在一些矛盾。例如,当剧烈机动时,既增加了误差对惯性导航的影响,也改善了误差的能观性。综合考虑下,惯性卫星组合导航的状态量取 15 维是比较合适的,适用于大多数情况。

其他情况下允许根据需要加以变化:(1)对于车辆、船只、民用飞机等,难以实现剧烈机动,惯性卫星组合导航的状态量允许只取 12 维,排除加速度计零偏误差;(2)对于 IMU 精度比较高而导航时间不太长的情况,如战术导弹,允许减少维度,取 9 个维度;(3)对于 IMU 精度很高且导航时间很长的情况,如高精度船用导航系统,适合进一步增加维度,如标度因数误差、不正交误差等。

对于其他组合导航的情况,建立的状态方程应当遵循"抓大放小"的原则:(1)保留影响大的误差项,剔除影响小的误差项;(2)保留容易估计的误差项,剔除难以估计的误差项。这样的操作忽略了一些惯性导航误差源,相当于 EKF 过程中有一些状态方程未包含的其他误差项被折算为状态方程包含的误差项。所以相当于卡尔曼滤波的 Q 矩阵并不是单纯的状态量的输入噪声方差,而是要稍大一些。调整卡尔曼滤波参数时需要应用这个结论。

根据本节的讨论,盲目增加状态方程的维度并不能有效改善精度,反而会导致一些不利影响:(1)减慢 EKF 的收敛速度;(2)增加计算量。所以,组合导航中卡尔曼滤波的维数应该适当。

15 组合导航实践

15.1 评估导航系统的精度

导航系统的输出结果为姿态、速度和位置。评估导航系统的精度,即检验姿态、速度和位置的精度。对于纯惯性导航系统,因为误差发散,所以评价指标是给定时间内的姿态、速度和位置的最大误差。给定时间是纯惯性导航系统评价指标的重要成分。由于比较完备的组合导航系统能使得速度、位置误差长期维持有界、不发散,因此组合导航系统的评价指标是滤波收敛后的最大误差。部分高精度的惯性卫星组合导航系统要求能在卫星信号断开一定时间内维持导航精度。

检验导航精度的关键是要有合适的基准作为参考值。单纯检验姿态精度,通常使用高精度转台作为基准。

考察位置、速度的导航实验分为原地实验和运动实验。

原地实验中,保持位置不变、旋转 IMU。理论上姿态跟随旋转变化,但是速度、位置保持为 0。原地实验比较简便,在桌面上即可完成,这是初步检验导航系统精度的方法。

运动实验时,为了比对惯性导航的结果,需要获取实际路线的基准值。有几种不同的操作方法:(1)一种比较简单的方式是同时记录卫星导航数据。这个卫星导航数据不用于组合导航,而是作为粗略的路线基准;采用 RTK 技术能获得非常准确的路线基准。(2)比较准确的方式是利用轨道车实验。轨道车实验具有很好的重复性。以精确测量的轨道路线作为路线基准。用于摄像的轨道车即可满足导航实验的需求。(3)更粗略的方式是直接利用地面参照物粗略估计路线,如沿着地板砖的缝隙走矩形路线。(4)利用更高精度的导航系统作为基准,这样具有姿态、速度、位置完整的导航信息,能更精确地评价被测导航系统的精度。

15.2 惯性导航实验

惯性导航的实验过程即先采集陀螺仪、加速度计数据,然后计算得到姿态、速度和位置。本节介绍纯惯性导航实验的一些注意事项。

要检查 IMU 的基本功能。对于新购置的 IMU,通过手动转动检验 IMU 的轴向是否为标准轴向。加速度计正向的定义为：当加速度计敏感轴竖直向上、静止放置于地面时，加速度计输出值约等于重力加速度。陀螺仪正向的定义为：绕敏感轴正向按照右手螺旋方向旋转，输出角速度为正数。此外，需要核对加速度、角速度的单位。如果 IMU 没有自带标定补偿功能，那么应当先对 IMU 标定，还需要核对 IMU 的数据更新率，应当均匀并且足够高。

静态实验时，由于误差，纯惯性导航结果依然会发散。适度发散是正常的，但是如果导航结果的发散速度与理论预测的量级完全不符合，则推断存在故障，应当先排除故障再进行其他实验。

因为纯惯性导航的误差比较大，所以为了实验结果的美观，运动实验时尽量使得路线尺度大于误差尺度，这就要求实验时的移动速度要尽可能快一些。在缓慢移动的实验中，误差很大而路线很短，导航结果和基准路线大相径庭，就很难证明惯性导航的正确性。对于低精度的情况，惯性导航的维持时间大约只有几秒钟。低精度惯性导航时，迅速的移动是尤其重要的。

纯惯性导航需要比较准确的初值，尤其是初始姿态。为了取得更好的实验结果，在移动前原地静止若干秒，利用这个时间进行解析对准。对于低精度的情况，为了进一步减小误差，以这段静止时候的陀螺仪数据平均值作为陀螺仪零偏，修正陀螺仪零偏后再计算惯性导航。

15.3 零速阻尼*

采用前面章节的适当措施能实现短时间内的纯惯性导航实验。但是如果 IMU 精度很低，或者需要在更长的时间内演示纯惯性导航，则需要采取零速阻尼技术。

零速阻尼就是通过限制速度发散，以限制惯性导航的发散。在具体操作上，沿用组合导航的方法，以速度为 0 作为观测方程，但是卡尔曼滤波参数 R 矩阵调得稍大一些。观测量 z 即惯性导航速度。观测矩阵为：

$$H = [O \quad I \quad O] \tag{15-1}$$

采用零速阻尼后，突然移动 IMU 时，导航结果依然跟随 IMU 的运动而发生变化。但是由于零速的修正作用，速度、位置不会单向发散，因而有较好的演示效果。采用零位置阻尼，也有类似效果。

零速阻尼或零位置阻尼适合演示实验，或者用于智能哑铃、铁塔晃动监测等特殊情况。但是在车辆、飞机、火箭等应用中，阻尼方法可能导致导航结果的速度和位置与实际不相符，不能随意在实际工程中应用该方法。

15.4 组合导航实验

惯性导航的一些实验准备工作对于组合导航仍然适用,如检查 IMU 的轴向、采样率、单位。此外,组合导航实验的关键是同步采集 IMU 和卫星导航的数据。

直接使用普通计算机利用两路通信接口分别采集 IMU 和卫星导航的数据。如果在没有时标的情况下分别采集数据,则一段时间后,惯性数据和卫星导航数据会彻底丧失同步性;反之,如果两路数据有统一的时标,则采集的数据可用于组合导航。另一种常见的同步方式是,卫星导航数据和 IMU 数据被同一个嵌入式处理器采集,然后该处理器将两种数据拼接后一起发送至普通计算机。普通计算机的时标并不精确,而嵌入式处理器常常能获得更好的同步效果。另外,此方法适合采集卫星导航的 PPS 信号,用于更加精确地补偿卫星导航与 IMU 数据的延迟时间。

除了数据同步的问题,初始对准对于组合导航也是非常重要的,尤其是偏航角必须与实际的实验大体相符。当初始偏航角不对时,组合导航难以修正姿态,运动时,惯性导航的位移方向与卫星导航不匹配,组合导航结果会有明显锯齿。高精度导航系统采用自对准或双天线卫星导航等方法确定初始偏航角。对于有适度机动的情况,偏航角误差能收敛。这种状态下,低精度导航系统以街道方向等参照物确定偏航角初始值,或者以磁传感器测量初始偏航角,也能实现正确的组合导航。

15.5 卡尔曼滤波参数的人工调试*

卡尔曼滤波需要 P、Q、R 三个矩阵参数。有些组合导航的初学者在设置参数时束手无策,但是实际上其难度并不大。本章侧重介绍人工调参的方法,后面的章节会介绍一部分计算卡尔曼滤波参数的方法。在牛顿法解方程的章节中已经演示了反馈迭代思想的算法对参数并不敏感。人工调参法通常能满足组合导航的需求。

设置参数的关键是理解参数的物理意义,然后即可粗略地估计参数数值。在前面的组合导航原理中,P 和 Q 都有 15 个维度。通常只需要设置主对角线上的元素,非对角线上的元素取 0。

P 矩阵对角线上的元素依次反映了位置、速度、姿态、陀螺仪零偏、加速度计零偏的初始误差的方程,各 3 个。P 参数取典型误差值的平方即可。位置、速度、姿态的典型误差值由对准方法决定。对于静态对准,以卫星导航位置作为惯性导航初值的情况,位置典型误差值取 0.1~1 m,速度典型误差值取 0.01~0.1 m/s,姿态典型误差值取 0.001~0.01 rad。如果没有精确的方法确定初始偏航角,则姿态 z 向的典型误差值稍大一些,取 0.1 rad,即 P

矩阵对角线上第 9 个元素要稍大一些。IMU 没有经过标定时,取陀螺仪、加速度计数据手册中的一致性参数作为典型误差值;IMU 经过标定时,取数据手册中的重复性参数作为典型误差值。

R 矩阵的设置方法与 P 矩阵类似,取典型误差值的平方作为方差即可。对于普通的卫星导航,位置典型误差值取 1～10 m。对于 RTK 技术的卫星导航,位置典型误差值取 0.01 m。

参数设置需要注意单位。在简化版惯性卫星组合导航中,取局部直角坐标系,位置单位是米。在完整版惯性卫星组合导航中,以经纬度表示位置,单位是弧度。所以完整版惯性卫星组合导航中,P 矩阵对角线第 1、2 个参数的数值很小,如 1×10^{-14};而第 3 个参数的数值较大,如 1。另外注意:卡尔曼滤波的参数是方差而非标准差,是典型误差值的平方,应注意防止漏算平方。

Q 矩阵对角线上的元素依次反映了位置、速度、姿态、陀螺仪零偏、加速度计零偏受到噪声输入的方差。第 1 到第 3 个元素,不妨取 0。第 4 到第 9 个元素,反映了加速度计噪声和陀螺仪噪声的影响。根据经验,不妨取 Q 矩阵对角线的第 3 到第 6 个元素的数值为 P 矩阵对角线第 13 到第 15 个元素的 1/10 000 到 1/100 倍;取 Q 矩阵对角线的第 7 到第 9 个元素的数值为 P 矩阵对角线第 10 到第 12 个元素的 1/10 000 到 1/100 倍。Q 矩阵对角线的第 10 到第 15 个元素反映了陀螺仪零偏和加速度计零偏的缓慢变化,不妨取 P 矩阵对角线的第 10 到第 15 个元素的 1/10 000 倍。

上述方法是人工调参法,一般能满足需求,也可以在此基础上稍加调整。如果惯性导航精度高而卫星导航精度低,则调小 Q、调大 R;反之亦然。

建议初学者先编写一套简化版惯性卫星导航的仿真程序,然后在此基础上调整参数、观察参数对导航结果的影响,练习调参技巧。初学者不要直接试图在真实实验数据上调参,因为真实实验数据受到更多非理想因素的影响。在通过仿真程序更深刻地理解了参数的影响后,再尝试调整真实实验数据的卡尔曼滤波参数。

15.6 嵌入式程序

工程中实用的导航设备需要在采集传感器数据后进行在线计算,立刻输出导航结果。出于体积和功耗的考虑,导航计算过程一般在诸如 DSP 或单片机等嵌入式处理器中进行,而非在通用计算机中进行。上述条件下,在线导航程序的调试具有较大的难度。经常发生的情况是:在线导航程序计算结果不对,但是技术人员不会调试。

造成在线导航程序调试困难的原因有:(1)在线计算难以回溯故障点,在发现导航结果异常时,产生异常的软件故障点已经运行完毕了,难以回溯;(2)嵌入式系统难以输出波形图、数据存储容量较小,不利于调试;(3)传感器采样的问题与数据计算的问题混在一起,难以分开。

  制作嵌入式组合导航程序的关键,是要做到数据采集与计算过程的分离,实现高内聚低耦合。研发在线导航程序时,为了便于调试,应该按照以下步骤进行:(1)嵌入式系统的程序采集传感器数据,并输出至通用计算机。通用计算机实时记录传感器原始数据。(2)利用 Matlab 程序离线处理传感器原始数据,输出导航结果,应当在这一步完成算法部分的调试,确保计算结果正确。(3)编写 C 语言程序,离线处理传感器原始数据,这一步要达到 C 语言输出与 Matlab 输出相符的效果。(4)将 C 语言程序移植到嵌入式处理器,进行在线计算实验,这一步应该尽可能不更改组合导航算法部分的程序代码。(5)输出传感器原始数据和导航结果至通用计算机,利用传感器原始数据离线复算,验证在线计算的结果与离线复算的结果是否一致。

  上述操作规避了在线调试算法的难点。经过上述操作后,可以确保嵌入式程序的算法部分是正确的。如果再有软件异常问题,则可以排除算法部分的故障,专门关注其余可能的问题。

  研发在线导航程序时,还需要注意几个嵌入式处理器可能存在的问题:(1)嵌入式处理器应当具有硬件 FPU(浮点数处理单元)。如果没有硬件 FPU,容易发生计算速度不够的问题。(2)注意内存堆栈容量。组合导航需要矩阵计算,如果堆栈容量偏小,则可能发生堆栈溢出的问题。(3)合理设计时序,避免数据传输过程占用时间过长,耽误计算。可以合理利用 DMA(直接内存访问)等方式实现数据传输,为计算预留更多时间。

16 IMU 的标定和性能表征

16.1 IMU 的标定

IMU 的标定补偿是减少系统误差的主要方法。惯性测量装置 IMU 输入物理量准确值，输出电信号。标定就是通过实验确定输入和输出的关系，以便根据电信号反推物理量。在介绍具体方法之前，有两个要点需要强调：(1)标定能补偿大部分系统误差，但是不能补偿随机误差；(2)标定模型繁简程度与 IMU 精度水平相适应，没必要杀鸡用牛刀。

如果不考虑温度的影响，则 IMU 可以看作是 6 输入 6 输出的黑盒，即 3 个角速度和 3 个加速度。通常情况下，建立线性模型描述 IMU 的输入输出关系即可满足精度需求。

$$\begin{bmatrix} \boldsymbol{\omega}_m \\ \boldsymbol{f}_m \end{bmatrix} = \begin{bmatrix} \boldsymbol{C}_1 & \boldsymbol{C}_2 \\ \boldsymbol{C}_3 & \boldsymbol{C}_4 \end{bmatrix} \begin{bmatrix} \boldsymbol{\omega}_r \\ \boldsymbol{f}_r \end{bmatrix} + \begin{bmatrix} \boldsymbol{\omega}_b \\ \boldsymbol{f}_b \end{bmatrix} + \boldsymbol{n} \tag{16-1}$$

式中，$\boldsymbol{\omega}_r$ 和 $\boldsymbol{f}_r$ 是输入的角速度和加速度的准确值，$\boldsymbol{\omega}_m$ 和 $\boldsymbol{f}_m$ 是 IMU 输出的反映角速度和加速度的电信号，$\boldsymbol{\omega}_b$ 和 $\boldsymbol{f}_b$ 是零偏，$\boldsymbol{n}$ 是噪声。噪声可能包含多种复杂的成分，在后面的章节将会进一步讨论。公式写成了右侧为输入量，左侧为输出量的形式；当然也可以写成右侧为输出量，左侧为反推的输入量的形式。二者并没有本质的区别，以方便为原则选用即可。

子矩阵 $\boldsymbol{C}_2$ 反映了加速度对角速度测量值的影响，即陀螺仪的 g 值灵敏度。子矩阵 $\boldsymbol{C}_1$ 和 $\boldsymbol{C}_4$ 反映了陀螺仪和加速度计各自的标度因数和安装角度。在大多数情况下，进一步忽略 $\boldsymbol{C}_2$ 和 $\boldsymbol{C}_3$，则角速度和加速度的标定模型解耦。

$$\boldsymbol{\omega}_m = \boldsymbol{C}_1 \boldsymbol{\omega}_r + \boldsymbol{\omega}_b + \boldsymbol{n}_\omega \tag{16-2}$$

$$\boldsymbol{f}_m = \boldsymbol{C}_4 \boldsymbol{f}_r + \boldsymbol{f}_b + \boldsymbol{n}_f \tag{16-3}$$

不考虑噪声项，解耦后角速度和加速度的标定模型形式相同，即 3 轴 12 参数模型。

$$\begin{bmatrix} m_x \\ m_y \\ m_z \end{bmatrix} = \begin{bmatrix} c_{11} & c_{12} & c_{13} \\ c_{21} & c_{22} & c_{23} \\ c_{31} & c_{32} & c_{33} \end{bmatrix} \begin{bmatrix} r_x \\ r_y \\ r_z \end{bmatrix} + \begin{bmatrix} b_x \\ b_y \\ b_z \end{bmatrix} \tag{16-4}$$

提供适当的输入，记录输出，就是确定标定参数具体数值的实验方法。例如，输入取 1、

0、0 时,输出 x_1、y_1、z_1;输入取 -1、0、0 时,输出 x_2、y_2、z_2。那么

$$\begin{bmatrix} x_1 \\ y_1 \\ z_1 \end{bmatrix} = \begin{bmatrix} c_{11} \\ c_{21} \\ c_{31} \end{bmatrix} + \begin{bmatrix} b_x \\ b_y \\ b_z \end{bmatrix} \tag{16-5}$$

$$\begin{bmatrix} x_2 \\ y_2 \\ z_2 \end{bmatrix} = -\begin{bmatrix} c_{11} \\ c_{21} \\ c_{31} \end{bmatrix} + \begin{bmatrix} b_x \\ b_y \\ b_z \end{bmatrix} \tag{16-6}$$

解得

$$b_x = \frac{x_1 + x_2}{2} \tag{16-7}$$

$$\begin{bmatrix} c_{11} \\ c_{21} \\ c_{31} \end{bmatrix} = \left(\begin{bmatrix} x_1 \\ y_1 \\ z_1 \end{bmatrix} - \begin{bmatrix} x_2 \\ y_2 \\ z_2 \end{bmatrix} \right) \Big/ 2 \tag{16-8}$$

采用类似的方法,通过实验推算其他参数。

实际的标定实验采用二轴转台。让 IMU 的某个轴向上、向下静止一段时间,即可得到加速度计零偏、加速度计各参数、陀螺仪零偏。让某个轴正转、反转一段时间,即可得到陀螺仪各参数。

对于一些高精度 IMU,根据需要进一步把标度因数拆分为正向标度因数、负向标度因数。这样的 3 轴 15 参数模型在采用 I/F 电路的 IMU 中比较常见。

在计算加速度计标定参数时,宜以 m/s^2 作为单位,不宜以地球重力加速度 g 作为单位。因为重力加速度各地不同,以重力加速度为单位容易导致参数定义不清楚。

如果需要全温标定,那么采用二轴温箱转台。在温度范围内选取几个温度点,分别进行标定。通常选取的温度点间隔 10 ℃。对于其他温度,用相邻 2 个温度点的标定参数线性插值即可得到当前温度点的标定参数。

因为 IMU 内的温度不是完全均匀、恒定的,所以全温标定不能完全消除温度的影响。对于高精度 IMU,即使采用了全温标定,也依然要求传感器自身的温度系数不能过大。

在加速度计量程特别大的情况下,还需要采用离心机等设备进一步标定。

16.2 转台*

IMU 的标定过程以转台为基准,所以转台应当具有足够的精度。标定低精度 IMU 时,

允许放宽对转台的精度要求。用于标定高精度 IMU 的高精度转台，往往需要采取一些特殊措施以保障精度，如转台使用单独的地基、定期对转台检验校正等。

温箱转台按照结构可以分为两类：一类是较大的温箱里有较小的转台，另一类是较大的转台上有较小的温箱。不论采用哪种结构，都要尽量避免压缩机与转台直接连接，传递振动干扰。一种可行的方案是将压缩机单独放置，通过管道与温箱本体连接。

科研实验性质或者少量生产的情况下，允许人工操作转台。但是对于大量生产 IMU 的工业产线，自动标定实验系统是比较重要的。自动标定实验系统通过计算机程序指挥标定实验的各项操作，包括转台转动、温箱变温、程控电源通电断电、采集 IMU 数据等。

16.3 线性插值#

线性插值是一种常用的工程方法，下面以零偏和温度的关系为例演示线性插值。

已知温度为 x_1 时零偏为 y_1，温度为 x_2 时零偏为 y_2，那么温度为 x 且 $x_1 \leqslant x \leqslant x_2$ 时，利用线性插值估计零偏为：

$$y = \frac{(x-x_1)y_2 + (x_2-x)y_1}{x_2 - x_1} \tag{16-9}$$

16.4 标定矩阵的 QR 分解*

公式(16-4)的 3×3 矩阵反映了标度因数和安装角度。安装角度包含两个方面：一方面是正交的三轴整体旋转，另一方面是三轴不正交。与几何意义对应，这样的矩阵可以分解为正交矩阵 $\boldsymbol{Q}$ 和上三角矩阵 $\boldsymbol{R}$ 的乘积，即 QR 分解。注意：本节的 Q 和 R 是矩阵类型名称，不是卡尔曼滤波的参数。

$$\begin{bmatrix} c_{11} & c_{12} & c_{13} \\ c_{21} & c_{22} & c_{23} \\ c_{31} & c_{32} & c_{33} \end{bmatrix} = \boldsymbol{QR} \tag{16-10}$$

人工计算 QR 分解是比较复杂的，借助 Matlab 函数 qr(·)即可方便地计算 QR 分解。但是 Matlab 函数 qr(·)给出的上三角矩阵的对角线不一定都是正数，需要再人工调整一下正负号，使得上三角矩阵的对角线都是正数以符合习惯。下面举例演示 QR 分解。

$$\begin{bmatrix} 0.9 & 0.2 & 0.2 \\ -0.1 & 1.1 & -0.1 \\ 0.2 & 0.1 & 1 \end{bmatrix} = \begin{bmatrix} 0.9705 & 0.0946 & -0.2218 \\ -0.1078 & 0.9930 & -0.0482 \\ 0.2157 & 0.0707 & 0.9739 \end{bmatrix} \begin{bmatrix} 0.9274 & 0.0970 & 0.4205 \\ 0 & 1.1183 & -0.0097 \\ 0 & 0 & 0.9344 \end{bmatrix}$$

$$\tag{16-11}$$

正交矩阵反映了正交的三轴整体旋转。上三角矩阵反映了标度因数和三轴不正交。如果 IMU 具有良好的重复性,则当传感器安装在转台上的角度发生变化时,标定参数发生变化,但是保持 **R** 矩阵几乎不变、只有 **Q** 矩阵变化。

实际的标定补偿并不需要真的计算 QR 分解,只需要利用混在一起的三维方阵即可计算标定补偿。QR 分解只是在理论上进一步阐明标定参数的内涵。

对于需要精确测量姿态的情况,IMU 的设计应当具有机械基准面,使得每次将 IMU 安装到转台时,IMU 的安装角度几乎不变。类似地,转台和工装的结构也应当保障 IMU 安装角度几乎不变。对于战略级的惯性导航,甚至应当设置光学基准面,以便于更精确地评估姿态精度。如果 IMU 只用于测量速度、位置,不关心姿态的精度,则可以酌情省去安装基准面。

16.5 内杆臂效应*

如果 IMU 的三个加速度计不在原点,则加速度会受到转动的影响,角速度、角加速度都会引起加速度变化,称之为内杆臂效应。某个加速度计所在位置的三维加速度为:

$$a_r = \alpha \times r + \omega \times (\omega \times r) \tag{16-12}$$

式中,ω 是角速度,α 是角加速度,r 是杆臂。

在这个三维加速度中,只有加速度计敏感轴向的那个分量会影响 IMU 输出。例如,x 轴加速度计测到的内杆臂效应引起的加速度的 x 分量为:

$$a_x = \alpha_y r_z - \alpha_z r_y - r_x(\omega_y^2 + \omega_z^2) + r_y \omega_x \omega_y + r_z \omega_x \omega_z \tag{16-13}$$

如果三个加速度计的轴向通过原点,即 x 轴加速度计只有 x 向杆臂,则内杆臂效应的影响简化为:

$$a_x = -r_x(\omega_y^2 + \omega_z^2) \tag{16-14}$$

这个规律指导了高精度 IMU 的结构设计:(1)尽可能让三个加速度计位置接近;(2)尽可能让三个加速度计敏感轴交于一点。

如果存在杆臂效应,则当载体角振动的时候会导致单向的加速度误差,引起惯性导航结果中速度、位置的单向误差。但是这个效应一般很小,通常不必刻意补偿内杆臂效应。

16.6 阿伦方差*

通常的传感器只需要关心测量值与真实值的差异即可,采用最大误差或者方均根(也称为均方根,Root Mean Square,RMS)表征误差特性。而时钟、陀螺仪、加速度计在使用的时候需要积分过程,需要关心测量值积分之后的误差特性。所以时钟、陀螺仪、加速度计需要特殊的表征指标,这就是阿伦方差(Allan variance),也称为艾伦方差。

陀螺仪、加速度计等传感器是有误差的。如果排除系统误差,只关注传感器误差的随机部分,则这部分误差包括高频的毛刺,也包含缓慢变化的趋势。对一段时间的陀螺仪、加速度计数据进行平均,能削弱毛刺的影响,但是难以消除缓慢变化的趋势。平均过程覆盖的时间长短对平均效果的影响,就是阿伦方差的内涵。

阿伦方差主要包括三个计算步骤:(1)分段平均;(2)差值;(3)方差。

以某个轴陀螺仪输出的角速率 $\omega(t)$ 为例,记录很长时间内陀螺仪的数据 $\omega(t)$,根据时间长度 τ,把数据 $\omega(t)$ 分割为 n 段,每一段的长度都是 τ,则一个分段的平均值为:

$$\overline{\Omega}_k(\tau) = \frac{1}{\tau} \int_{t_k}^{t_{k+1}} \Omega(t) \mathrm{d}t \tag{16-15}$$

式中,$t_{k+1} = t_k + \tau$。

为了描述分段平均值的波动情况,把分段平均值做差后再计算方差。即阿伦方差的公式为:

$$\sigma^2(\tau) = \frac{1}{2} \langle [\overline{\Omega}_{k+1}(\tau) - \overline{\Omega}_k(\tau)]^2 \rangle \tag{16-16}$$

式中,$\langle \rangle$ 表示整体平均值运算。这个公式等效为:

$$\sigma^2(\tau) = \frac{1}{2(n-1)} \sum_{k=1}^{n-1} [\overline{\Omega}_{k+1}(\tau) - \overline{\Omega}_k(\tau)]^2 \tag{16-17}$$

下面给出一个 Matlab 函数实现阿伦方差计算。

```
function ma = allanone(d,lk)
kmax = floor(length(d)/lk);
d = d(1:(kmax * lk));
d2 = reshape(d,lk,kmax);
m1 = mean(d2);
m2 = diff(m1);
m3 = m2.^2;
ma = mean(m3)/2;
end
```

其中,输入 d 为传感器数据的数组,输入 lk 为分段的长度,输出 ma 即阿伦方差。

阿伦方差 $\sigma^2(\tau)$ 是分段长度 τ 的函数。习惯上一般采用阿伦标准差 $\sigma(\tau)$ 代替阿伦方差,以便于单位统一。阿伦方差和阿伦标准差是分段长度 τ 的函数,分段长度 τ 按照时间或帧数计量均可。以阿伦标准差为纵坐标,以分段长度为横坐标,绘制的曲线即阿伦标准差曲线。下面给出一组计算阿伦标准差曲线的 Matlab 函数,包含了自动配置横坐标的功能。

输入 z 为数据，输出 md 为阿伦标准差数组，lt 为分段长度数组。调用该函数后，利用 lt 和 md 绘图即可得到阿伦方差曲线。

```
function [md,lt] = allan(z)
%一个轴的阿伦标准差
L = length(z);
lt = 1:0.02:(log10(L)-0.5);
lt = floor(10.^lt);%阿伦方差横轴
kmax = length(lt);
md = zeros(kmax,1);
for k = 1:1:kmax
    md(k) = allanone(z,lt(k));
end
md = sqrt(md);
end
```

几种典型噪声的阿伦标准差曲线如表 16-1 所示，包括生成仿真数据代码、原始信号波形、阿伦标准差曲线。在时钟、加速度计、陀螺仪中，各成分的命名稍有不同。此处以陀螺仪中的命名为例。在分段长度比较大的时候，可用的分段比较少，因而阿伦标准差曲线有较大的波动。

表 16-1 典型噪声的阿伦标准差曲线

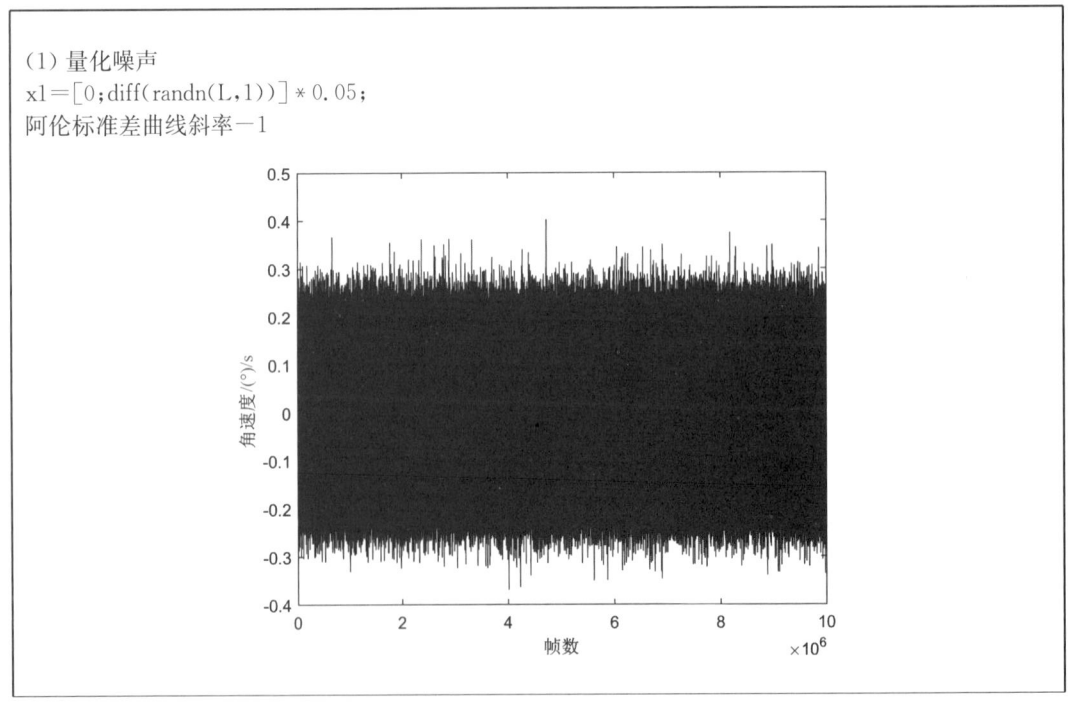

(1) 量化噪声
x1＝[0;diff(randn(L,1))]*0.05;
阿伦标准差曲线斜率－1

（续表）

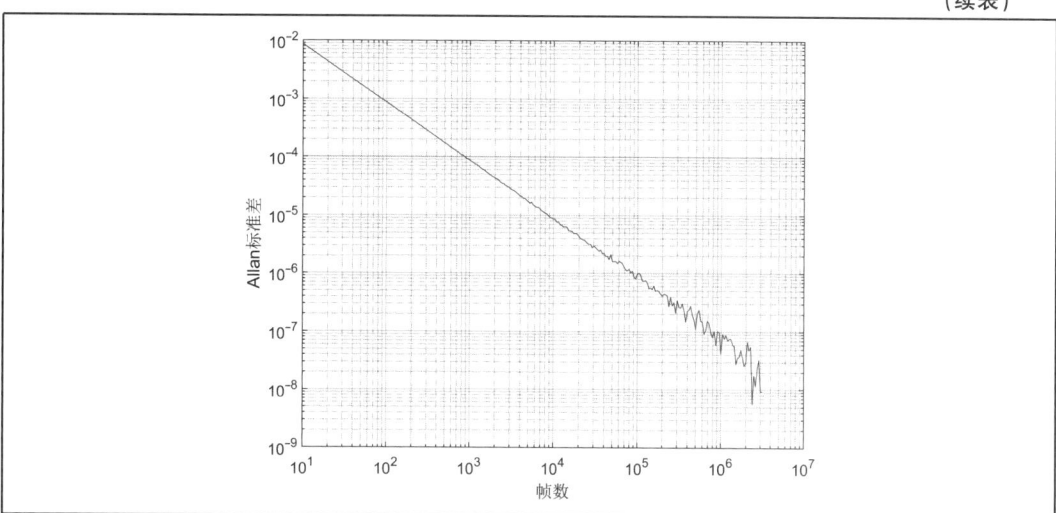

(2) 角随机游走（简称随机游走）；加速度计中称为速度随机游走。
x2＝randn(L,1)＊0.01；
阿伦标准差曲线斜率－1/2

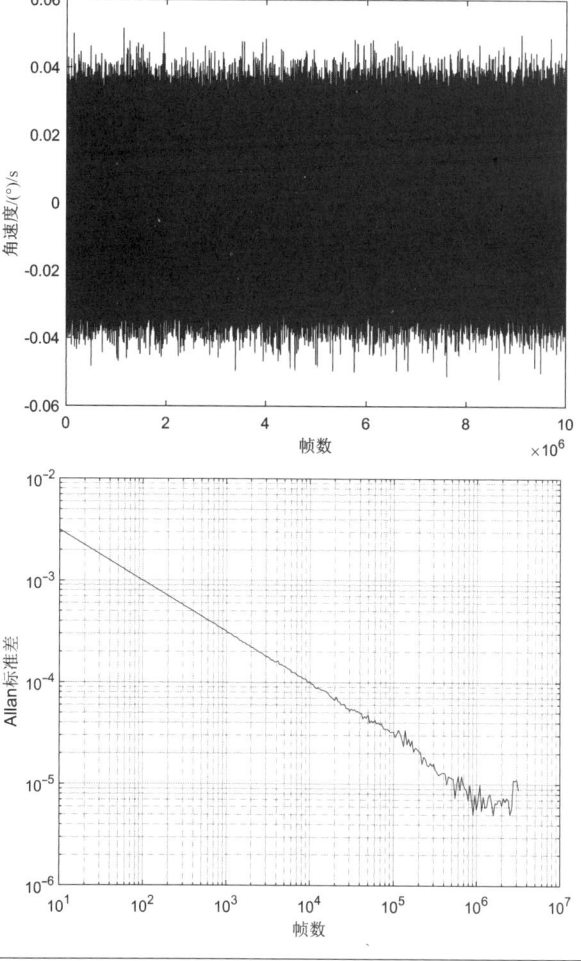

(续表)

(3) 零偏稳定性(1/f 噪声)
xa=randn(n,1);
xb=fft(xa);
f=[0;(1:(n/2))';((n/2-1):(-1):1)'];
f(1)=1;
xc=xb./sqrt(f);
x3=ifft(xc);
阿伦标准差曲线斜率 0

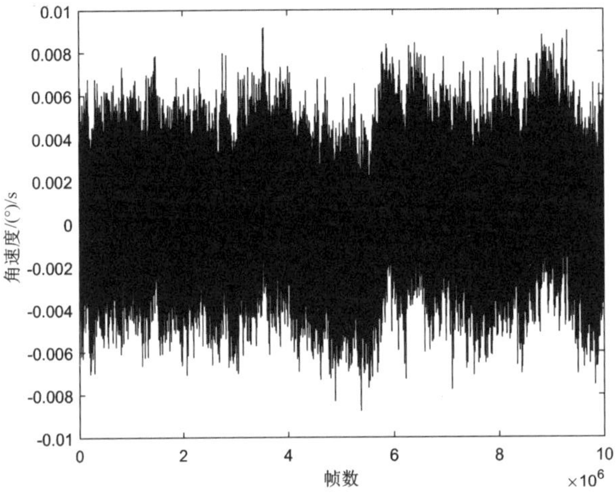

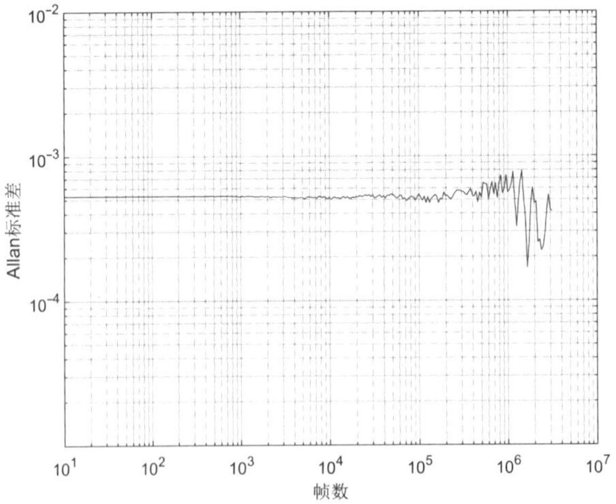

(4) 速率随机游走(速率游走)
x4=(5e-6)*cumsum(randn(L,1));
阿伦标准差曲线斜率 1/2

(续表)

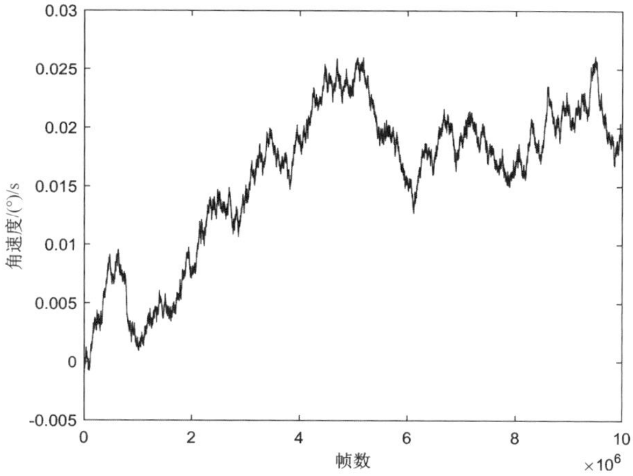

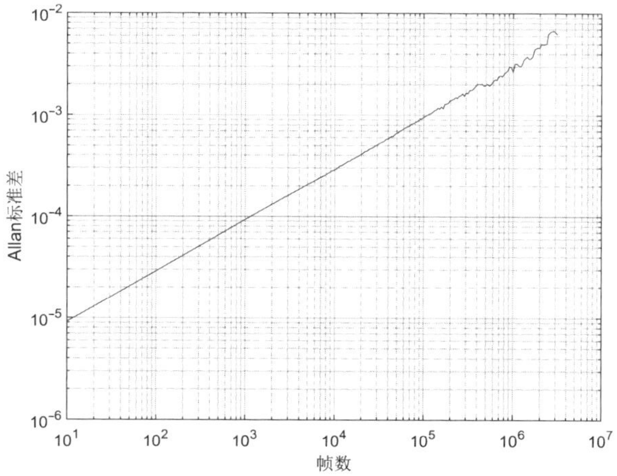

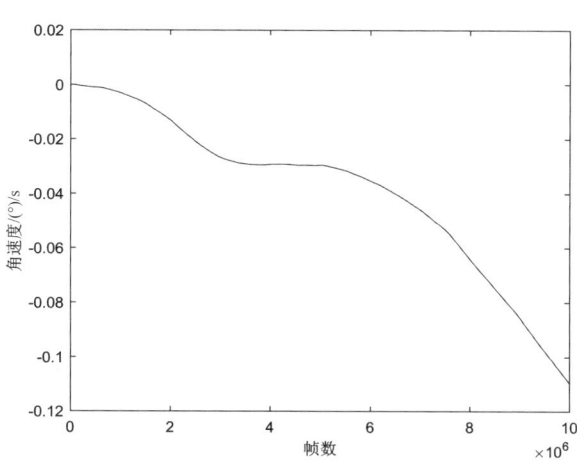

(5) 速率斜坡
x5=(5e-12) * cumsum(cumsum(randn(L,1)));
阿伦标准差曲线斜率 1

(续表)

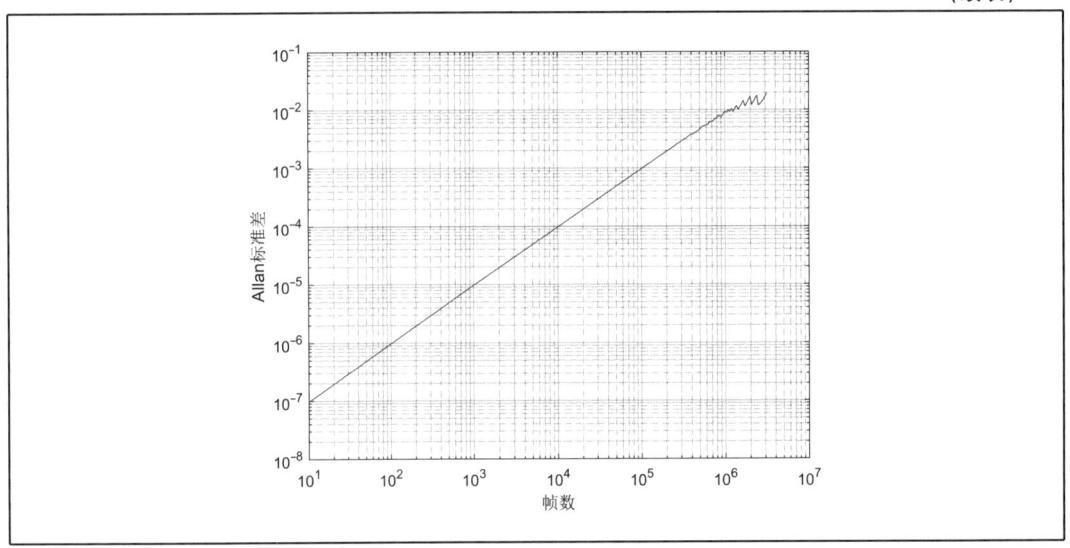

量化噪声即白噪声的微分。角随机游走即白噪声。零偏稳定性即1/f功率的噪声。速率随机游走即白噪声的积分。速率斜坡即速率随机游走的积分。另外,还有一些其他的噪声,如马尔可夫噪声、正弦噪声等,它们的阿伦标准差曲线不是直线。质量较好的陀螺仪、加速度计中,马尔可夫噪声、正弦噪声等不明显。

陀螺仪、加速度计的典型阿伦标准差即量化噪声、角随机游走、零偏稳定性、速率随机游走、速率斜坡五项的叠加,如图16-1所示。

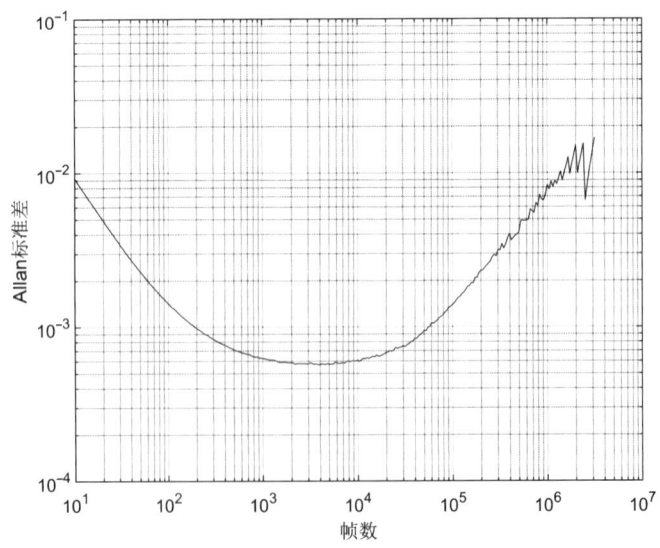

图 16-1 陀螺仪、加速度计的阿伦标准差典型曲线

只有在分段时间很小的时候,量化噪声才起主导作用,往往难以观察到。速率随机游

走和速率斜坡的主导部分位于极大的分段时间处，往往超出了导航系统的工作时间。大多数应用中，导航时间为中等时间，所以只保留角随机游走和零偏稳定性这两项误差的近似模型也比较常用，如图 16-2 所示。

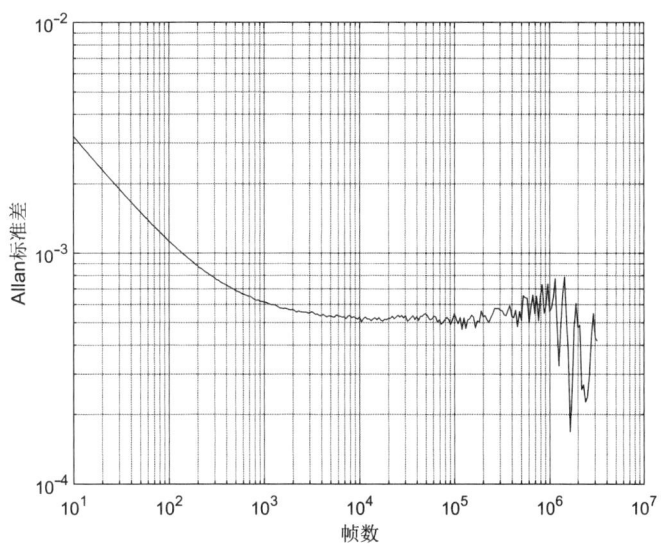

图 16-2　只保留角随机游走和零偏稳定性的阿伦标准差典型曲线

理论上，阿伦方差能指导卡尔曼滤波的 Q 矩阵的数值。Q 矩阵对角线的第 4~6 个元素反映了速度的输入噪声，对应于加速度计的随机游走，正比于卫星导航时间间隔乘加速度计 1 s 处的阿伦方差。这个结论在前面章节"9.5　随机变量的期望和方差"中证明过。类似地，Q 矩阵对角线的第 7~9 个元素反映了姿态的输入噪声，对应于陀螺仪的随机游走，正比于卫星导航时间间隔乘陀螺仪 1 s 处的阿伦方差。状态空间方程不能完美建模零偏稳定性，即 Q 矩阵对角线的第 10~12 个和 13~15 个元素取值与阿伦方差没有直接对应关系。一种可行的近似方案是，其取值为零偏稳定性数值的平方的 1/10 000 倍。

但是很多时候不采用上述理论方法确定卡尔曼滤波的 Q，主要原因有：(1)阿伦方差是最好状态下的传感器性能，排除了温度等因素的影响，实际的误差会比阿伦方差推算的 Q 值大一些；(2)卡尔曼滤波对参数不敏感，不必精细设置；(3)组合导航的模型是简化的，有一些误差项没有包含在状态量中，它们被折算到其他状态量上。所以实际组合导航中，卡尔曼滤波的 Q 参数不宜直接采取阿伦方差数值，往往需要人为调大一些。

关于阿伦方差有几点重要的理解：(1)阿伦方差只表征随机误差，不表征系统误差。系统误差应该采用标定等方式表征并补偿。(2)阿伦方差的理论只能表征误差大小，反映统计规律，但是不能补偿误差，不能预测误差的具体数值。(3)阿伦方差表征的是稳定性，而非重复性。多次上电、重复测量不一定满足阿伦方差的规律。

阿伦方差反映了传感器在最好状态下的极限精度。应当在尽量好的条件下测试阿伦方差：惯性传感器处于完全静止状态下，要排除外部振动、温度波动等因素，剔除刚通电时的一段数据以便达到热平衡。对于高精度传感器，应当在有独立地基的大理石台面上测试阿伦方差。

由于内部工作原理的不同，有些惯性传感器的角随机游走与采样率有关，而有些传感器的角随机游走与采样率无关。通常评估阿伦方差时应当使用最高采样率。通常零偏稳定性与采样率无关。

阿伦方差的主要作用是评估、分析，而非参与导航计算。阿伦方差的典型应用有：(1)判定传感器的极限精度，评估传感器性能。(2)预测导航系统的极限精度。如果惯性导航系统的精度逼近阿伦方差预测的精度，则单纯改进算法就不能提高惯性导航的精度；既能用阿伦方差预测纯惯性导航系统的精度，也能根据阿伦方差预测组合导航系统中卫星导航中断时的导航精度。(3)指导标定、初始对准过程的保持时间。如果保持时间达到阿伦标准差盆形曲线的底部，则没必要加长保持时间了，加长保持时间不会达到更好的平滑效果。

除了阿伦方差外，也有其他方法对惯性传感器的噪声建模，如马尔科夫过程、维纳过程、ARMA 模型、神经网络、小波分析等。然而传感器随机误差每次启动后的噪声演变过程是不同的，即使有精确的建模，仍然难以补偿惯性传感器的随机误差。所以上述更加复杂的随机误差建模方法尚未被广泛应用于实际工程中。

16.7 改善表观稳定性的方法*

有一些 IMU 厂商采用了低精度的传感器，但是通过数据处理使得输出数据表观稳定性很高。典型方法有：(1)设置死区，使得静态时输出数据为 0；(2)故意调粗分辨率，使得信号的波动不足一个最低有效位（Least Significant Bit，LSB）；(3)当加速度、角速度很小时，认为传感器处于静态，此时设置额外的高通滤波器滤除零偏。这些方法虽然改善了表观的稳定性，但是不能改善动态条件下的惯性导航精度。如果采用这些方法，则不能根据性能参数预测导航精度，会误导导航系统设计选型。这些改善表观稳定性的特殊数据处理方法是不值得提倡的。

为了检查传感器是否采用了这些特殊手段，一种可行的方法是测试最小分辨率。高精度陀螺仪应当能分辨非常低速的转动。以陀螺仪为例，测试最小分辨率的方法是：在几个不同的转速下低速转动，观察陀螺仪输出是否跟随转速相应变化。比较方便的方法是将地球自转当作转速输入，陀螺仪敏感轴分别向上、向下放置，观察陀螺仪两种状态下的输出数据是否与地球自转分量相符。

$$\omega_\uparrow - \omega_\downarrow = 2\omega_e \sin L \qquad (16\text{-}18)$$

如果有条件,则可采用高精度转台低速转动,评判陀螺仪的最小分辨率。

16.8 传感器的性能参数

本节介绍传感器的一些更加细致的参数,以便于技术开发人员理解传感器的数据手册。

IMU 的主要性能参数总结如表 16-2 所示,这些性能参数能组合为更多的具体性能参数,如重复性组合为陀螺仪零偏重复性、陀螺仪标度因数重复性、加速度计零偏重复性、加速度计标度因数重复性等。所以 IMU 的性能参数是非常丰富的。大部分性能参数容易理解或者已经在其他章节介绍过。本节对部分参数进一步解释。

表 16-2 IMU 的主要性能参数

供电电压	工作温度	耐冲击能力
尺寸	质量	信号接口
量程	零偏	标度因数
温度系数	非线性	安装角度误差
一致性	重复性	稳定性
随机游走	噪声	噪声密度
g 值灵敏度	振动抑制比	供电电压抑制比
采样率	带宽	群延迟
启动时间	休眠模式	工作电流

一致性是不同个体之间的差异,标定补偿能解决传感器一致性问题。对于一致性比较好、组合导航、精度要求不高的情况,不需要标定;对于一致性比较差,或者需要纯惯性导航,或者精度要求比较高的情况,应当通过标定解决一致性问题。

稳定性描述传感器在一次工作过程中输出信号的逐渐变化。零偏稳定性已经在"16.6 阿伦方差"章节中讨论过了。稳定性的影响不能被一般的标定补偿方法事先处理,但是能被组合导航方法在线估计、补偿。

重复性描述在很长时间内参数的逐渐变化,如 500 小时工作或者 10 年存储。标定后一定时间内,重复性的影响基本被补偿。但是长时间之后,重复性问题逐渐显现,标定补偿精度下降。一些非常特殊的 IMU 具有转位机构,能实现自我标定。对于大多数 IMU,如果要长期维持标定补偿精度,则间隔若干年需要翻修。翻修包含重新标定工序。

17 惯性传感器

17.1 力平衡加速度计

一种加速度计的基本原理是弹簧质量阻尼机构。如果忽略阻尼机构,那么加速度计的基本原理如图 17-1 所示。

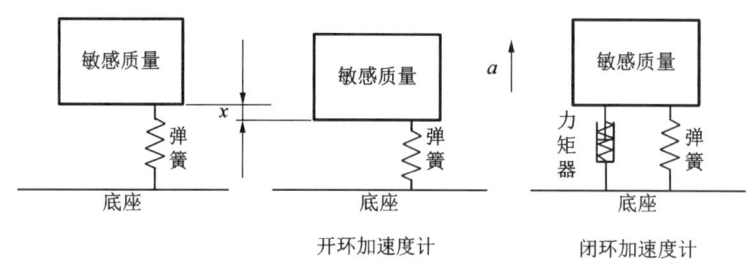

图 17-1 加速度计原理

开环加速度计包含敏感质量、弹簧等部分。当有加速度时,弹簧弹力和加速度平衡:

$$ma = k_1 x \tag{17-1}$$

式中,m 为质量,a 为加速度,k_1 为弹簧的弹性系数,x 为位移。位移即反映了加速度。适当的机构将位移转换为电信号,如差动电容等,即可测量加速度。显然质量越大、弹簧越软,加速度计灵敏度越高。

受到多种因素的影响,开环加速度计不容易达到高精度。例如,开环加速度计需要较大位移量程,量程大则精度低。又如弹簧的弹性系数稳定性会影响加速度计的精度。实用的高精度加速度计常常采用闭环方案,即力平衡加速度计。

力平衡加速度计包含力矩器或类似机构,如电磁铁。闭环伺服电路控制力矩器的输出,使得敏感质量总是在 0 位移附近。0 位移附近则有:

$$ma = k_2 i \tag{17-2}$$

式中,i 为电流,k_2 为力矩器的系数。力矩器电流即反映了加速度。基于力平衡加速度计的原理,调整配置,能衍生出很多加速度计变种。配置项目如敏感质量的大小,机械弹簧或者电磁弹簧,力矩器为电磁铁或者电容力矩器等,采用差动电容测位移或者采用光学方法测位移等。

高精度 IMU 中经常采用石英挠性加速度计。石英挠性加速度计是一种力平衡加速度计。挠性梁经过专门设计,在敏感方向具有很低的刚度,在非敏感方向具有很高的刚度。力矩器为电磁铁。石英挠性加速度计一般将敏感结构和闭环伺服电路封装在一个传感器中。电磁铁的电流大小即反映了加速度的大小。电流信号的采样方法参见"7.2 电流-频率转换电路"章节。

一些 MEMS 加速度计也采用力平衡加速度计的原理。MEMS 力平衡加速度计的敏感质量很小,往往采用电极施加静电力代替电磁铁。

在测量引力波时,采用静电悬浮加速度计补偿干扰力产生的加速度。静电悬浮加速度计是一种力平衡加速度计,采用电极施加静电力作为力矩器,采用静电悬浮代替机械弹簧。静电悬浮加速度计灵敏度很高,但是量程很小,一般只用于尖端物理实验,不用于通常的导航领域。

17.2 机械陀螺仪

机械陀螺仪是最传统的陀螺仪,利用机械转子的定轴性。在支承方式和加转方式上有多种配置。支承方式有机械轴承、液浮、气浮、磁浮、静电悬浮等。加转方式有电机、燃气、压缩气体、电磁、静电等。总的来说,转动惯量越大、转速越高、干扰越少的机械陀螺仪,精度越高。

因为机械陀螺仪体积大、结构复杂,所以在普通精度范围内,光学陀螺仪和 MEMS 陀螺仪基本取代了传统机械陀螺仪,只有一些比较古老的设备使用机械陀螺仪。在极高精度领域,机械陀螺仪仍然具有优势。例如,核潜艇可以采用静电悬浮陀螺仪,用于检验广义相对论的 GP-B 实验卫星采用静电悬浮陀螺仪。GP-B 陀螺仪是目前精度水平最高的陀螺仪。

17.3 光学陀螺仪

光学陀螺仪的原理是 Sagnac 效应,即旋转会导致环形光路的光程发生变化。光学陀螺仪主要包括光纤陀螺仪和激光陀螺仪两类。

(1) 光纤陀螺仪

光纤中有正向、反向传输的两路光,检测它们的相位差,即干涉条纹的强度变化,即可反映角速度。

$$\Phi_s = \frac{2\pi LD}{\lambda c}\omega \tag{17-3}$$

式中，Φ_s 是相移，L 是光纤长度，D 是光纤环直径，λ 是波长，c 是光速，ω 是角速度。总的来说，体积越大、圈数越多的光纤陀螺仪灵敏度越高。

与加速度计类似，光纤陀螺仪也包含开环方案和闭环方案两类。实用的光纤陀螺仪为闭环方案，如图 17-2 所示，包含光源、耦合器、Y 波导、光纤环、探测器、电路。光纤陀螺仪的 Y 波导相当于力平衡加速度计的力矩器，根据电信号操作光信号的相位，使得相位差维持恒定。导航系统常常使用三轴陀螺仪。三轴光纤陀螺仪共用光源和部分电路，以减少成本。

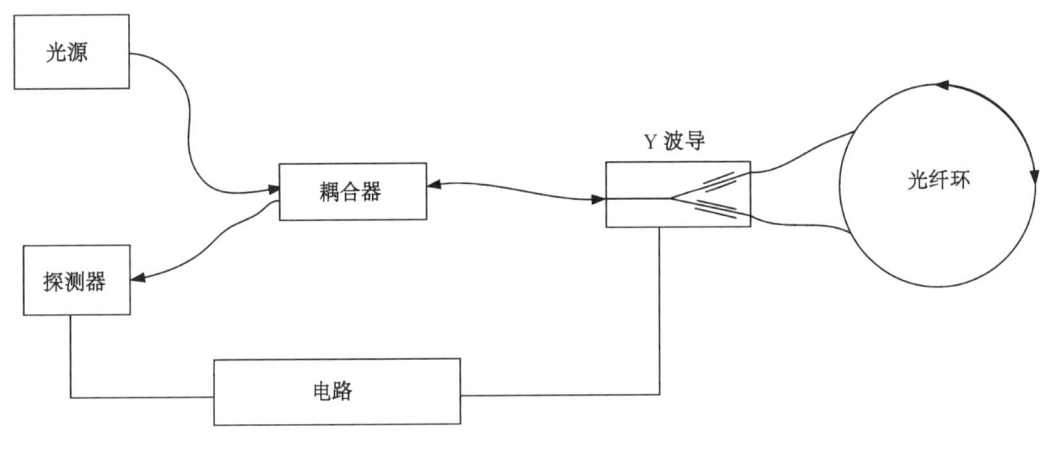

图 17-2 光纤陀螺仪结构

在角速度超量程时，光纤陀螺仪的相位闭环平衡点可能会发生变化，即使角速度恢复到量程以内，输出信号仍然与实际角速度不相符、不能恢复。所以要尽可能避免光纤陀螺仪发生超量程的情况。有瞬时冲击的导航系统需要对此现象特别注意。

（2）激光陀螺仪

激光陀螺仪使用几个反射镜构成环形光路。激光谐振时，腔长为激光波长的整数倍。有角速度时，正向反向激光的光程因 Sagnac 效应而发生变化，导致谐振频率变化。谐振频率差，即拍频，反映了角速度。

$$\Delta \nu = \frac{4A}{L\lambda}\omega \tag{17-4}$$

式中，$\Delta \nu$ 是频率差，L 是谐振腔周长，A 是谐振腔面积，λ 是波长，ω 是角速度。总的来说，体积越大的激光陀螺仪灵敏度越高。

当角速度很小时，正反向激光的两个频率相差不大，会发生耦合，导致不能检测角速度，这就是激光陀螺仪的闭锁现象。激光陀螺仪往往具有机械抖动机构，调制角速度、防止闭锁，俗称为抖振。触摸正在工作的激光陀螺仪，即可感受到这个机械抖动。应用激光陀螺仪时，要考虑激光陀螺仪的抖动是否会对系统的其他部件产生影响。

17.4 MEMS 传感器

MEMS 传感器是利用微机械加工工艺制作的传感器。传统的机械加工工艺有铸造、焊接、切削等，而微机械加工工艺有刻蚀、沉积等。MEMS 能在硅、石英等材料上加工细小尺寸的结构。MEMS 加工工艺类似于集成电路的工艺，便于大批量生产，也有助于缩小体积。

MEMS 技术应用非常广泛。在导航领域使用的 MEMS 传感器主要是陀螺仪和加速度计。MEMS 传感器的工作原理和具体结构种类很多。主流的 MEMS 陀螺仪的原理一般是利用谐振器的科氏力：谐振器在一个方向振动，当存在角速度时，另一个方向也能检测到振动。主流的 MEMS 加速度计的原理有两类：一类 MEMS 加速度计与普通的加速度计类似，也是质量弹簧阻尼系统，工作于开环状态或闭环状态；另一类 MEMS 加速度计采用谐振结构，当存在加速度时，谐振频率发生变化。

MEMS 传感器的微机械加工工艺与集成电路的加工工艺类似。因而一种设想是在一个硅片上同时加工出敏感结构和信号处理电路。但是这个设想很难实现，目前只有一部分 MEMS 传感器能真正地把敏感结构和信号处理电路做在同一个硅片上。很多 MEMS 传感器的敏感结构和信号处理电路位于不同的硅片上，将两个或更多的硅片封装在一个芯片外壳中，这种技术称为系统级封装(System In a Package, SIP)。

MEMS 传感器的精度范围很广，既有非常便宜的低精度传感器，也有非常昂贵的高精度传感器。对于低成本、低精度的 IMU 来说，MEMS 传感器几乎是唯一选择。除了价格外，MEMS 传感器往往还有几个优势：(1)体积小；(2)抗过载能力强；(3)容易制作大量程传感器。一些制导炮弹常常采用 MEMS 传感器。

普通的、比较大的惯性传感器往往有刚性的金属外壳，直接安装在 IMU 的机械结构上。而 MEMS 传感器一般采用芯片封装，通常是焊接在电路板上。低精度的 MEMS 传感器直接焊接在电路板上，然后电路板再固定在 IMU 结构上。对于有中等冲击的应用环境，传感器和电路板之间要点胶加固，大电路板需要设置金属加强筋。对于有很大冲击的应用环境，应当灌封填充 IMU。由于电路板的变形会引起额外的误差，因此高精度 MEMS 传感器考虑直接粘贴在 IMU 的金属结构上。

18 动态倾角仪

18.1 动态倾角仪

动态倾角仪的功能是在原地转动的状态下测量姿态角。与惯性导航相比,动态倾角仪不需要输出位置、速度,只需要输出姿态结果。动态倾角仪的陀螺仪精度一般不足以测量地球自转,不能实现寻北功能,但是能实现 2 自由度的倾角测量功能,即俯仰角和横滚角测量。

实现动态倾角仪的一种方法就是前面"15.3 零速阻尼"章节的方法。如果 IMU 位置不变,那么零速阻尼算法就是与实际情况匹配的算法,零速阻尼组合导航能输出正确的姿态结果。

为了更适应动态倾角仪的情况,对零速阻尼稍做一些细节调整:倾角仪的惯性导航部分不解算位置和天向速度,此外锁定加速度计零偏误差。倾角仪需要保留陀螺仪零偏误差。倾角仪的扩展卡尔曼滤波状态量 x 取 8 维向量,包含速度误差 2 维、姿态误差 3 维、陀螺仪零偏误差 3 维。雅可比矩阵 F 如下:

$$F = \begin{bmatrix} O_2 & F_{av} & O \\ O & O_3 & -C_b^n \\ O & O_3 & O_3 \end{bmatrix} \tag{18-1}$$

观测方程即速度为零。观测向量 z 为惯性导航解算的速度,观测矩阵 H 为 2 行 8 列。

$$z = v_{INS} = \begin{bmatrix} 1 & 0 & 0 & 0 & 0 & 0 & 0 & 0 \\ 0 & 1 & 0 & 0 & 0 & 0 & 0 & 0 \end{bmatrix} x \tag{18-2}$$

倾角仪算法的其余部分与惯性卫星组合导航算法基本相同。倾角仪算法的本质是利用加速度计信号的低频部分修正姿态误差,消除了陀螺仪零偏造成的累积误差。

倾角仪的工作原理是以水平方向速度为 0 作为观测方程的扩展卡尔曼滤波器。在静止、原地转动、匀速直线运动的条件下,采用该原理的倾角仪能正常工作。匀速直线运动等效于在某个特定的惯性参考系中的静止状态,所以倾角仪算法适用于匀速直线运动。

在存在水平方向机动时,倾角仪算法的结果与真实姿态有一些误差。如果陀螺仪精度比较高,那么适当调整滤波器的参数,增加陀螺仪权重,降低加速度计权重,使得动态倾角仪适用于原地振动、离心运动等情况。

对于一般运动的情况,如车辆、船只、四旋翼飞机等,只需要增大卡尔曼滤波的 R 矩阵,倾角仪算法大体依然能正常工作,只是稍有误差。但是对于有持续加速度的情况或者抛体运动的情况,如火箭等,本节的倾角仪算法会有较大的误差,不宜使用。

本节采用 EKF 方法实现倾角仪功能,EKF 是基于概率进行设计的。另外一种设计方法是基于频率的,即采用互补滤波方法实现倾角仪功能。互补滤波方法会在稍后的章节中介绍。

18.2 拉普拉斯变换与传递函数#

前面的章节讨论了基于扩展卡尔曼滤波方法的倾角仪。EKF 是基于概率理论和现代控制论设计的滤波器。此外,一种常见的倾角仪算法是互补滤波,而互补滤波是基于频率理论、经典控制论设计的滤波器。因此,在介绍互补滤波之前有必要回顾经典控制论。

为了分析系统,需要建立系统输入输出关系的数学模型。微分方程能描述线性系统的输入输出关系,但是难以直接处理,所以借助拉普拉斯变换(拉氏变换)作为工具处理微分方程,建立系统模型。

信号的拉普拉斯变换定义为:

$$F(s) = L[f(t)] \triangleq \int_0^{+\infty} f(t) e^{-st} dt \tag{18-3}$$

以时间 t 为自变量的信号经过拉氏变换后,变为以 s 为自变量的信号。典型信号的拉氏变换如表 18-1 所示。

表 18-1 拉氏变换

原函数 $f(t)$	拉普拉斯变换 $F(s)$
单位脉冲 $\delta(t)$	1
单位阶跃 $u(t)$	$1/s$
e^{-at}	$\dfrac{1}{s+a}$
$e^{-at}\sin\omega t$	$\dfrac{\omega}{(s+a)^2+\omega^2}$
$e^{-at}\cos\omega t$	$\dfrac{s+a}{(s+a)^2+\omega^2}$

对于零初始条件下的线性定常系统,传递函数是输出量的拉氏变换与引起该输出的输入量的拉氏变换之比。

$$G(s) \triangleq \frac{X_o(s)}{X_i(s)} \tag{18-4}$$

输入信号经过拉氏变换,乘传递函数,再做拉氏反变换,即可得到输出的信号。积分环节的传递函数为 $1/s$,微分环节的传递函数为 s。对于比较复杂的线性微分方程,用 s 代替微分方程中的 d/dt 微分运算,即可得到相应的传递函数。

传递函数典型形式是关于 s 的多项式分式,形如:

$$\frac{a_m s^m + \cdots + a_1 s + a_0}{b_n s^n + \cdots + b_1 s + b_0} \tag{18-5}$$

分母多项式的根称为极点,分子多项式的根称为零点。

较为复杂的系统由多个子系统构成,相关的简化计算如下:

(1) 两个子系统串联,等效于传递函数相乘,如图 18-1 的左右两个系统等效。

图 18-1　串联系统的传递函数

(2) 两个子系统并联,等效于传递函数相加,如图 18-2 的左右两个系统等效。

图 18-2　并联系统的传递函数

(3) 改变汇合位置,效果类似于分配律,如图 18-3 的左右两个系统等效。

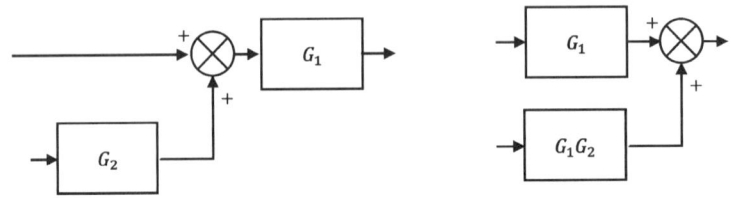

图 18-3　改变汇合位置时的传递函数

(4) 闭环系统能简化合并为一个环节,如图 18-4 的左右两个系统等效。

$$\frac{X_o(s)}{X_i(s)} = \frac{G(s)}{1 + G(s)H(s)} \tag{18-6}$$

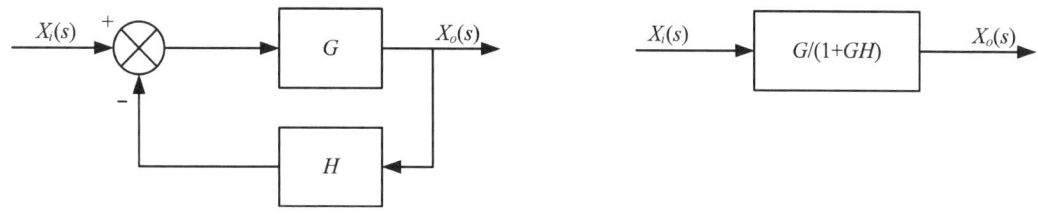

图 18-4 闭环系统的传递函数

对于稳定的线性定常系统,在正弦输入信号作用下,稳态时的输出是一个与输入信号同频率的正弦信号。系统输出与输入的信号的幅值比例、相位变化量与频率的关系称为系统的频率特性。把传递函数 $G(s)$ 中的 s 替换为 $j\omega$ 即可得到系统的频率特性 $G(j\omega)$。$G(j\omega)$ 是与频率有关的复数,这个复数的幅度、相位与频率的关系就反映了系统的频率特性。

为了快速分析系统的频率特性,一种近似的简化方法是把复数近似为:

$$j\omega + c = \begin{cases} c, & |\omega| \leqslant c \\ j\omega, & |\omega| > c \end{cases} \tag{18-7}$$

粗略地讲,传递函数的极点会导致频率越高,分母越大,传递函数越小,形成低通特性;传递函数的零点会导致频率越高,分子越大,传递函数越大,形成高通特性。

18.3 基于互补滤波的倾角仪*

陀螺仪积分计算姿态时,陀螺仪零偏误差会逐渐累积,导致姿态误差。如果陀螺仪信号经过高通滤波再计算姿态,那么就不会有累积误差了。静态时的加速度计信号是重力加速度分量,能反映姿态。如果通过低通滤波剔除加速度计信号的高频部分,那么加速度计就能测量姿态。按照陀螺仪高通滤波、加速度计低通滤波的原理,即可实现互补滤波的倾角仪。互补滤波也称为 Mahony 滤波。

单自由度的互补滤波如图 18-5 所示。角速度 ω_x 积分得到姿态 θ_x;比力 f_y 除以重力加速度 g,并经过反正弦函数 asin,得到根据加速度计推算的姿态;陀螺仪与加速度计推算的姿态比对,经过适当的滤波环节 G_c,估计角速度零偏补偿值 ω_0,并反馈修正姿态。

互补滤波中的 G_c 经常采用比例积分(PI)环节,

$$G_c(s) = K_P + \frac{K_I}{s} \tag{18-8}$$

从角速度到姿态的传递函数为

$$\frac{\theta_x(s)}{\omega_x(s)} = \frac{1}{s} \frac{s^2}{s^2 + K_P s + K_I} \tag{18-9}$$

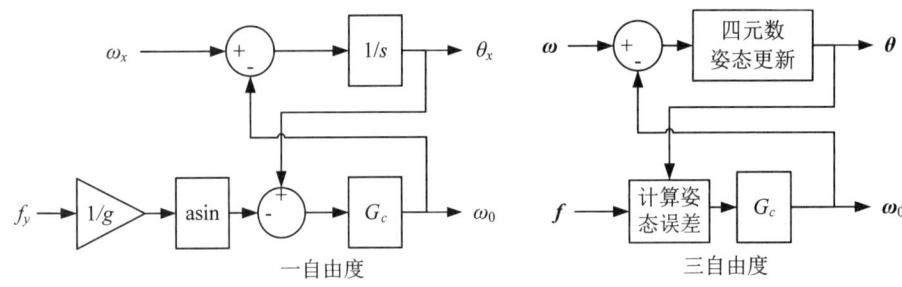

图 18-5 互补滤波

如果忽略非线性环节 asin,那么从加速度到姿态的传递函数为

$$\frac{\theta_x(s)}{f_y(s)} = \frac{1}{g} \frac{K_P s + K_I}{s^2 + K_P s + K_I} \tag{18-10}$$

显然,陀螺仪的通路为高通环节,加速度计的通路为低通环节,且二者互补,恰好在全频率范围内合成传递函数为 1 的姿态测量系统。如果替换 PI 环节为其他环节,那么互补滤波能实现更加灵活的性能配置。

多自由度倾角仪的互补滤波也是类似的原理,只是稍有修改:(1)将角速度积分为姿态的过程替换为四元数更新过程;(2)陀螺仪与加速度计推算的姿态比对,替换为

$$\Delta\boldsymbol{\theta}^b = \frac{1}{g^2}(\boldsymbol{C}_n^b \boldsymbol{g}^n) \times \boldsymbol{f}^b \tag{18-11}$$

注意,此处是在 b 系计算的姿态误差。当没有误差时,重力加速度 $\boldsymbol{g}^n$ 换算到 b 系后,与比力 $\boldsymbol{f}^b$ 相等。当存在姿态误差时,二者不相等;二者叉乘即反映了姿态误差的大小。

互补滤波倾角仪与基于 EKF 的倾角仪在效果和适用范围上基本一致。在持续加速或者抛体运动的情况下,不适用;在静态、匀速运动、适度机动的情况下适用。在机动较大的时候,如车辆加速或刹车时,需要采用高精度陀螺仪,并降低加速度计通路的带宽。

显然,陀螺仪的通路为高通环节,加速度计的通路为低通环节,且二者互补,恰好在全频率范围内合成传递函数为 1 的姿态测量系统。

传递函数的较高阶数使得系统的参数配置更灵活,便于调整带宽和超调量,既能尽快修正姿态,也能缓慢修正角速度零偏补偿值。

多自由度倾角仪的互补滤波也是类似的原理,只是稍有修改:(1)将角速度积分为姿态的过程替换为四元数更新过程;(2)根据加速度求姿态的 asin 函数,替换为解析对准计算。

互补滤波倾角仪与基于 EKF 的倾角仪在效果和适用范围上基本一致,在持续加速或者抛体运动的情况下,不适用;在静态、匀速运动、适度机动的情况下适用。在机动较大的时候如车辆加速度或刹车时,需要采用高精度陀螺仪,并降低加速度计通路的带宽。

对于掌握组合导航技术的研发队伍,研制基于 EKF 的倾角仪比较方便。对于掌控

制技术的研发队伍，研制基于互补滤波的倾角仪比较方便。选用哪种方法制作倾角仪，主要取决于熟悉哪种技术路线。

18.4 倾角仪仿真程序

下面给出一套演示倾角仪计算过程的 Matlab 程序代码。首先运行下面程序，生成仿真数据。这是一个俯仰方向的抬升过程。陀螺仪数据设置了零偏，加速度计数据设置了随机噪声。

```
%生成倾角仪仿真数据
clear
close all
rng(0);
dt = 0.0025;%400Hz
ge = 9.8;
L = 16000;
gyro = zeros(L,3);%陀螺仪数据
gyro(8000:11999,1) = 5/180 * pi;%x轴角速度
pitch = (-30)/180 * pi + cumsum(gyro(:,1) * dt);
acc = [zeros(L,1),sin(pitch) * ge,cos(pitch) * ge];%加速度计数据
gyro(:,1) = gyro(:,1) + 0.01;%故意加误差
acc = acc + randn(L,3) * 0.01;
pitchref = pitch;
save('data.mat','gyro','acc','pitchref');
```

下面是基于 EKF 方法的倾角仪计算代码。

```
%ekf 倾角仪
clear
close all
dTins = 0.0025;
ge = 9.8;
%% 卡尔曼滤波参数
Pk1 = diag([0,0,1e-6,1e-6,1e-6,4e-4,4e-4,4e-4]');
Q1 = diag([0.01,0.01,1e-10,1e-10,1e-10,1e-8,1e-8,1e-8]');
R = diag([0.01,0.01]');
H = eye(2,8);
Z1 = zeros(2,1);
```

```
X1 = zeros(8,1);
%% 初始值
load('data.mat');
L = length(gyro);
macc = mean(acc(1:8000,:));
atti1 = setoula(0,atan2(macc(2),macc(3)) * 180/pi,atan2(-macc(1),macc(3)) * 180/pi);
speed1 = [0;0];
dataA = zeros(L,6);
biasgyro = zeros(3,1);
%% 计算倾角仪
for k = 1:1:L
    gyro1 = gyro(k,:)' + biasgyro;
    atti1 = qupdate(atti1,gyro1 * dTins);%更新姿态
    Cbn = cbn(atti1);
    accn = Cbn * acc(k,:)';
    an = accn + [0;0; - ge];
    speed1 = speed1 + dTins * an(1:2);

    %状态矩阵
    fE = accn(1);
    fN = accn(2);
    fU = accn(3);
    F = zeros(8,8);
    Fav = [0,       - fU,    fN;
           fU,      0,       - fE;
           - fN,    fE,      0];
    F(1:2,3:5) = Fav(1:2,:);
    F(3:5,6:8) = (- cbn(atti1));%陀螺仪零偏对姿态的影响
    Phi = eye(8) + F * dTins;

    %卡尔曼滤波
    Z1 = speed1;
    Pkk = Phi * Pk1 * (Phi') + Q1;
    K = Pkk * (H')/(H * Pkk * (H') + R);
    X1 = K * Z1;
    IKH = eye(8) - K * H;
    Pk1 = IKH * Pkk * (IKH') + K * R * (K');

    speed1 = speed1 - X1(1:2,1);
    atti1 = qupdate(atti1,(cbn(atti1))' * X1(3:5,1));
    biasgyro = biasgyro - X1(6:8,1);
```

```
    dataA(k,:)=[getoula(atti1)',biasgyro'];%数据保存
end
t=((1:L)'-1)*dTins;
figure
plot(t,dataA(:,2));
xlabel('时间/s');
ylabel('俯仰角/°');
```

EKF方法的计算结果如图18-6所示。开始时滤波器尚未收敛,受到陀螺仪零偏影响,俯仰角有一定波动。滤波器收敛之后,姿态角稳定跟随实际运动过程。

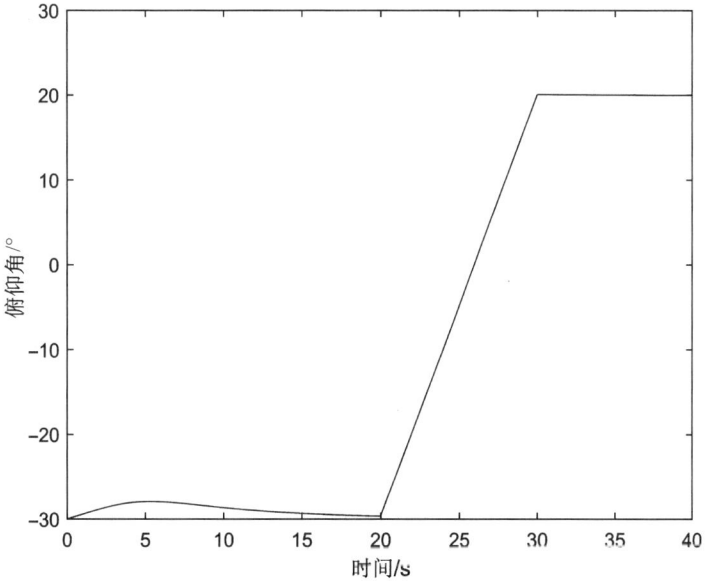

图18-6 基于EKF的倾角仪计算结果

互补滤波的计算代码如下:

```
%互补滤波方法
clear
close all
dt=0.0025;
ge=9.7803;
%% 滤波参数
kp=0.4;
ki=0.04;
%% 初始值
load('data.mat');
```

```
L = length(gyro);
macc = mean(acc(1:4000,:));
atti1 = setoula(0,atan2(macc(2),macc(3)) * 180/pi,atan2(-macc(1),macc(3)) * 180/pi);
dataB = zeros(L,6);
biasgyro = zeros(3,1);
sum_w = 0;
%% 计算倾角仪
for k = 1:1:L
    gyro1 = gyro(k,:)' - biasgyro;
    atti1 = qupdate(atti1,gyro1 * dt);%更新姿态
    Cbn = cbn(atti1);
    gb = Cbn' * [0;0;ge];
    dg = cross(gb,acc(k,:)')/ge/ge;
    sum_w = sum_w + dg * dt * ki;
    biasgyro = sum_w + kp * dg;
    dataB(k,:) = [getoula(atti1)',biasgyro'];%数据保存
end
t = ((1:L)' - 1) * dt;
figure
plot(t,dataB(:,2));
xlabel('时间/s');
ylabel('俯仰角/°');
```

互补滤波方法的计算结果如图 18-7 所示。互补滤波同 EKF 类似,开始时受到陀螺仪零偏影响,俯仰角有一定波动。滤波器收敛之后,姿态角稳定跟随实际运动过程。

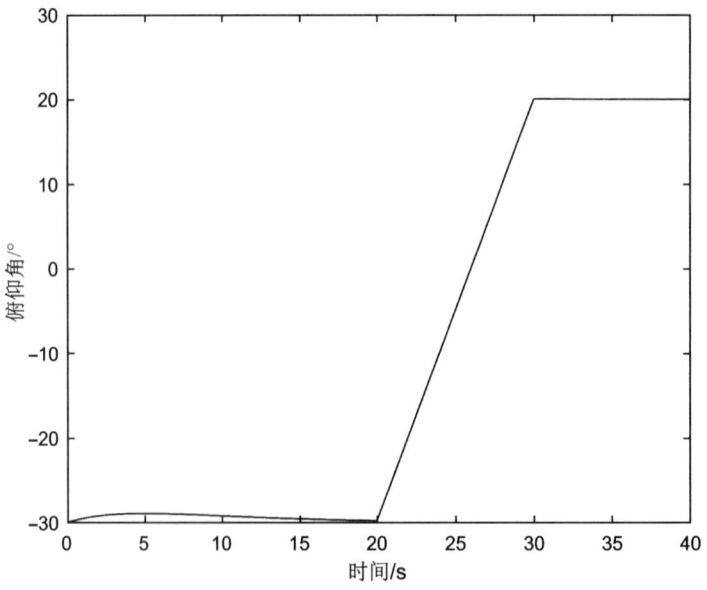

图 18-7 基于互补滤波的倾角仪计算结果

19 姿态对准

19.1 初始对准概述

惯性导航都需要给定初值,包括位置、速度、姿态,即初始对准。惯性导航是组合导航的一部分,所以组合导航也需要初始对准。纯惯性导航对初始对准有较高的要求,尤其是初始姿态。因为组合导航有能力修正导航结果、抑制误差累积,所以组合导航通常对初值对准的精度要求不高,但是存在少部分特殊的情况,需要组合导航有很高的初始对准精度。

通常初始的位置、速度是容易确定的。最简单的情况是:在运动前在原地静止对准,则初始速度为 0;将卫星导航系统输出的位置当作惯性导航的初始位置。如果应用环境不适合采用卫星导航,那么采用"阵地法",事先测量好一些特定地点的位置,从这些特定地点启动导航计算,将这些特定地点的位置当作惯性导航的初始位置。在动态对准的情况下,初始位置、速度的对准方法也是类似的,借助卫星导航等其他手段获得初始位置、速度,作为惯性导航初值。如果外杆臂效应比较显著,那么初始对准时应当补偿位置、速度的外杆臂效应。

确定初始姿态是初始对准的核心问题。常见的姿态初始对准方法可粗略地分为三类:自对准、参数注入、传递对准。按照精度分类,分为粗对准和精对准。按照载体状态分类,分为静态对准和动态对准。导航系统设计时应当根据应用场合、全系统的工作流程,选择合适的对准方法,而非死板、盲目地进行初始对准;应当在满足全系统需求的前提下,选择尽可能简单的初始对准方法。

通常精对准之前需要先给定粗略的姿态初值,所以精对准之前往往需要粗对准,但是粗对准之后不一定必然有精对准。各种初始对准方法可能混合使用。

姿态初始对准的难点在于 z 向姿态,多数情况下大致对应于偏航角。自对准时往往需要高精度陀螺仪才能确定 z 向姿态,然而在传递对准时,有些情况下只需要普通精度陀螺仪即可确定 z 向姿态。参数注入即通过某种方法测量偏航角,直接作为初始姿态,是一种粗对准方法。

前面"8.4 姿态解析对准"章节的方法是静态、粗对准。精对准方法与惯性卫星组合导航是相同的计算过程,很容易掌握。现在遗留的初始对准方面的难点主要有两点:动态粗对准、传递对准。后面几节将关注这两个难点。

19.2 Wahba 问题*

解析对准的本质是利用重力和地球自转这 2 个向量确定姿态矩阵。这种利用 2 个向量确定旋转矩阵的问题,称为 Wahba 问题。

$$Ar_1 = b_1 \tag{19-1}$$

$$Ar_2 = b_2 \tag{19-2}$$

为了方便,不妨设上述公式的四个向量均为单位向量,矩阵为正交矩阵。下面考虑 Wahba 问题的一般解。显然旋转轴应当是与 $b_1 - r_1$ 和 $b_2 - r_2$ 垂直的。此处略过一些推导过程,取表示旋转的四元数为:

$$\bar{q} = [b_2 \cdot r_1 - b_1 \cdot r_2, (b_1 - r_1) \times (b_2 - r_2)] \tag{19-3}$$

改写为单位四元数,即:

$$q = \frac{\bar{q}}{\|\bar{q}\|} \tag{19-4}$$

将这个四元数转换为方向余弦矩阵,即解决了 Wahba 问题。

Wahba 问题的关键在于,每个向量能确定旋转的 2 个自由度,2 个向量总计能确定 4 个自由度,然而三维旋转矩阵只有 3 个自由度,Wahba 问题是过约束问题。多余的 1 个约束在于,两个向量的夹角在旋转前后应当相等。有一些研究讨论 Wahba 问题的最优解,但是惯性导航中通常不必进行如此精细的考虑,采用通常的解析对准即可满足需求。

显然,两个向量 r_1 和 r_2 共线时,Wahba 问题是没有唯一解的。通常的解析对准在地球极点附近会失效,需要采用其他方法对准,但是在一般情况下、不在地球极点附近时,不需要进行如此精细的考虑。

19.3 精对准

惯性导航需要比较准确的初值,尤其是初始姿态。解析对准中,采用陀螺仪和加速度计一段时间内的平均值计算初始姿态,且要求载体处于静止状态。但是通常载体难免有轻微晃动,如很多车辆、飞机具有弹性结构,会轻微晃动。这些轻微晃动对初始对准有两方面的影响:(1)陀螺仪、加速度计的均值不是完全准确的,延长数据的平均时间能削弱这个因素的影响,这个因素并不是严重的问题。(2)因为载体晃动,姿态是时刻变化的,初始对准得到的平均姿态并不是载体真正的实时姿态。这个因素是解析对准难以解决的问题。

精对准能解决载体晃动的问题，获得实时姿态作为惯性导航的初值。有卫星导航数据时，精对准的计算方法与惯性卫星组合导航的计算方法相同。没有卫星导航数据时，如果载体原地不动，则以固定位置或者零速度为观测方程计算组合导航。精对准就是专门用于对准的组合导航，原理与前面章节的惯性卫星组合导航几乎一致，本节不再重复。

精对准中特殊的地方在于，需要锁定陀螺仪零偏误差和加速度计零偏误差，使得姿态误差具有完全能观性。锁定陀螺仪零偏误差和加速度计零偏误差有两种方法：一种是修改公式、裁剪卡尔曼滤波的维数；另一种是仍然采用 15 维的 EKF，但是 P 和 Q 矩阵的最后 6 行 6 列取 0。

与前面章节的结论类似，必须具有高精度陀螺仪才能实现 z 向姿态角的精对准。有的导航系统在启动导航之前有姿态保持功能，与精对准没有本质区别。惯性导航需要很准确的初始姿态，但是组合导航允许放宽初始姿态的精度。对于组合导航的情况，跳过精对准、粗对准之后直接进入组合导航是可行的方案。

在载体晃动的状态下，精对准的结果优于粗对准。但是在载体完全静止的状态下，精对准和粗对准的结果几乎相同，不会有明显改善。此时只需要保留粗对准过程，不需要精对准过程。

19.4 陀螺寻北仪*

在惯性导航或组合导航中，通过解析对准和精对准实现初始对准，然后进行惯性导航或组合导航。有些应用中不需要导航计算位置、速度，只需要利用陀螺寻北仪实现方位测量功能。此时，对惯性卫星组合导航加以简化，实现陀螺寻北仪的功能。

陀螺寻北仪先进行解析对准，然后进行精对准。陀螺寻北仪工作在原地静止的条件下，速度很小。那么陀螺寻北仪的惯性导航部分简化为：

$$\boldsymbol{\omega}_{nb}^{b} = \boldsymbol{\omega}_{ib}^{b} - \boldsymbol{C}_{n}^{b}\boldsymbol{\omega}_{ie}^{n} \tag{19-5}$$

$$\dot{\boldsymbol{v}}_{en}^{n} = \boldsymbol{C}_{b}^{n}\boldsymbol{f}_{b} + \begin{bmatrix} 0 \\ 0 \\ -g_{e} \end{bmatrix} \tag{19-6}$$

与惯性卫星组合导航相比，陀螺寻北仪不需要解算位置和天向速度。上述速度计算公式只需要取前 2 行。

陀螺寻北仪应当锁定陀螺仪零偏误差和加速度计零偏误差。如此扩展卡尔曼滤波只需要保留 5 个维度：2 个速度误差和 3 个姿态误差。

$$\boldsymbol{x} = \begin{bmatrix} \delta v_{E} & \delta v_{N} & \delta \phi_{E} & \delta \phi_{N} & \delta \phi_{U} \end{bmatrix}^{T} \tag{19-7}$$

雅可比矩阵 F 如下：

$$F = \begin{bmatrix} O & F_{av} \\ O & F_{aa} \end{bmatrix} \quad (19\text{-}8)$$

只考虑水平方向速度，静态时：

$$F_{av} = \begin{bmatrix} 0 & -g & 0 \\ g & 0 & 0 \end{bmatrix} \quad (19\text{-}9)$$

反映姿态误差对姿态误差影响的子矩阵为：

$$F_{aa} = \begin{bmatrix} 0 & \omega_e \sin L & -\omega_e \cos L \\ -\omega_e \sin L & 0 & 0 \\ \omega_e \cos L & 0 & 0 \end{bmatrix} \quad (19\text{-}10)$$

观测方程即速度为零。观测向量 z 为惯性导航解算的速度，观测矩阵 H 为 2 行 5 列。

$$z = v_{INS} = \begin{bmatrix} 1 & 0 & 0 & 0 & 0 \\ 0 & 1 & 0 & 0 & 0 \end{bmatrix} x \quad (19\text{-}11)$$

陀螺寻北仪算法其余部分与惯性卫星组合导航基本相同。

在解析对准过程中，陀螺寻北仪应当保持基本静止。在转入精对准状态后，允许陀螺寻北仪原地转动。

再次强调，必须采用高精度的陀螺仪才能实现自对准偏航。低精度陀螺仪不能自主寻北。

19.5 动态粗对准*

一般的初始对准采用解析粗对准，然后精对准。解析对准要求载体基本静止，然后取陀螺仪和加速度计的平均值，解析对准得到平均姿态；在解析粗对准之后，再进行精对准，以获得精确的实时姿态。但是在一些应用场景中，载体难以保持基本静止的状态，如船只的海上动态对准。此时解析对准的结果与实际姿态会有很大的差别，尤其是偏航角。精对准需要先给定一个粗略初值，然后才能进一步修正；在粗对准有很大误差的情况下，精对准也不能正常工作。对于大动态的情况，需要另一种初始对准方法代替普通的解析对准。典型方法是利用重力和地球自转进行矢量匹配实现动态粗对准。

设初始时刻的载体坐标系为 o 系。虽然对准完成前不能确定载体相对于地理系的姿态，但是利用陀螺仪能确定动态对准过程中各时刻相对于初始时刻的姿态 C_b^o。因而，把比力换算到 o 系中。

$$\boldsymbol{f}_k^o = \boldsymbol{C}_b^o \boldsymbol{f}_k^b \tag{19-12}$$

为了求解方便,取粗对准开始一段时间的 o 系比力均值 $\boldsymbol{f}_0^o$,取粗对准最后一段时间的 o 系比力均值 $\boldsymbol{f}_t^o$。

不妨忽略经度和初始时刻的影响,设惯性系的重力为:

$$\boldsymbol{f}_t^i = \begin{bmatrix} g_e \cos L \cos \omega_e t \\ g_e \cos L \sin \omega_e t \\ g_e \sin L \end{bmatrix} \tag{19-13}$$

相对于惯性空间,o 系保持不变,而比力 $\boldsymbol{f}_t^i$ 的方向因地球自转而缓慢旋转。所以有方程组:

$$\boldsymbol{C}_o^i \boldsymbol{f}_0^o = \boldsymbol{f}_0^i = \begin{bmatrix} g_e \cos L \\ 0 \\ g_e \sin L \end{bmatrix} \tag{19-14}$$

$$\boldsymbol{C}_o^i \boldsymbol{f}_t^o = \boldsymbol{f}_t^i = \begin{bmatrix} g_e \cos L \cos \omega_e t \\ g_e \cos L \sin \omega_e t \\ g_e \sin L \end{bmatrix} \tag{19-15}$$

这就是根据 2 个向量确定旋转矩阵的 Wahba 问题,解算方法见公式(19-3),也可以采用最小二乘法等方法实现动态粗对准。获得初始坐标系与惯性系的关系 $\boldsymbol{C}_o^i$,即可推算 $\boldsymbol{C}_b^n$,实现初始对准。

$$\boldsymbol{C}_b^n = \boldsymbol{C}_i^n \boldsymbol{C}_o^i \boldsymbol{C}_b^o \tag{19-16}$$

式中,$\boldsymbol{C}_i^n$ 忽略经度的影响,保留 3 部分:(1)地球自转;(2)纬度;(3)换算到东北天。

$$\boldsymbol{C}_i^n = \begin{bmatrix} 0 & 1 & 0 \\ 0 & 0 & 1 \\ 1 & 0 & 0 \end{bmatrix} \begin{bmatrix} \cos L & 0 & \sin L \\ 0 & 1 & 0 \\ -\sin L & 0 & \cos L \end{bmatrix} \begin{bmatrix} \cos \omega_e t & \sin \omega_e t & 0 \\ -\sin \omega_e t & \cos \omega_e t & 0 \\ 0 & 0 & 1 \end{bmatrix} \tag{19-17}$$

在动态粗对准之后,即可进行精对准,与之前的精对准方法是完全相同的。至此解决了大动态下的自对准问题。

19.6 传递对准*

传递对准是军用导航中常见的技术,即根据主导航系统的数据实现子导航系统(又名从导航系统)的对准。典型的情况如从飞机或船舶上发射制导火箭,制导火箭的子导航系统依赖飞机或船舶的主导航系统实现初始对准。主导航系统一般随着飞机、船舶等工作,精度很高,需长时间工作。子导航系统在需要的时候才开始工作,其精度一般比主导航系统低。

与一般的初始对准方法类似,位置和速度是比较容易确定初值的。传递对准时,子导航系统的位置速度直接取主导航系统的结果。如果子导航系统和主导航系统之间的杆臂较大,那么根据前面"13.7 外杆臂效应"章节补偿即可。

传递对准的核心问题集中在姿态上。按照机械结构的设计,子导航系统与主导航系统有标称的安装关系,能根据主导航系统姿态推测子导航系统姿态。但是较大的载体难以保证全局的结构精度,所以子导航系统的实际姿态难免与标称姿态有轻微差异。此外,有些载体刚度较低,可能发生弹性变形,也会导致子导航系统姿态偏离标称值。所以需要通过传递对准获得子导航系统更加准确的初始姿态。

传递对准包含粗对准和精对准,研究的重点在于精对准过程。传递对准开始时,根据安装关系和主导航系统的姿态,直接赋值子导航系统初始姿态。这一步骤类似于参数注入的初始对准方法,相当于粗对准。然后子导航系统持续收集自身传感器数据,并接收主导航系统数据,继续传递对准,这一过程相当于精对准。

传递对准主要有两种方法:速度位置匹配和姿态匹配。(1)速度位置匹配方法的计算过程与惯性卫星组合导航相同,只是用主导航系统的位置、速度代替了卫星导航的位置、速度。因而速度位置匹配要求载体有适度机动,产生水平方向的加速度。速度位置匹配适合机动性较好而刚性较差的情况,如固定翼飞机。(2)姿态匹配要求载体的姿态有较大机动,同时具有较好的刚性,但是不需要水平加速度。姿态匹配适合于发射架抬升过程、直升飞机、船舶等情况。有些时候,传递对准同时采用速度位置匹配和姿态匹配。

传递对准有两个优势:(1)比普通的精对准更快;(2)能在子导航系统精度较低的条件下实现较为准确的对准。

19.7 姿态匹配传递对准*

考虑这样的情况:主导航系统和子导航系统一同转动,保持固定的姿态差。采用 EKF 方法处理这样的传递对准问题。计算过程与通常的组合导航是类似的。

设定初值
While(1)
{
    计算子导航系统的惯性导航;
    更新状态方程;

```
If(收到主导航系统数据)
{
    更新测量方程;
    计算扩展卡尔曼滤波;
    修正子导航系统;
}
}
```

状态量选 6 个维度:平台系的姿态误差 3 个维度,子导航系统与主导航系统的姿态误差 3 个维度。设主导航系统为 m 系,子导航系统为 s 系,$\boldsymbol{C}_m^s$ 即两个导航系统的姿态误差。在短时间内,忽略地球自转等因素,则有:

$$\boldsymbol{\Phi} = \boldsymbol{I}_6 \tag{19-18}$$

没有误差时,下面的矩阵应当为单位矩阵:

$$\boldsymbol{M}_z = \boldsymbol{C}_m^n \boldsymbol{C}_s^m \boldsymbol{C}_n^s \tag{19-19}$$

式中,$\boldsymbol{C}_n^s$ 是子导航系统的姿态矩阵,由子导航系统惯性导航解算得到。$\boldsymbol{C}_m^n$ 是主导航系统的姿态矩阵,由主导航系统数据得到。$\boldsymbol{C}_s^m$ 是主导航系统和子导航系统的安装误差矩阵,会根据 EKF 的计算结果逐渐修正。注意三个矩阵的上下标定义有所区别。把上述 $\boldsymbol{M}_z$ 矩阵换算为三个角,即观测量。

$$\boldsymbol{z}_2 = \begin{bmatrix} \boldsymbol{M}_z(3,2) - \boldsymbol{M}_z(2,3) \\ \boldsymbol{M}_z(1,3) - \boldsymbol{M}_z(3,1) \\ \boldsymbol{M}_z(2,1) - \boldsymbol{M}_z(1,2) \end{bmatrix} \bigg/ 2 \tag{19-20}$$

观测矩阵为:

$$\boldsymbol{H}_2 = \begin{bmatrix} \boldsymbol{I}_3 & -\boldsymbol{C}_m^n \end{bmatrix} \tag{19-21}$$

计算 EKF 解得到子导航系统姿态误差修正量和安装误差修正量,进行相应反馈修正即可。至此,实现了姿态匹配的传递对准。

要想使得姿态匹配传递对准达到预期效果,载体至少要在 2 个不同的方向进行姿态机动。

有些应用场景中,有多个传感器能测量姿态,那么也可采用与本章相同的方法实现组合导航,如采用星敏感器、双天线卫星接收机等传感器的组合导航系统。换句话说,本章的方法既适用于传递对准过程,也适用于有姿态观测量的组合导航过程。

19.8 速度匹配与姿态匹配混合的传递对准*

一些情况下适合速度匹配与姿态匹配混合的传递对准,如原地抬升发射架的过程。结合基于EKF的倾角仪以及姿态匹配的传递对准,得到混合的传递对准计算方法。该方法与通常的组合导航计算过程仍然是类似的,只是修改了状态方程和观测方程。

扩展卡尔曼滤波状态量 x 取 8 维向量,包含速度误差 2 维、子导航系统姿态误差 3 维、子导航系统与主导航系统的姿态误差 3 维。

正常惯性导航计算姿态和水平方向速度。当子导航系统收到主导航系统数据时,计算 EKF。

状态方程的雅可比矩阵为:

$$F = \begin{bmatrix} O_2 & F_{av} & O \\ O & O_3 & O_3 \\ O & O_3 & O_3 \end{bmatrix} \tag{19-22}$$

式中,F_{av} 同公式(19-9)。

观测量为速度和姿态的拼接。一部分是子导航系水平速度 v^s,另一部分是 M_z 矩阵换算角度 z_2,同公式(19-20)。观测量共 5 行。

$$z = \begin{bmatrix} v^s \\ z_2 \end{bmatrix} \tag{19-23}$$

相应地,观测矩阵为:

$$H_2 = \begin{bmatrix} I_2 & O & O \\ O & I_3 & -C_m^n \end{bmatrix} \tag{19-24}$$

至此,实现了速度匹配与姿态匹配混合的传递对准。

对于速度匹配与姿态匹配混合的传递对准,要想达到预期效果,载体只需要在 1 个方向进行姿态机动即可。

19.9 传递对准中的时间同步*

传递对准中需要同步主导航系统与子导航系统的数据,补偿时间延迟。飞机、船舶等载体的电子系统非常复杂,主导航系统的数据往往经过比较多的转发环节才能到达子导航系统,确定延迟时间往往是不能忽略的步骤。有几种可行的方法:方法一,硬件时间同步,如主导航系统输出时间同步脉冲,然后直接接入子导航系统;方法二,实验测量延迟时间,然后补偿固定值;方法三,利用滤波方法动态估计延迟时间。

方法一效果比较好,应当优先采用方法一,但是方法一需要额外的硬件条件,很多时候电子系统没有专门的时间同步的硬件通路,就不能采用方法一。方法三的收敛速度比较慢,常常不能满足传递对准的要求。

下面进一步介绍方法二。主导航系统输出的数据经过若干转发环节到达子导航系统。子导航系统拼接子导航系统和主导航系统的数据,然后记录,同时晃动两个导航系统,比较二者数据波形的延迟,即可确定延迟时间。一种方式是人工平移波形,找到重叠最好时的平移量,即为延迟时间;另一种方式是数学计算的方法。计算延迟时间的主要方法是互相关。

确定延迟时间后,传递对准算法对延迟时间的补偿与惯性卫星组合导航中的延迟时间补偿方法相同,本节不再重复。

19.10 互相关[#]

两个实数信号的互相关,即平移之后相乘、积分。

$$R(x) = \int f(t)g(t+x)\mathrm{d}t \tag{19-25}$$

上述公式是针对连续信号的。离散信号也有类似的公式:

$$R(d) = \sum_k f(k)g(k+d) \tag{19-26}$$

互相关函数是自变量为平移量的函数。如果互相关函数有显著的峰值,那么平移后的两个信号有很大的重叠部分。互相关计算主要有两个用途:(1)判断两个信号是否有相似的成分;(2)计算两个相关信号的延迟时间。

如果互相关函数有显著的峰值,那么两个函数有相似的成分。如果互相关函数没有显著峰值,那么两个信号没有相似的成分。这一原理对于卫星导航的测距码有重要意义,在后面"23.4 测距码"章节会进一步介绍。本节先集中讨论互相关在计算延迟时间中的应用。

Matlab 中的 xcorr 函数即可实现互相关计算。但是为了对互相关计算做一些优化调整,此处更加深入地讨论互相关计算的方法。

直接套用公式(19-26)计算互相关的计算量比较大,一种减少计算量、加快计算的方法是利用快速傅里叶变换。设 $a(k)$ 和 $b(k)$ 的互相关是 $c(d)$,此处不加证明地给出计算公式:

$$\mathrm{FFT}(c) = \mathrm{conj}(\mathrm{FFT}(a)) \times \mathrm{FFT}(b) \tag{19-27}$$

式中,FFT 表示快速傅里叶变换,×表示对应相乘,conj 表示共轭。FFT 是从时域到频域的变换。公式(19-27)就是频域的互相关计算公式。

考虑采用互相关方法测量主导航系统到子导航系统的时间延迟,同时晃动两个导航系统,比较二者数据波形的延迟。仿真程序如下:

首先生成两组信号，包含晃动过程和噪声；然后计算互相关，找到峰值位置，即可获取两个信号的延迟时间。互相关仿真程序的运行结果如图 19-1 和图 19-2 所示。计算得到延迟时间为 0.25 s，与仿真数据设置相符。

```matlab
%用相关计算,处理传递对准的延迟时间
%%% 生成仿真数据
clear
close all
rng(0);
L = 4000;
dt = 0.005;
t = ((1:L)' - 1) * dt;
m = 0.1 * sin(0.05 * (1:2000)');%运动过程
a = zeros(L,1);
b = zeros(L,1);
a(1001:3000) = m;
b(1051:3050) = m;
a = a + randn(L,1) * 0.01;
b = b + randn(L,1) * 0.01;
figure
subplot(2,1,1);
plot(t,a);
ylabel('主导航系统角速度/rad');
subplot(2,1,2);
plot(t,b);
ylabel('子导航系统角速度/rad');
xlabel('时间/s');

%%% 计算延迟时间
fa = fft(a);
fb = fft(b);
fc = conj(fa).*fb;
%fc = fc./(abs(fc) + max(abs(fc))/10000);%调整权重
c = ifft(fc);
figure
plot(((1:L)' - 1) * dt,c);
xlabel('延迟时间/s');
ylabel('相关值');
[~,d] = max(c);
disp((d - 1) * dt)
```

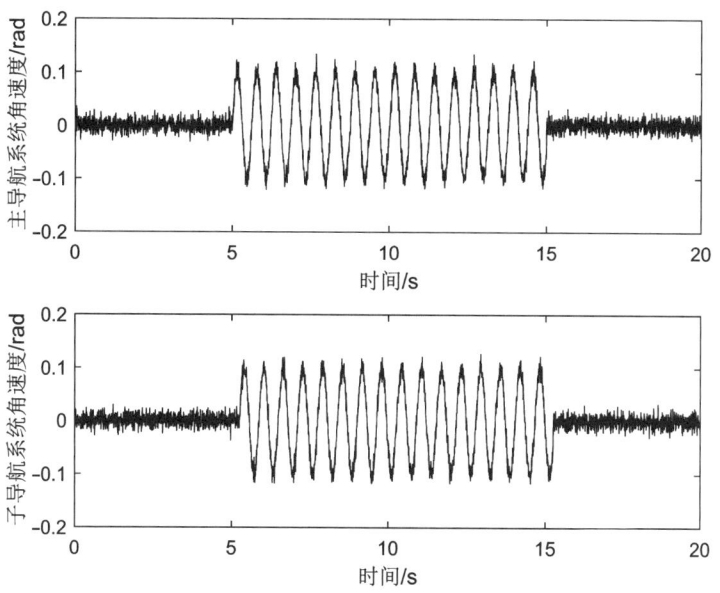

图 19-1　传递对准中主、子导航系统的某一轴角速度

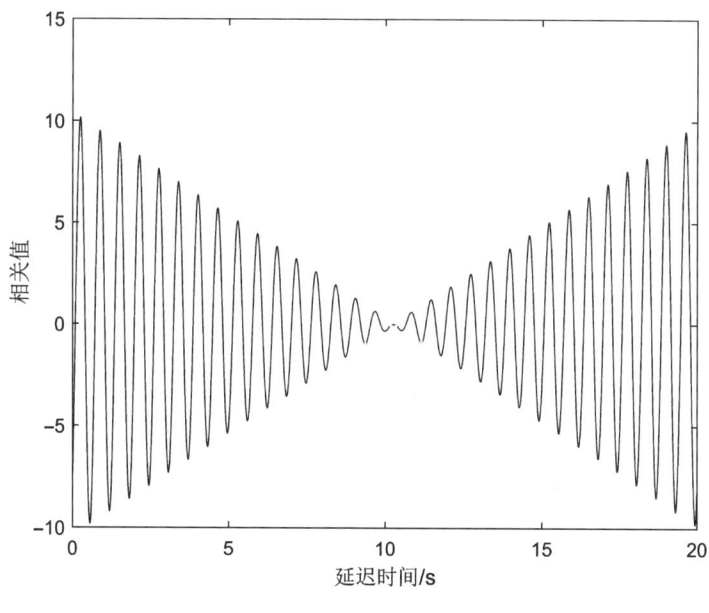

图 19-2　直接计算互相关

人工晃动导航系统时，互相关的峰值往往不够尖锐，甚至出现多个峰值。对于计算时间延迟的用途，期望互相关只有一个尖锐峰值，而非平缓峰值或多个峰值。这个问题的根源是时域信号不够随机，等效为频域信号集中在若干特定频率附近。为了解决这个问题，调整互相关计算中频域信号的幅度，即频率权重，使得各个频率的权重大体相同。设调整前互相关的频域信号为 C_1，调整后为 C_2，取

$$C_2 = \frac{C_1}{|C_1|+o} \tag{19-28}$$

式中，o 是为了避免分母为 0 而设置的保护，是一个较小的数值。在利用公式(19-27)计算互相关的过程中，用公式(19-28)调整权重，即可使得互相关信号的峰值更加尖锐。在上述仿真程序中，取消注释"fc＝fc./(abs(fc)＋max(abs(fc))/10000);"的部分，运行结果如图 19-3 所示，互相关的峰值更加尖锐了。

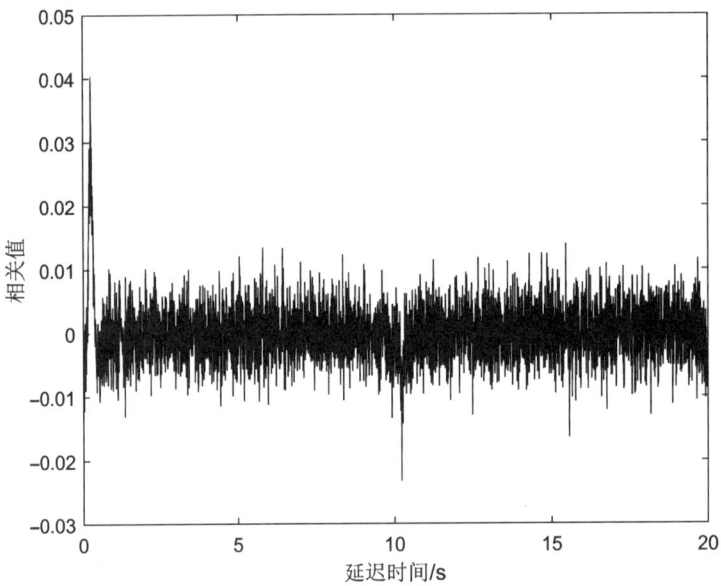

图 19-3　调整权重后计算互相关

20 观测速度

20.1 观测载体系速度

对于惯性卫星组合导航的情况，卫星导航能测量载体相对于导航系的速度，那么 EKF 的观测量即速度误差，观测矩阵即局部的单位矩阵。

$$H = \begin{bmatrix} O & I & O \end{bmatrix} \tag{20-1}$$

一些传感器测量的不是导航系速度，而是载体系速度，如飞机或船舶的多普勒测速仪 (Doppler Velocity Log, DVL)、车辆的轮速计等。此时，观测方程需要做一些变形。设测量的载体系速度为 v_m，则观测量和观测矩阵为：

$$z = C_n^b v^n - v_m \tag{20-2}$$

$$H_v = \begin{bmatrix} O & C_n^b & M_v & O \end{bmatrix} \tag{20-3}$$

式中，M_v 是载体系速度的扩展矩阵。

$$M_v = \begin{bmatrix} 0 & v_z^b & -v_y^b \\ -v_z^b & 0 & v_x^b \\ v_y^b & -v_x^b & 0 \end{bmatrix} \tag{20-4}$$

对于速度不太高、姿态误差不太大的情况，也允许忽略 M_v。

在只有速度观测量的组合导航中，位置误差依然是发散的，但是比纯惯性导航发散更慢。为了解决位置发散问题，一种方案是增加其他导航方法，如卫星导航、无线电导航、视觉导航等；另一种方案是设置一些能校准位置的特殊点位，如充电底座，机器人定期回到这些特殊点位，以重置位置误差。

里程计和轮速计的作用基本相同。轮速乘时间间隔即里程增量。本书不刻意区分二者。

20.2 NHC

通常的惯性导航允许载体任意运动，但是一些载体实际的运动不是任意的，如车辆在正常情况下不能侧滑。这些额外的条件称为非完整性约束（Nonholonomic Constraints，NHC）。一些机器人与车辆的构造是类似的，本节的原理也适用于一部分机器人。

对于惯性-轮速计组合导航，应用NHC条件，则有车辆的左右速度近似为0，前后速度为轮速计速度v_{od}，上下速度也近似为0。即轮速计和NHC合在一起确定了三维载体系速度。然后利用这个速度值，结合EKF方法或者航位推算方法，即可实现导航，如公式(20-2)。

NHC并不是新的计算方法，只是一个约束条件，即车辆的左右、上下速度为0。注意：这个约束不是导航系中的速度，而是车身坐标系的速度。车身坐标系与载体系的关系参考前面"7.6 IMU的安装方向"章节。

20.3 航位推算

除了基于EKF的组合导航方法外，还有另外一种方法利用载体系速度进行导航，这就是航位推算。

航位推算的计算方法为：直接根据姿态和载体系速度，推算导航系位置增量：

$$\Delta \boldsymbol{p}^n = \boldsymbol{C}_b^n \Delta \boldsymbol{p}^b = \boldsymbol{C}_b^n \boldsymbol{v}_m \Delta t \tag{20-5}$$

然后对位置增量进行积分，即可得到导航系位置。航位推算不需要卡尔曼滤波过程。

航位推算可用于安装了里程计或轮速计的车辆、管道机器人、矿井掘进机等，也可用于配备了DVL等设备的飞机、船舶。但是没有DVL等设备的飞机、船舶难以测量相对于地面的速度，不宜使用航位推算。当车辆的车轮明显打滑时，也不宜使用航位推算方法。

下面估计航位推算的误差。考虑匀速运动的情况，则陀螺仪零偏引起的航位推算误差粗略地估计为：

$$\varepsilon = \frac{1}{2} \omega s t \tag{20-6}$$

例如，如果运行速度为1 m/s，期望运行1 000 m误差1 m，那么陀螺仪零偏应当小于2×10^{-6} rad/s，约0.4 (°)/h。航位推算的位置具有累积误差，但是比惯性导航的误差累积更慢。对于管道机器人、矿井掘进机等情况，航位推算是比纯惯性导航更好的方案。航位推算的精度也依赖于里程计或轮速计的精度，需要尽可能确保它们的比例系数准确、不打滑。

20.4 纯里程计导航*

下面考虑不使用惯性导航、不使用陀螺仪的，单纯使用轮速计的导航。

普通的车辆左右两个车轮各安装一个里程计，首先根据两个里程计的差值确定角度增量。

$$\Delta l_1 - \Delta l_2 = 2r\Delta\theta_z \quad (20\text{-}7)$$

式中，Δl_1、Δl_2分别是右侧、左侧里程计的里程增量，左右车轮的距离为$2r$，$\Delta\theta$是角度增量。然后根据角度增量推算姿态。左右车轮里程计的平均数即载体系y轴位置增量。最后用航位推算方法计算位置。

考虑更复杂一些的情况，如三个车轮的管道机器人，其横截面如图20-1所示。管道机器人的3个车轮呈120°均匀分布，支撑在管道内壁，则3个里程计的里程增量为：

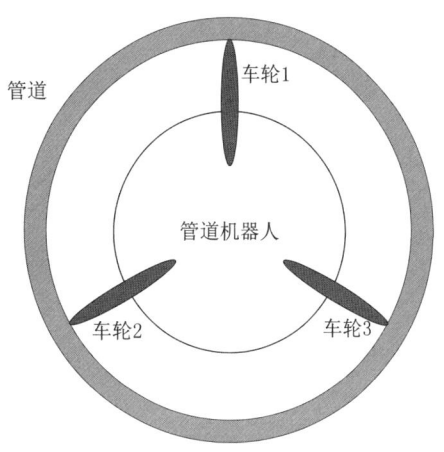

图20-1 管道机器人截面

$$\begin{bmatrix}\Delta l_1\\ \Delta l_2\\ \Delta l_3\end{bmatrix}=\begin{bmatrix}1 & -r & 0\\ 1 & \dfrac{r}{2} & -\dfrac{\sqrt{3}}{2}r\\ 1 & \dfrac{r}{2} & \dfrac{\sqrt{3}}{2}r\end{bmatrix}\begin{bmatrix}\Delta y\\ \Delta\theta_x\\ \Delta\theta_z\end{bmatrix} \quad (20\text{-}8)$$

利用此公式，根据里程计增量反推位置增量、角度增量。其他构造的轮式机器人的计算方法类似。

本节只使用多个里程计实现导航，不使用陀螺仪。这种方案常用于低成本的室内机器人，但是在恶劣路况时此方案精度较差。

20.5 航位推算和 EKF 的对比*

对于有 IMU 且能测量载体系速度的情况，前面章节讨论了两种导航方案：一种是航位推算，另一种是基于 EKF 方法的组合导航。航位推算的计算比较简单，EKF 的计算比较复杂。如果航位推算能满足需求，则采用航位推算即可。

下面分析比对航位推算和组合导航的精度。(1)对于平面运动且陀螺仪精度比较低的情况，两种导航方式的效果类似，偏航误差逐渐累积，位置误差逐渐发散，这是车辆、机器人等载体最常见的情况。(2)对于类似管道机器人的三维运动，在陀螺仪精度比较低的情况下，二者有所区别：航位推算没有使用加速度计，3个姿态自由度逐渐发散；EKF 中 2 个姿态自由度是稳定的，只有 1 个姿态自由度是发散的。(3)对于采用高精度陀螺仪的情况，EKF 方案能稳定三自由度的姿态，而航位推算没有修正姿态的能力。对于采用高精度陀螺仪的情况,采用 EKF 方案更优。

对于杆臂较大的情况,EKF 组合导航方案需要补偿外杆臂,将惯性导航的速度换算至车轮处。前面章节已论证过,角速度通常快速变化、有较大毛刺,难以精确补偿包含外杆臂效应的速度。对于杆臂较大的情况,采用航位推算比较合适。此外,对于低速情况以及轮速计分辨率很低的情况,采用航位推算更合适。

20.6 车辆导航的细节讨论*

对于惯性卫星组合导航这种典型情况,在车辆导航中有一种特殊的确定偏航角的方法:车辆向前运动,以速度或位移的方向作为姿态的偏航方向。如果车辆的组合导航系统的 IMU 精度比较低,则用此特殊方法在初始对准中可粗略地确定偏航角。这是 NHC 的一种特殊应用,尤其适合只有单天线卫星接收机的情况。大型车辆在复杂路况中,卫星导航速度会受到车辆摇摆和杆臂效应影响,补偿比较麻烦;此外,NHC 也会受到车轮打滑影响,会有一些误差。利用位移方向作为偏航角在正常的组合导航过程中并不是一种精确可靠的方法。所以,建议利用位移方向确定车辆偏航角的方法只用于初始对准。

车辆导航中同时具有惯性、卫星、轮速计的情况比较常见。当卫星导航失效时,有两种处理方法,即航位推算和组合导航,已经在前面的章节讨论过了。当卫星导航有效时,有多种处理方案,如图 20-2 所示。

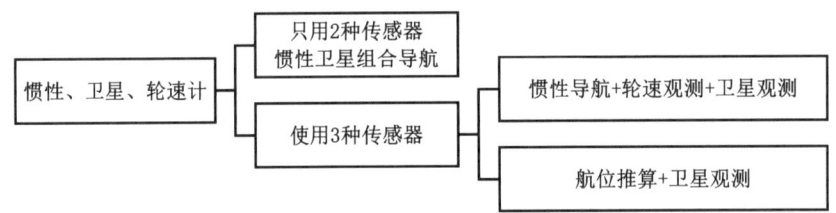

图 20-2 惯性、卫星、轮速计组合方法

惯性导航、惯性轮速计组合、航位推算,这几种方法的位置误差都是发散的,只有卫星导航的位置误差是有界的。所以惯性导航、惯性轮速计组合、航位推算这三种方式与卫星导航融合后,导航结果总是在卫星导航位置附近波动。三种传感器的组合导航的细节,并不会显著影响导航结果。

对于惯性导航+轮速观测+卫星观测的方案,其工作原理与通常的组合导航基本相同,只是有两种数据作为观测方程。在收到轮速计或卫星数据时,适时计算相应的观测方程和扩展卡尔曼滤波即可。虽然有两个不同的观测方程交叉工作,但是 EKF 的计算过程并不需要特殊更改。

对于惯性导航+轮速观测+卫星观测的方案,一种优化方案是在 EKF 的状态量中增加一个维度,反映轮速计比例系数误差。因为轮速计比例系数与惯性导航误差无关,所以状态方程中偏微分矩阵 F 只是多了全部为 0 的一行和一列,没有其他变化。轮速计观测方程的观测矩阵变为:

$$H = \begin{bmatrix} O & C_n^b & M_v & O & \begin{bmatrix} 0 \\ -v_{od} \\ 0 \end{bmatrix} \end{bmatrix} \quad (20\text{-}9)$$

大多数时候,同时使用卫星、轮速计、惯性三种传感器进行组合导航,导航结果与不使用轮速计的惯性卫星导航差别不大。对于较大的车辆,同时使用卫星和轮速计往往不可避免地会产生外杆臂效应,对计算过程造成很多麻烦。尤其是对于临时加装的组合导航系统、车辆尺寸五花八门的情况,外杆臂效应对安装组合导航系统增加了额外的麻烦。此外,对于大型车辆和复杂路况,轮速计难免产生打滑问题,反而会增加导航误差。所以对于大型车辆,推荐在卫星导航有效时不使用轮速计数据,只在卫星导航失效时使用轮速计数据。

20.7 行人导航的零速修正*

如果采用低精度的纯惯性导航,那么误差会迅速发散。对于行人来说,是一步一步行走的,两只脚轮流运动,如果合理利用行走的特征,就能减缓导航误差的发散速度。

行走时,固定在脚部的 IMU 的 x 轴角速度如图 20-3 所示。主要过程为:(1)先抬脚跟,再抬脚尖;(2)摆腿,迈步向前;(3)脚跟先落地,脚尖再落地;(4)此脚静止,等待另一只脚运动。

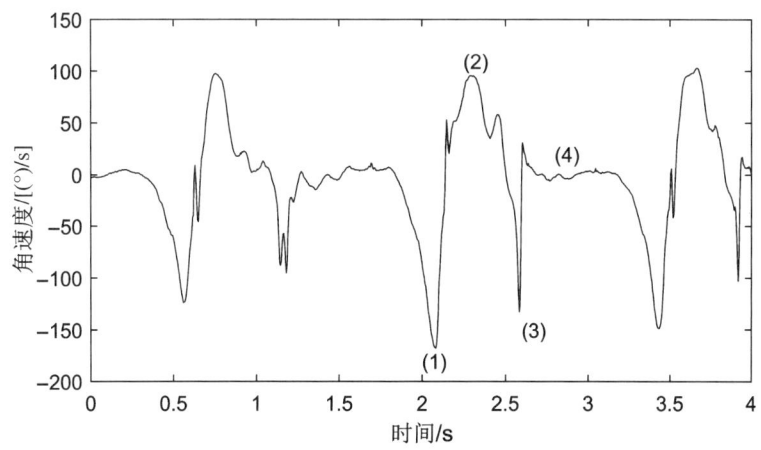

图 20-3 行走时脚部 x 轴角速度

当三轴角速度短时间内保持在 0 附近时,该脚是静止状态。此时,以三轴速度为 0 作为观测方程计算 EKF,即可修正惯性导航结果。判断脚是否落地、静止,是行人导航的关键步骤,有多种判断方法。一种可行的判断方法是:对过去一小段时间内的角速度绝对值求和。如果脚落地了,则角速度绝对值求和的值很小;如果脚在运动,则这个值很大。

$$S = \sum_{i=-n}^{0} |\omega_x| + |\omega_y| + |\omega_z| \qquad (20\text{-}10)$$

需要注意的是:采用零速修正方法处理行人导航,要求在脚部固定 IMU,而在其他部位固定 IMU 并不能应用零速修正。

与通常的只观测速度的组合导航系统类似,行人导航的零速修正能减缓导航误差的发散速度。零速修正能消除速度累积误差以及俯仰、横滚的累积误差,但是仍然有位置累积误差。有一些方法能防止位置的累积误差:(1)利用其他方式组合导航,如 UWB(见"21 观测距离"章节)等;(2)利用地图匹配,如走廊有一处拐弯,当惯性导航检测到偏航突变时,推测行人位置在走廊拐弯处。

21 观测距离

21.1 测距离的观测方程

利用一些传感器能测量载体到基站的距离,如超宽带(UWB)无线电、雷达、水下超短基线(USBL)定位系统等。

忽略这些传感器的具体原理,本节只关心距离的表达式。对于采用局部直角坐标系的情况,距离为:

$$r_1 = \sqrt{(x-x_1)^2 + (y-y_1)^2 + (z-z_1)^2} \tag{21-1}$$

相应的雅可比矩阵为

$$\boldsymbol{H}_\mathrm{r} = \begin{bmatrix} \dfrac{x-x_1}{r_1} & \dfrac{y-y_1}{r_1} & \dfrac{z-z_1}{r_1} \end{bmatrix} \tag{21-2}$$

与简化版惯性卫星组合导航类似,直接利用上述公式作为卡尔曼滤波的观测方程,即可实现惯性导航与观测距离的组合导航。该原理对于很多测距的传感器都是适用的。

观测距离的紧组合往往需要多个基站,有两种处理方案:方案一是将多个基站的雅可比矩阵写在一起,一个测距循环内合并计算一次 EKF;方案二是每收到一个基站的测距信息做一次 EKF 计算,一个测距循环内计算多次 EKF。这两种方案的适用场景有:(1)有的测距系统是连续发送信号的,有能力使得在同一时刻测距,此时方案一更合适;(2)有的测距系统是间歇发送信号的,不同基站的测距时刻不同,此时方案二更合适;(3)对于不同基站的测距时刻不同的情况,如果载体运动很慢,那么也允许采用方案一。

直接将测距信息与惯性导航组合的方式称为紧组合。先将多个测距信息计算非线性最小二乘法得到位置信息,然后将位置信息与惯性导航组合的方式称为松组合。对于基站比较多的情况,松组合和紧组合的结果几乎相同。对于基站比较少的情况,如两个基站,不能实现松组合,但是能实现紧组合。基站数很少时,紧组合不能彻底修正位置,只适合短时间维持组合导航,所以紧组合也要尽可能增加基站,避免基站不足的情况发生。

21.2 惯性卫星紧组合*

惯性卫星紧组合比较复杂,有几个要点:(1)松组合通常采用纬度、经度、高度表示位置,而在惯性卫星紧组合当中需要在 ECEF 系表示位置或速度,因而需要转换矩阵;(2)需要补偿卫星接收机的钟差,即伪距的共同偏置;(3)卫星不是固定位置,当观测伪距率时,需要扣除卫星的速度;(4)卫星的位置、伪距等数据常常需要补偿,这部分内容参见后面的相关章节,此处不再深入讨论。

松组合时,卡尔曼滤波的状态量为 15 维度。紧组合时,如果只采用伪距观测量,则需要增加一维状态量,即接收机钟差。如果接收机钟差的单位是秒,那么钟差乘光速才能转换为米,反映在伪距中。有时候为了方便,也允许直接用米作单位的伪距偏置代替接收机钟差。如果紧组合采用伪距率观测量,那么还需要再增加一维接收机钟差变化率的状态量,等效于伪距变化率。故 17 维度的状态方程的偏微分矩阵修改为:

$$\boldsymbol{F} = \begin{bmatrix} \boldsymbol{F}_{pp} & \boldsymbol{F}_{vp} & & & & \\ \boldsymbol{F}_{pv} & \boldsymbol{F}_{vv} & \boldsymbol{F}_{av} & & \boldsymbol{C}_b^n & \\ \boldsymbol{F}_{pa} & \boldsymbol{F}_{va} & \boldsymbol{F}_{aa} & -\boldsymbol{C}_b^n & & \\ & & & \boldsymbol{O}_3 & & \\ & & & & \boldsymbol{O}_3 & \\ & & & & & 0 & 1 \\ & & & & & & 0 \end{bmatrix} \tag{21-3}$$

依据公式(8-8)把惯性导航的经纬度转换为 ECEF 系的 x、y、z 坐标。由此即可计算伪距预测值:

$$r_1 = \sqrt{(x-x_1)^2 + (y-y_1)^2 + (z-z_1)^2} + ct_0 \tag{21-4}$$

式中,没有下标的 x、y、z 是惯性导航转换到 ECEF 系的坐标,有下标 1 的 x、y、z 是卫星的坐标,ct_0 是卫星接收机时钟误差等因素导致的伪距的共同偏置。惯性导航提供的伪距预测值与卫星接收机提供的伪距测量值的差,即 EKF 中的观测量。

在 ECEF 系中,伪距对位置坐标的偏导数矩阵为:

$$\boldsymbol{H}_r = \begin{bmatrix} \dfrac{x-x_1}{r_1} & \dfrac{y-y_1}{r_1} & \dfrac{z-z_1}{r_1} \\ \vdots & \vdots & \vdots \end{bmatrix} \tag{21-5}$$

把纬度、经度、高度转换为 ECEF 系的 x、y、z 坐标,对应的偏微分矩阵为:

$$\boldsymbol{M}_p = \begin{bmatrix} -(R_e+h)\sin L \cos \lambda & -(R_e+h)\cos L \sin \lambda & \cos L \cos \lambda \\ -(R_e+h)\sin L \sin \lambda & (R_e+h)\cos L \cos \lambda & \cos L \sin \lambda \\ [R_e(1-f)^2+h]\cos L & 0 & \sin L \end{bmatrix} \tag{21-6}$$

伪距率观测方程也需要类似的矩阵,把东北天速度转换为 ECEF 系的 x、y、z 速度。

$$\boldsymbol{M}_\mathrm{v} = \begin{bmatrix} -\sin\lambda & -\sin L\cos\lambda & \cos L\cos\lambda \\ \cos\lambda & -\sin L\sin\lambda & \cos L\sin\lambda \\ 0 & \cos L & \sin L \end{bmatrix} \tag{21-7}$$

显然,$\boldsymbol{M}_\mathrm{p}$ 和 $\boldsymbol{M}_\mathrm{v}$ 这两个矩阵是高度相似的,只有稍许差异:(1)稍微调整了一下排列顺序;(2)纬度和经度的相应矩阵元素需要乘半径。

速度观测量需要扣除卫星的速度,并在卫星和载体的连线上投影。

$$\dot{r}_1 = \frac{\boldsymbol{r}}{|\boldsymbol{r}|} \cdot (\boldsymbol{v} - \boldsymbol{v}_1) + ct_l \tag{21-8}$$

式中,$\boldsymbol{v}$ 是惯性导航速度转换为 ECEF 系的向量,$\boldsymbol{v}_1$ 是卫星速度向量。伪距率的共同偏置 ct_l,主要由接收机钟差变化率引起。

综合上述因素,同时采用伪距和伪距率作为观测量的惯性卫星紧组合的观测矩阵为:

$$\boldsymbol{H} = \begin{bmatrix} \boldsymbol{H}_\mathrm{r}\boldsymbol{M}_\mathrm{p} & \boldsymbol{O} & \boldsymbol{O} & \boldsymbol{c} & \boldsymbol{O} \\ \boldsymbol{O} & \boldsymbol{H}_\mathrm{r}\boldsymbol{M}_\mathrm{v} & \boldsymbol{O} & \boldsymbol{O} & \boldsymbol{c} \end{bmatrix} \tag{21-9}$$

式中,c 为光速,但是扩展为列向量。对于只用伪距作为观测量的紧组合,则只保留 $\boldsymbol{H}$ 的上半部分即可。

惯性卫星紧组合导航系统不能采用普通的卫星接收机,需要采用能输出伪距等信息的较为高级的卫星接收机。有的卫星接收机能直接输出卫星位置坐标,而有的卫星接收机只提供星历信息,需要自行计算卫星位置。有的卫星接收机提供补偿后的伪距,而有的卫星接收机只提供未补偿的伪距,需要自行处理电离层补偿等问题。紧组合难度较大,因为必须细致考虑卫星接收机的数据的补偿项。此外,紧组合的维数更多,对嵌入式处理器计算性能的要求也提高了。

制作紧组合的惯性卫星组合导航系统难度很大。对于绝大多数应用场景,只需要研制松组合导航系统即可满足需求。

21.3 基于测角的组合导航*

有一些传感器根据载体和基站的角度关系实现定位,如旋转激光面定位、USBL 定位等。组合导航的方法仍然是采用 EKF 算法,但是根据角度公式计算偏微分矩阵得到观测矩阵。

例如,某 USBL 传感器位于坐标 $(0,0,0)$ 处,传感器的测量值有 3 个,分别是距离和两个角度:

$$r = \sqrt{x^2 + y^2 + z^2} \tag{21-10}$$

$$\psi = \mathrm{atan2}(x, y) \tag{21-11}$$

$$\theta = \mathrm{atan2}(z, \sqrt{x^2 + y^2}) \tag{21-12}$$

那么三个测量值对 x、y、z 坐标的偏微分矩阵就是观测矩阵：

$$\boldsymbol{H} = \begin{bmatrix} \dfrac{x}{r} & \dfrac{y}{x^2+y^2} & \dfrac{-xz}{r^2\sqrt{x^2+y^2}} \\ \dfrac{y}{r} & \dfrac{-x}{x^2+y^2} & \dfrac{-yz}{r^2\sqrt{x^2+y^2}} & \boldsymbol{O} \\ \dfrac{z}{r} & 0 & \dfrac{\sqrt{x^2+y^2}}{r^2} \end{bmatrix} \tag{21-13}$$

组合导航使用形形色色的传感器，但是计算方法基本上是相同的。惯性导航的状态方程基本不变，只要针对性地改动观测方程即可。

22 磁场

22.1 磁传感器的标定

理想情况下,三轴磁传感器数据的矢量和为常数,等于地磁场磁感应强度 r 的平方:

$$x^2 + y^2 + z^2 - r^2 = 0 \tag{22-1}$$

但是实际的磁传感器数据不能直接满足上述公式,主要受两方面影响:一方面是磁传感器自身的误差特性,另一方面是磁传感器附近物体的磁化。磁传感器往往需要标定。磁传感器简易的标定模型为 3 轴 6 参数,反映了磁传感器的零偏和标度因数。

$$\frac{(x-a)^2}{A^2} + \frac{(y-b)^2}{B^2} + \frac{(x-c)^2}{C^2} - r^2 = 0 \tag{22-2}$$

公式(22-1)的图像是以原点为中心的球面,而公式(22-2)的图像是椭球面。磁传感器在地磁场中各方向转动,记录磁传感器的数据,则数据构成一个椭球面;求解 6 参数,将椭球面修正为球面,即实现了磁传感器的标定,这种标定方法称为椭球标定。椭球标定不需要额外设备,不需要记录实验时传感器的摆放角度,操作比较简便,是常用的磁传感器标定方法。

根据非线性方程组求解 6 参数的过程,适合采用非线性最小二乘法。但是非线性最小二乘法需要先给定合适的初始值,否则求解过程可能发散。首先根据各传感器数据的最大值、最小值估计 6 参数的初值,以 x 轴为例:

$$a = \frac{\max x + \min x}{2} \tag{22-3}$$

$$A = \frac{\max x - \min x}{2r} \tag{22-4}$$

在获得初值后,依照非线性最小二乘法的方法计算更加精确的参数。非线性最小二乘法中,设

$$f = \frac{(x-a)^2}{A^2} + \frac{(y-b)^2}{B^2} + \frac{(x-c)^2}{C^2} \tag{22-5}$$

则有:

$$\frac{\partial f}{\partial a} = -\frac{2(x-a)}{A^2} \tag{22-6}$$

$$\frac{\partial f}{\partial A} = -\frac{2(x-a)^2}{A^3} \tag{22-7}$$

至此得到了偏微分矩阵。其余的计算过程与一般的非线性最小二乘法相同。

标定前后的磁传感器数据如图 22-1 所示,标定前数据图像是椭球面,标定后数据图像是以原点为中心的球面。

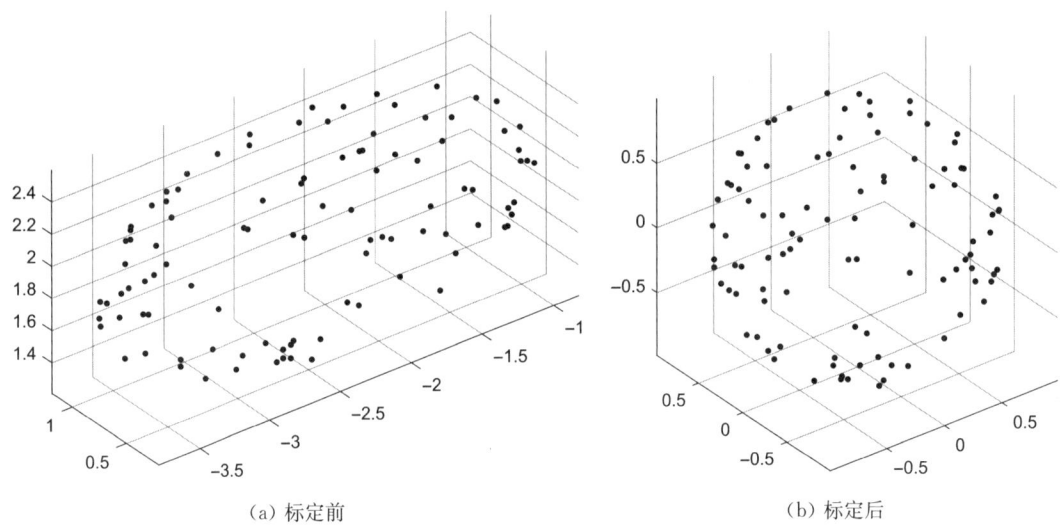

(a) 标定前　　　　　　　　　　　(b) 标定后

图 22-1　标定前后的磁传感器数据

磁传感器标定也适用 3 轴 12 参数模型,标定模型与公式(16-4)相同,标定方法与加速度计类似。但是 3 轴 12 参数模型需要采用无磁转台,并且需要记录每次测量的转台角度,比较麻烦。

磁场很容易受到扰动影响。导航技术中一般只使用磁传感器粗略测量角度,而非精确测量,所以 3 轴 6 参数椭球标定即可满足通常的需求。导航技术中并不需要对磁传感器进行非常精细的标定。

22.2　梯度#

自变量是三维坐标的函数 $u(x, y, z)$ 称为数量场。假设 u 存在连续的偏导数,则每一点对应一个向量:

$$\mathbf{grad}\, u(x, y, z) = \nabla u = \left(\frac{\partial u}{\partial x}, \frac{\partial u}{\partial y}, \frac{\partial u}{\partial z}\right) \tag{22-8}$$

这个向量称为数量场 u 的梯度。由此确定了一个向量场 **grad** u，称为梯度场。向量场的势函数就是 u。

本书引入算符 ∇，称为纳布拉算子(Nabla，一种倒三角形状的竖琴)，或者哈密顿算子(Hamiltonian，爱尔兰物理学家和数学家)。

$$\nabla = \left(\frac{\partial}{\partial x}, \frac{\partial}{\partial y}, \frac{\partial}{\partial z}\right) \tag{22-9}$$

任何一个连续可微的函数 $u(x,y,z)$ 都有梯度场 ∇u，但并不是任意一个连续向量场都有势函数。更深入的讨论参见多元微积分、场论等学科。

22.3 地磁场*

磁传感器利用地磁场测量姿态，然而地球各处地磁场的方向是不同的，有必要建立地磁场的数学模型。比较常用的地磁场模型是国际地磁参考场(International Geomagnetic Reference Field, IGRF)。

地磁场是三维向量场。标量场的梯度是向量场。IGRF 模型通过级数建立标量场模型，即可推算地磁向量。

$$\boldsymbol{B} = -\nabla V \tag{22-10}$$

需要说明的是：势函数并不适用于完整的地磁场。IGRF 模型实际上对地磁场进行了裁剪，只适用于地球表面或者高于地表的情况。

标量 V 是势函数，自变量是三维位置和时间。

$$V = a \sum_{n=1}^{N} \sum_{m=0}^{n} \left(\frac{a}{r}\right)^{n+1} (g_n^m \cos m\lambda + h_n^m \sin m\lambda) P_n^m(\cos\theta) \tag{22-11}$$

式中，a 是平均地球半径，取 6 371.2 km。r、θ、λ 分别是地心球坐标系的半径、纬度、经度。注意：这里的纬度是所在位置与地心的连线与赤道平面的夹角，与之前章节常用的椭球坐标系不同。地心球坐标系的半径、纬度、经度应当根据 ECEF 坐标系换算。

$$\begin{bmatrix} x^{\text{ECEF}} \\ y^{\text{ECEF}} \\ z^{\text{ECEF}} \end{bmatrix} = \begin{bmatrix} r\cos\theta\cos\lambda \\ r\cos\theta\sin\lambda \\ r\sin\theta \end{bmatrix} \tag{22-12}$$

势函数中 g_n^m 和 h_n^m 是级数的系数，它们的上下标表示系数的编号，而非幂指数。IGRF 模型提供了系数的表格。这些系数不是定常的，需要根据时间插值或推测。P_n^m 是施密特半归一化的伴随勒让德函数。

$$P_n^m(\mu) = \sqrt{\frac{2(n-m)!}{(n+m)!}} P_{n,m}(\mu) \qquad (22\text{-}13)$$

其中伴随勒让德函数为：

$$P_{n,m}(\mu) = \frac{1}{2^n n!}(1-\mu^2)^{\frac{m}{2}} \left(\frac{d}{d\mu}\right)^{n+m}(\mu^2-1)^n \qquad (22\text{-}14)$$

利用上述若干个公式，根据给定位置推测当地的地磁场磁感应强度。IGRF 模型阶次较高，通常情况下取较少的阶次即可满足一般导航的需求，如 7 阶次。

一些采用 NMEA-0183 标准的卫星接收机的 RMC 数据包含了磁偏角。有条件时，采用卫星接收机提供的磁偏角数据能省去自行计算 IGRF 模型的麻烦。

22.4 磁传感器*

有很多物理原理能用于磁传感器，如磁通门效应、霍尔效应、磁光效应、巨磁阻抗效应等。常见的霍尔元件的温漂比较大，不适合高精度测量模拟量。导航领域的磁传感器一般采用各向异性磁阻传感器。

某个特定方向的磁场能改变磁阻敏感元件的电阻值，敏感元件的电阻值变化量正比于磁场分量。通常采用 4 个各向异性磁阻敏感元件，构成如图 22-2 所示的惠更斯电桥。一个高度集成的三轴的磁传感器内部可能包含了 12 个敏感元件，即 3 组惠更斯电桥。

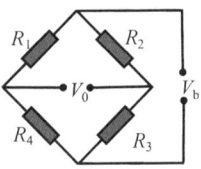

图 22-2　惠更斯电桥

图 22-2 中，V_b 是电源电压，V_0 是输出电压。磁传感器的惠更斯电桥有 4 个优点：(1)输出电压只反映一个方向的磁场，而其他方向磁场产生的信号被抵消；(2)部分抵消温度对磁敏电阻的影响；(3)具有较好的线性度；(4)可抑制电源电压波动造成的共模噪声。

23 卫星信号

23.1 卫星导航进阶概述

因为组合导航中经常使用卫星导航,所以更深刻地认识卫星导航是有益的。主要的卫星导航系统包括美国的 GPS、中国的北斗、俄罗斯的格洛纳斯、欧洲的伽利略等。本书侧重介绍 GPS 和北斗。GPS 和北斗的基本原理相同,只是有一些细节差异。没有特殊强调的时候,本书的论述既适用于 GPS,也适用于北斗。

卫星导航系统整体上分为三部分:空间段、控制段、用户段。空间段即发射信号的卫星;控制段即校正卫星的地面控制站点;用户段即卫星接收机。本书侧重于用户段的介绍。由于卫星导航系统的区别、版本改进、用途区分等因素,卫星信号有几种不同版本类型。本书侧重介绍北斗 B3I 信号。

卫星接收机的功能主要分为两大部分:(1)解调卫星信号,获得导航电文、伪距、伪距率等原始信息,这一部分涉及大量通信方面的技术。(2)根据原始信息解算导航结果,如速度、位置等。本书侧重介绍第二部分。

23.2 基本的调制解调#

卫星通过无线电向卫星接收机传输信息,这是卫星导航的基础功能。无线电的频率并不能任意选取。频率比较低的信号容易被电离层反射,频率比较高的信号容易被大气层吸收,大约 30 MHz～10 GHz 的信号比较容易穿过大气层,实现卫星到卫星接收机的通信。无线电使用极为广泛。为了避免争夺频率、互相干扰,无线电频率是谨慎分配的,卫星导航只能利用几个特定的频率范围,必须将原始的信号搬移到这些特定频率附近,这就是调制。

未经调制的原始信号的频率范围称为基带,调制后的信号的频率范围称为频带。调制和解调起到了搬移频率的效果,调制把信号从基带搬到频带,解调把信号从频带搬到基带。调制解调是无线电通信中常用的技术,有多种方式可实现调制解调,如调幅、调频、调相。本节先介绍一种基本的调制方法——调幅调制。

不妨设原始信号是频率较低的模拟信号,如 $x = \cos \omega_1 t$。载波是频率较高的振荡信号

$\cos\omega_2 t$。那么调制后的信号就是二者相乘,如图 23-1 所示。

$$y = x\cos\omega_2 t = \cos\omega_1 t\cos\omega_2 t \tag{23-1}$$

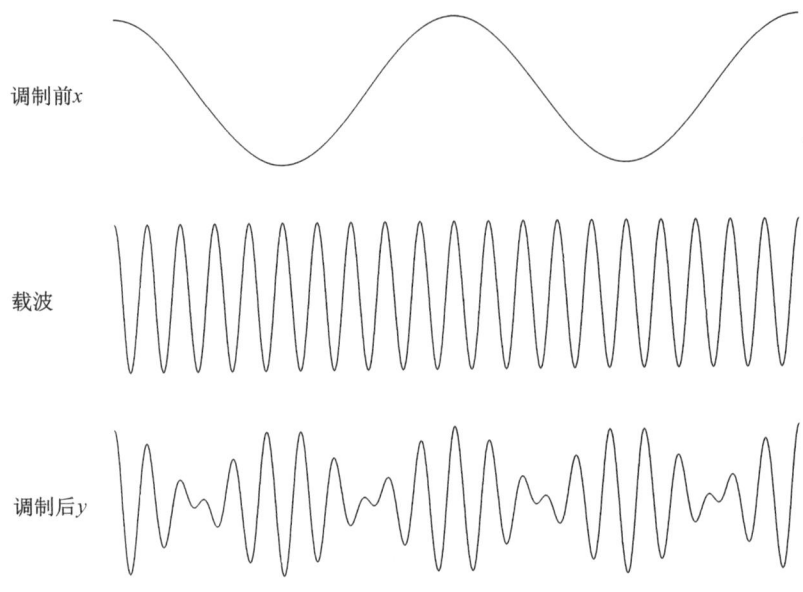

图 23-1　模拟信号的调幅调制

用三角函数的积化和差公式处理该信号,则有:

$$y = \cos\omega_1 t\cos\omega_2 t = \frac{1}{2}(\cos(\omega_2+\omega_1)t + \cos(\omega_2-\omega_1)t) \tag{23-2}$$

因而,调制后信号的角频率从 ω_1 变成 $\omega_2+\omega_1$ 和 $\omega_2-\omega_1$,频率搬移至 ω_2 附近。

信号的解调过程只需要继续乘载波,然后低通滤波即可,如图 23-2 所示。乘载波后

$$z = y\cos(\omega_2 t) = \cos(\omega_1 t)\cos(\omega_2 t)\cos(\omega_2 t) = \frac{1}{2}x + \frac{1}{2}x\cos(2\omega_2 t) \tag{23-3}$$

低通滤波即可滤除高频成分 $x\cos 2\omega_2 t$,只留下原始信号 x。至此,实现了解调。

上面的例子中,调制前的原始信号是余弦信号,其他信号能表示为余弦和正弦信号的级数。所以其他信号也能通过调制解调实现频率搬移,只不过其他信号的基带频率不再是简单的单一频率了,而是比较复杂的频率范围。

信号解调过程要乘同相位的载波。如果载波相位不符,则不能解调成功。例如,上述的解调过程中,不乘 $\cos\omega_2 t$,而是乘 $\sin\omega_2 t$,则有:

$$z = y\sin\omega_2 t = \cos\omega_1 t\cos\omega_2 t\sin\omega_2 t = \frac{1}{2}x\sin 2\omega_2 t \tag{23-4}$$

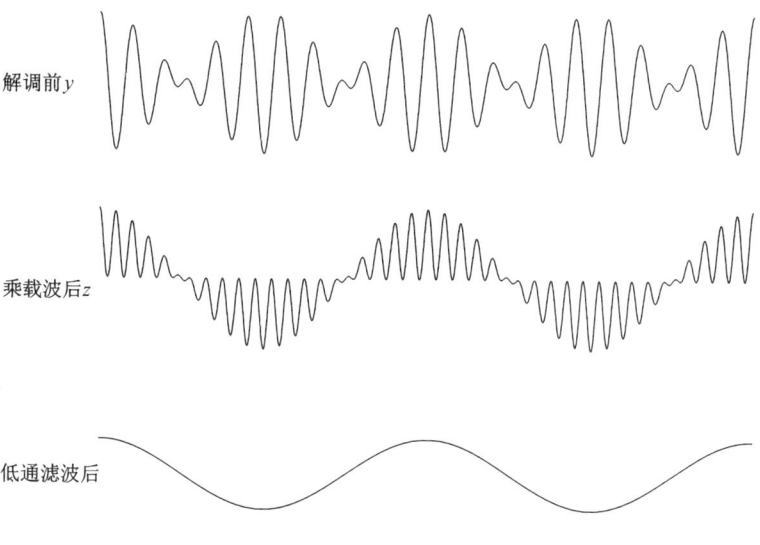

图 23-2 模拟信号的解调

如果采用不正确的载波相位进行解调,那么信号 z 只有高频成分、没有低频成分;低通滤波后不能留下原始信号 x,不能实现解调。

实际情况中,信号发射端和接收端的时间往往不同步,而且信号传输过程的延时引起了相位变化,所以信号的载波相位通常是不确定的。为了防止乘错误的载波相位导致解调失败,解调往往需要分成两路。调制后的信号分别乘余弦和正弦载波信号,形成同相(I 路)和正交相(Q 路)的解调。分两路解调的示例如图 23-3 所示。这个例子中,调制的载波为 $\cos(\omega_2 t + \pi/6)$。

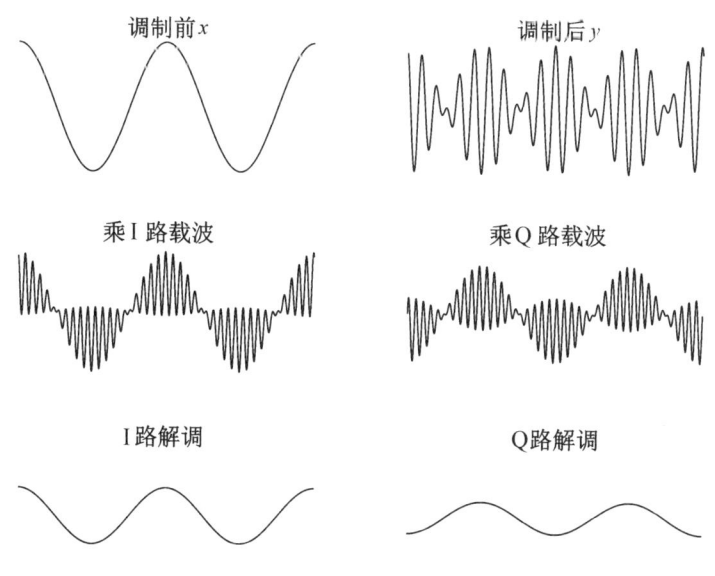

图 23-3 I 路和 Q 路解调

任意相位的信号总能表示为余弦和正弦的线性组合：

$$\cos(\omega t + \theta) = \cos\theta \cos\omega t - \sin\theta \sin\omega t \tag{23-5}$$

不论解调前的信号相位如何，解调后总是会有I路或Q路分量，不会因为解调的载波相位不符而导致解调失败。反之，根据解调后I路和Q路中信号的幅度比例，就能反推解调前信号的载波相位。测量解调前信号的载波相位就是测量信号的飞行时间，也即测距，这是卫星导航接收机中非常重要的功能。

卫星导航的信号比较复杂，包括导航电文、测距码和载波。卫星导航接收机需要对导航电文、测距码进行解调；卫星导航接收机需要测量测距码和载波的相位，这些功能的基本原理与本节是一致的。

23.3 相移键控*

如果调制前的原始信号是数字信号，那么调相调制与调幅调制是类似的。对于数字信号，在调幅调制中，调制前信号取值为0和1。在调相调制中，调制前信号取值为1和-1，这样调制后信号的幅值不变、相位改变，调幅调制就变成了调相调制。进一步地，使得被调制的信号与载波信号的频率形成倍数关系，且相位变化的边沿位置稳定，即二进制相移键控（BPSK）调制，如图23-4所示。

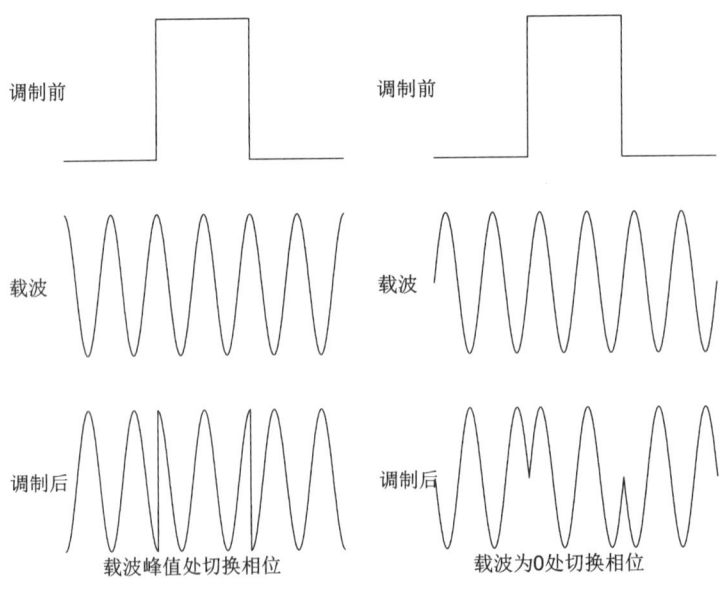

图 23-4 BPSK

调制前信号的边沿位置具有不同的配置。换句话说，既能在载波为0处切换相位，也能在载波峰值处切换相位。如果将两种不同的BPSK混在一起，则形成了四相调制（QPSK）。

$$s(t) = s_1(t)\cos\omega t + s_2(t)\sin\omega t \tag{23-6}$$

被调制的两个信号往往一个是民用码,另一个是军用码。对于 GPS 和北斗,在载波峰值附近切换相位的 BPSK 为民用码。对于民用的卫星接收机,只考虑民用码、忽略军用码,那么就只涉及 BPSK 解调,不涉及 QPSK 解调。

从信号发射端的角度,北斗系统 I 路为民用码,Q 路为军用码。需要指出的是:发射端调制的 I 路和 Q 路与接收端解调的 I 路和 Q 路,是有区别的概念。它们分别相对于发射端调制载波和接收端解调载波的相位定义 I 路和 Q 路,是不同基准的。发射端的民用信号只在 I 路上,但是接收端解调的时候,I 路和 Q 路都有民用信号。

23.4 测距码

现在考虑卫星导航信号的要求。卫星接收机要根据卫星导航信号测量时间,即卫星导航信号本身能反映时标。此外,不同卫星的信号要有所区别,以便区分。

选用一个周期比较长的二进制信号即可作为卫星导航的测距码,这种信号称为伪随机码(Pseudorandom Noise,PRN)。PRN 没有大段的重复部分,看起来像是没有规律的随机噪声,但是实际上是人为设计的,不是随机的,能通过计算预测信号的准确值。不同的卫星发射不同的伪随机码。

从时域的角度看待测距码,即一定时间内信号是不重复的。当然,并不要求信号在无限的时间内绝对不重复,只要短时间内不重复、能满足测距需要即可。从互相关的角度描述"不重复",即信号与自身做互相关计算,除了平移量为 0 时,其他平移量时互相关应当在 0 附近。

卫星接收机要接收不同卫星的信号,因而不同卫星的信号应该有区别、不会混淆。从互相关的角度,即不同卫星的信号互相关应该在 0 附近。从 PRN 的角度,不同卫星采用不同的 PRN 码。生成 PRN 码的常用方法是 Glod 码,具体方法见下一节。

利用不同的码区分不同卫星信号的方法,称为码分多址(Code Division Multiple Access,CDMA)。不同的卫星信号具有相同的频率范围,但是它们的码不同。在接收卫星信号时,应当搜索信号中是否包含特定的码;或者说,接收机需要先知道 PRN 码,然后识别并解调卫星信号。民用信号的 PRN 码生成规律是公开的,所以卫星接收机能接收民用信号。军用信号的 PRN 码是不公开的。根据一些研究,GPS、北斗等卫星导航系统的军用信号的 PRN 码的周期很长,而且在一个周期之内就会更换。所以军用 PRN 码是完全不重复的信号,不能根据以往搜集的信号来推测未来的信号。一般来说,军用码的卫星接收机带有一个专门的解密芯片,这个芯片的功能是根据时间提供军用 PRN 码,这种芯片一般称为精密测距码模块(Precise Range Module,PRM)。另外,军用信号的导航电文也是加密的,也需要专门的解密芯片。

测距码在不同的分析角度中有不同的命名,但是这些命名描述的都是同一类的信号。测距码是从导航功能的角度命名的;伪随机码、PRN 码是从信号特征的角度命名的;Glod 码是从信号生成方法的角度命名的。测距码也叫扩频码,是从调制解调角度和频率角度命名的。GPS 的民用码是 C/A 码(Coarse/Acquisition-code),即粗捕获码或粗码。GPS 的军用码是 P 码或 P(Y)码、即精码。GPS 中的 C/A 码和 P(Y)码是测距码在 GPS 中的应用实例。

一些信号的测距码的主要参数如表 23-1 所示。更高的码频率有利于改善定位分辨率。北斗和 GPS 的民用码、测距码一个循环占用的时间都是 1 ms。

表 23-1 测距码主要参数

信号	L1 C/A	P(Y)	B1I、B2I	B3I
码片频率/Mpcs	1.023	10.23	2.046	10.23
长度/码片	1 023	很长	2 046	10 230

23.5 Glod 码*

一种简单的伪随机码发生器即配合抽头反馈的移位寄存器,如图 23-5 所示。由于反馈的作用,每次移位时,寄存器 1 位置的数值会杂乱地变化。移位寄存器只是生成了一个周期比较长的周期信号,并不是真正的随机数。

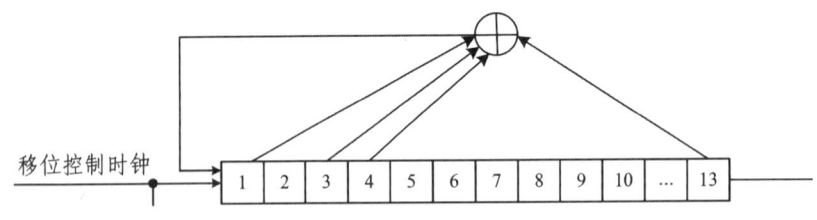

图 23-5 移位寄存器生成伪随机码

为了让每个卫星的伪随机码不同,采用了两个移位寄存器生成两路伪随机信号,异或计算后作为导航信号的测距码,这就是 Glod 码的工作原理。

为了使得不同卫星的测距码不同,对两个移位寄存器生成信号的相位加以调整,不同卫星采用不同的移位寄存器相位差。调整移位寄存器相位差的方法有 3 种:(1)增加寄存器输出的额外延迟,然后再进行异或计算;(2)改变输出抽头位置;(3)改变移位寄存器初值。北斗官方接口文件采用的方法是改变移位寄存器的初值。不同卫星中,第二个移位寄存器的初值是不同的。

北斗 B3I 信号的测距码发生器如图 23-6 所示。采用了 2 个长度为 13 位的移位寄存器,其反馈抽头位置分别是 1、3、4、13 和 1、5、6、7、9、10、12、13。

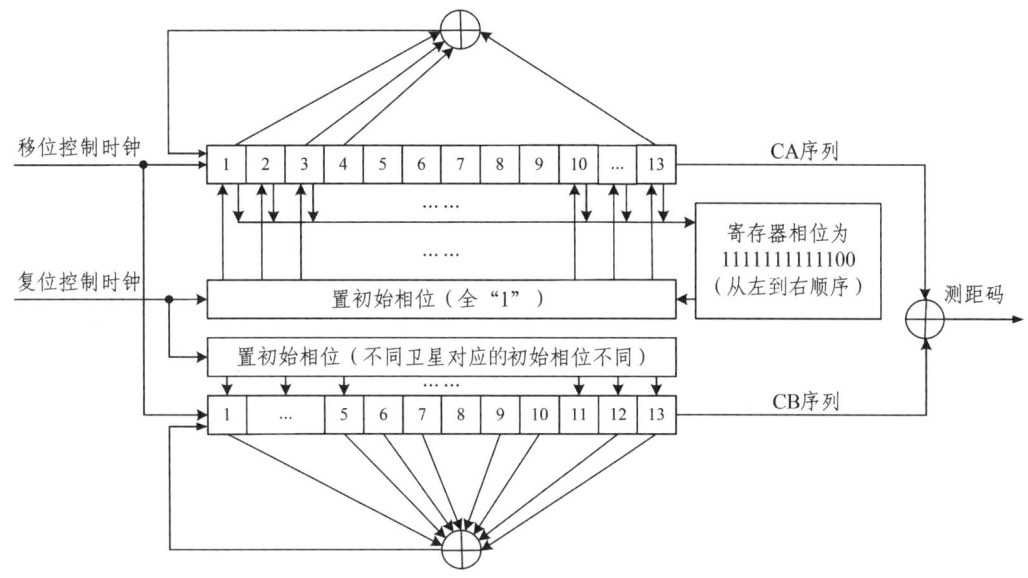

图 23-6 北斗 B3I 信号的测距码发生器

测距码的周期为 10 230,但是 13 位的移位寄存器只能产生周期为 8 191 的伪随机码。为解决这个问题,第一个移位寄存器的周期人为限制为 8 190,当第一个移位寄存器达到 1111111111100 时,立即复位,这样两个不同周期的移位寄存器组合之后就产生了周期较长的测距码。

为了便于理解,下面给出生成北斗 B3I 信号测距码的 Matlab 程序。

```
%北斗伪码生成器
clear
G1 = ones(1,13);
G2 = [0 1 1 1 1 1 1 1 1 1 1 1 1];%改初值以换码
L = 10230;
CA = zeros(1,L);
CB = zeros(1,L);
CAB = zeros(1,L);
for k = 1:1:L
    CA(k) = G1(13);
    if(sum(G1 = = [1 1 1 1 1 1 1 1 1 1 1 0 0]) = = 13)
        G1 = ones(1,13);
    else
        G10 = G1(13) + G1(4) + G1(3) + G1(1);
```

```
            G10 = mod(G10,2);
            G1(2:13) = G1(1:12);
            G1(1) = G10;
        end

        CB(k) = G2(13);
        G20 = G2(13) + G2(12) + G2(10) + G2(9) + G2(7) + G2(6) + G2(5) + G2(1);
        G20 = mod(G20,2);
        G2(2:13) = G2(1:12);
        G2(1) = G20;

        CAB(k) = mod(CA(k) + CB(k),2);
end

figure
[C,LAGS] = xcorr(CAB - mean(CAB));
plot(LAGS,C);
```

这个程序生成了长度为 10 230 的测距码。这个测距码的自相关函数如图 23-7 所示。只有在平移量为 0 附近有一个显著的峰值。如果生成几个不同卫星的测距码，那么几个测距码之间的相关计算结果总是维持在 0 附近，没有突出峰值。这个结论供读者自己编程练习。

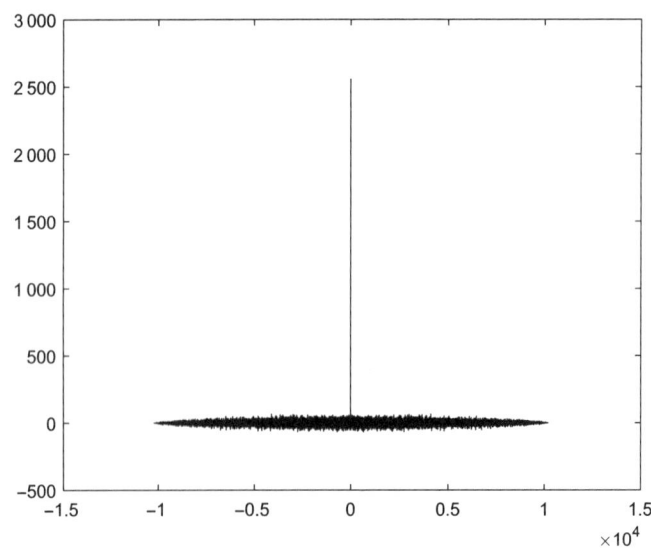

图 23-7 测距码的自相关函数

GPS 的 C/A 码的生成器的原理是类似的。但是 GPS 的 L1 信号的 C/A 码的周期为 1 023，每个移位寄存器只有 10 位。

23.6 卫星信号的结构

卫星信号由测距码 C、数据码 D 和载波三部分组成。

$$S^j = AC^j D^j \cos(2\pi ft + \varphi) \tag{23-7}$$

式中，A 是振幅，f 是载波频率，φ 是载波初相。不同卫星发射的信号有所不同，因此用上标 j 加以区分。测距码 C 和数据码 D 在作为纯粹的数字信号处理时，取值为 0 和 1，和通常的数字信号是相同的；在讨论信号的调制解调问题时取值为 -1 和 1，表示相位调制，参见 "23.3 相移键控"章节。对于 GPS 信号，数据码 D 即导航电文。对于北斗 B3I 信号，导航电文与数据码有轻微的区别，见后面"24.4 导航电文的二次编码"章节。

一些导航信号的载波频率如表 23-2 所示。卫星导航接收机可以只使用一个频点的信号，也可以同时使用多个频点的信号；使用多个频点的信号有利于补偿传输中的误差，如电离层误差。对于一种信号，卫星发射信号的频率理应相同，只会有卫星时钟误差导致的非常小的变化；但是受到卫星和载体运动的影响，多普勒效应导致接收的信号频率发生变化，约 5 kHz。接收机开始工作时需要对频率进行搜索，才能捕获相应的卫星信号。如果载体速度特别快，如高超音速飞行器，那么需要特制更宽频的接收机。

表 23-2　载波频率

信号	L1	L2	L5	B1	B2	B3
载波频率/MHz	1 576.42	1 227.6	1 176.45	1 561.098	1 207.14	1 268.52

测距码已经在前面的章节介绍过了。测距码频率与载波频率具有整数倍数的关系，以便调制时对齐。例如，B3I 信号的测距码的一个码元长度恰好为 124 个载波周期。

导航电文的速率较低。GPS 的 L1 的导航电文传输速率为 50 bit/s。北斗 B3I 的导航电文包含两种：D1 导航电文和 D2 导航电文。D1 导航电文的速率也是 50 bit/s，数据内容也与 GPS 基本相同，包括本卫星基本导航信息、全部卫星历书信息、与其他系统时间同步信息等。但是 D1 导航电文进行了二次编码，二次编码的速率为 1 Kbit/s，这与 GPS 是不同的。D2 导航电文速率为 500 bit/s，包含基本导航信息和广域差分信息，如北斗系统的差分及完好性信息、格网点电离层信息，这是北斗系统的独特设计。导航电文的结构和内容比较复杂，在后面的"24 导航电文"章节中会进行专门介绍。

23.7 导航卫星接收机的组成

解调的关键在于乘载波，其频率与相位要与解调前的信号匹配。前面的章节通过 I 路和Q路双路解调,解决了相位匹配的问题。然而因为多普勒效应会导致频率变化,给出和载波同频率的信号是不容易的。此外,多个卫星的信号会混在一起,这些因素导致实际的导航卫星接收机的解调过程比前面的原理演示更加复杂。

实际的卫星接收机中不能直接解调卫星信号,需要先将信号转换为数字信号,然后借助数字处理器对信号进行较为复杂的处理,如搜索、捕获、跟踪等。但是卫星导航的载波频率高达1 GHz以上,如果直接进行模数转换,那么数据量和计算量太大,很不方便。实际的卫星接收机一般先进行下变频,将射频信号(RF)转换为中频信号(IF),然后再模数转换,对中频数字信号进行处理。

下变频的过程与解调的过程是类似的,先乘正弦信号,然后再滤波。其与解调的区别在于,下变频时乘的信号频率不需要恰好等于载波频率。下变频之后的信号既容纳了原始信号,也容纳了多普勒效应引起的频率变化等丰富信息。

根据上述讨论,典型的卫星接收机的结构如图23-8所示。通常,天线和前置放大器会紧密地集成在一起,然后通过同轴线传输信号至卫星接收机的主电路板。

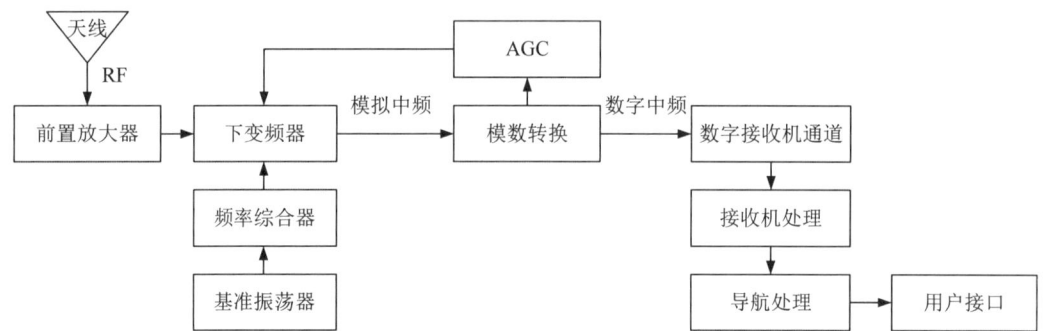

图23-8 卫星接收机结构方框图

下变频器内部原理就是乘法器和滤波器。卫星导航的信噪比是很低的,有效信号基本淹没在噪声之中,卫星接收机需要通过比较复杂的相关计算提取有效信号。在这种工作原理下,模数转换的位数并不需要非常高。卫星接收机中模数转换的位数通常只有2位,即数字量只能取4个数,如-3,-1,+1,+3。在这样的设计下,自动增益控制(AGC)是非常必要的。AGC自动调制模数转换前信号的放大倍数,避免信号太小陷入死区,也避免信号太大超出模数转换量程。卫星信号的有效信息完全是通过相位体现的,而非信号的幅度,因此这样变化的放大倍数是不会破坏卫星信号中蕴含的导航信息的。有很多集成电路将下变频器、模数转换、AGC等功能集成在一个芯片中。

不同卫星的信号会在卫星接收机天线处混在一起,然后通过放大、下变频、模数转换等环节,转换为数字信号。数字接收机通道的目的是把各个卫星的信号分开来,即分别跟踪某个卫星的信号。在硬件接收机中,一般采用FPGA等具有并行计算能力的芯片实现数字接收机通道的功能。然后,测量测距码的相位甚至载波的相位,即测量卫星信号的到达时间差。解算导航电文,根据卫星的轨道参数推算卫星的位置,即可根据前面"11.1　无线电导航概述"等章节的原理计算卫星接收机的位置。

　　卫星接收机可分为软件接收机和硬件接收机。在软件接收机中,数字接收机通道、接收机处理、导航处理、用户接口等功能是在通用计算机上用软件实现的。软件接收机一般用于原理研究或高级分析功能,而非通常的应用。直接应用的卫星接收机一般是硬件接收机,数字接收机通道、接收机处理、导航处理、用户接口等功能在电路芯片上实现。卫星导航接收机数字信号处理常用的芯片为 FPGA+ARM 结构,当然也有一些集成度更高的芯片或模块,把从下变频器到用户接口的射频、模拟、数字等电路全部集成在一起。

24 导航电文

24.1 导航电文概述

导航电文的核心内容是星历参数,即用于推算卫星位置的卫星轨道参数。此外,导航电文还有钟差参数、电离层模型参数等信息。导航电文的内容非常丰富,具体可以参见官方接口文件,本书只介绍最典型的导航电文部分。

此处强调一下概念区别,星历是比较精确的卫星轨道参数,历书是比较粗略的卫星轨道参数。进行导航定位时,应当使用星历计算卫星位置。历书用于粗略地计算卫星位置,判断卫星是否位于接收机可见的天空,以便于决定是否去搜索这个卫星的信号。

北斗三代有 2 种导航电文:D1 和 D2。北斗三代的卫星有 3 种轨道:GEO 地球静止轨道、IGSO 倾斜地球同步轨道和 MEO 中圆地球轨道。MEO 卫星有 24 颗,IGSO 和 GEO 卫星各 3 颗。GEO 卫星只在中国附近有,定点于东经 80°、110.5°和 140°。MEO 和 IGSO 卫星发射 D1 导航电文,GEO 卫星发射 D2 导航电文。D1 导航电文的内容与 GPS 类似,发射 D1 导航电文的卫星也较多,本书侧重介绍 D1 导航电文。

D1 导航电文速率为 50 bit/s,并调制有速率为 1 kbps 的二次编码。此处暂且搁置二次编码,先讨论 D1 导航电文本身。导航电文的结构分为 5 层,包含超帧、主帧、子帧、字、比特,如表 24-1 所示。

表 24-1　D1 导航电文的结构

层次名称	持续时间	包含的下一层数量
超帧	12 min	24 主帧
主帧	30 s	5 子帧
子帧	6 s	10 字
字	0.6 s	30 比特
比特	20 ms	—

D2 导航电文与 D1 导航电文的区别在于:D2 导航电文速率为 500 bit/s,因而一个比特持续 2 ms,一个字持续 0.06 s,一个子帧持续 0.6 s,一个主帧持续 3 s。D2 导航电文的一个

超帧包含 120 个主帧，总计持续 6 min。GPS 的 L2 信号的导航电文一个超帧有 25 个主帧，持续 12.5 min。

对于 D1 导航电文，子帧 1~3 包含本卫星的星历，每 30 s 就能播放一轮本卫星的星历。因而卫星接收机冷启动的时候接收一个主帧头后，大约 30 s 能定位。这个数值会受到卫星接收机启动时机的影响。如果运气好，卫星接收机冷启动后恰好接收了前 3 个子帧，那么 18 s 即可定位。如果运气不好，错过了第一子帧的帧头，那么可能需要 36 s 才能定位。子帧 4 和 5 轮流播放其他卫星的历书以及一些其他信息。获取所有卫星的历书信息大约需要一个超帧的时间。其他卫星的历书信息只是辅助作用，不直接影响定位，所以缓慢地轮流播送。

24.2 D1 导航电文内容*

此处暂且搁置导航电文校验码的计算方法，先讨论信息的内容，如表 24-2 至表 24-4 所示。

表 24-2 D1 导航电文子帧 1 信息格式

字号	比特数	符号	内容
1	11	Pre	帧同步码
	4	Rev	保留
	3	FraID	子帧计数
	8	SOW	周内秒计数
	4	P	校验码
2	12	SOW	周内秒计数
	1	SatH1	卫星自主健康标识
	5	AODC	时钟数据龄期
	4	URA1	用户距离精度指数
	8	P	校验码
3	13	WN	整周计数
	9	t_{oc}	本时段钟差参数参考时间
	8	P	校验码
4	8	t_{oc}	本时段钟差参数参考时间
	10	T_{GD1}	B1I 信号星上设备时延差
	4	T_{GD2}	B2I 信号星上设备时延差
	8	P	校验码

(续表)

字号	比特数	符号	内容
5	6	T_{GD2}	B2I信号星上设备时延差
	8	α_0	电离层延迟改正模型参数
	8	α_1	电离层延迟改正模型参数
	8	P	校验码
6	8	α_2	电离层延迟改正模型参数
	8	α_3	电离层延迟改正模型参数
	6	β_0	电离层延迟改正模型参数
	8	P	校验码
7	2	β_0	电离层延迟改正模型参数
	8	β_1	电离层延迟改正模型参数
	8	β_2	电离层延迟改正模型参数
	4	β_3	电离层延迟改正模型参数
	8	P	校验码
8	4	β_3	电离层延迟改正模型参数
	11	a_2	钟差参数
	7	a_0	钟差参数
	8	P	校验码
9	17	a_0	钟差参数
	5	a_1	钟差参数
	8	P	校验码
10	17	a_1	钟差参数
	5	AODE	星历数据龄期
	8	P	校验码

表24-3 D1导航电文子帧2信息格式

字号	比特数	符号	内容
1	11	Pre	帧同步码
	4	Rev	保留
	3	FraID	子帧计数
	8	SOW	周内秒计数
	4	P	校验码

(续表)

字号	比特数	符号	内容
2	12	SOW	周内秒计数
	10	Δn	卫星平均运动速率与计算值之差
	8	P	校验码
3	6	Δn	卫星平均运动速率与计算值之差
	16	C_{uc}	纬度幅角的余弦调和改正项的振幅
	8	P	校验码
4	2	C_{uc}	纬度幅角的余弦调和改正项的振幅
	20	M_0	参考时间的平近点角
	8	P	校验码
5	12	M_0	参考时间的平近点角
	10	e	偏心率
	8	P	校验码
6	22	e	偏心率
	8	P	校验码
7	18	C_{us}	纬度幅角的正弦调和改正项的振幅
	4	C_{rc}	轨道半径的余弦调和改正项的振幅
	8	P	校验码
8	14	C_{rc}	轨道半径的余弦调和改正项的振幅
	8	C_{rs}	轨道半径的正弦调和改正项的振幅
	8	P	校验码
9	10	C_{rs}	轨道半径的正弦调和改正项的振幅
	12	$\sqrt{A}$	长半轴的平方根
	8	P	校验码
10	20	$\sqrt{A}$	长半轴的平方根
	2	t_{oe}	参考星历时间
	8	P	校验码

表 24-4　D1 导航电文子帧 3 信息格式

字号	比特数	符号	内容
1	11	Pre	帧同步码
	4	Rev	保留
	3	FraID	子帧计数
	8	SOW	周内秒计数
	4	P	校验码

(续表)

字号	比特数	符号	内容
2	12	SOW	周内秒计数
	10	t_{oe}	参考星历时间
	8	P	校验码
3	5	t_{oe}	参考星历时间
	17	i_0	参考时间的轨道倾角
	8	P	校验码
4	15	i_0	参考时间的轨道倾角
	7	C_{ic}	轨道倾角的余弦调和改正项的振幅
	8	P	校验码
5	11	C_{ic}	轨道倾角的余弦调和改正项的振幅
	11	$\dot{\Omega}$	升交点赤经变化率
	8	P	校验码
6	13	$\dot{\Omega}$	升交点赤经变化率
	9	C_{is}	轨道倾角的正弦调和改正项的振幅
	8	P	校验码
7	9	C_{is}	轨道倾角的正弦调和改正项的振幅
	13	IDOT	轨道倾角变化率
	8	P	校验码
8	1	IDOT	轨道倾角变化率
	21	Ω_0	按参考时间计算的升交点经度
	8	P	校验码
9	11	Ω_0	按参考时间计算的升交点经度
	11	ω	近地点幅角
	8	P	校验码
10	21	ω	近地点幅角
	1	Rev	保留
	8	P	校验码

关于电文的具体内容，有几个细节：(1)所有数据都是先高位后低位发送；(2)一些数据需要拆分发送，即一个数据的高、低位或者高位、中位、低位可能分配到不同的字中，这样操作是为了尽可能充分利用电文的容量；(3)帧同步码总是 11100010010。

传统的 GPS 的整周计数只有 10 位，大约 1 024 周就会溢出。或者说，每 20 年左右，需要更新一下 GPS 接收机软件,否则会导致时间错误。北斗对此进行了改进,其整周计数有 13 位,在相当长的时间内不会溢出。

子帧 4 和子帧 5 的主要内容是所有卫星的粗略的历书信息。这部分信息用于卫星导航接收机粗略地确定卫星的位置,以判断是否可见、是否需要跟踪。粗略历书和一般星历的部分内容是相同的,但是去除了一些细微的修正参数,如 C_{uc} 等。解算卫星导航位置时,应当利用子帧 1 到 3 的更加细致的卫星星历信息。为了避免过于啰嗦,此处略过子帧 4 和子帧 5 的导航电文的具体内容,直接利用子帧 1 到 3 的导航电文计算卫星导航位置。

导航电文的字节流先转换为整数,然后乘比例因子,即可转换为有物理意义的数值。比例因子即一个最低有效位(LSB)对应的物理数值。需要注意的是:有些数据是无符号的,而有些数据是有正负号的二进制补码,需要相应处理。

24.3 导航电文的校验码*

导航电文中每个字包含 30 比特。除了每个子帧的第一个字之外,每个字包含 22 位有效数据和 8 位校验码。校验码的计算方式是 BCH(15,11,1)码,并进行交织方式纠错。

交织方式即 1,3,5,⋯,21 奇数位置的 11 个比特,计算得到 4 比特的校验码,放置于 23,25,27,29 这 4 个位置;2,4,6,⋯,22 偶数位置的 11 个比特,计算得到 4 比特的校验码,放置于 24,26,28,30 这 4 个位置。或者说,一个 30 比特的字要计算 2 组 BCH(15, 11, 1)码。

BCH(15, 11, 1)码,即用 11 比特数据算出 4 比特校验码的计算过程,如图 24-1 所示。4 级移位寄存器的初始状态为全 0。输入 11 比特信息时,门 1 导通、门 2 关闭。输入完毕后,门 1 关闭、门 2 导通,4 个移位寄存器的数据即作为校验码输出。

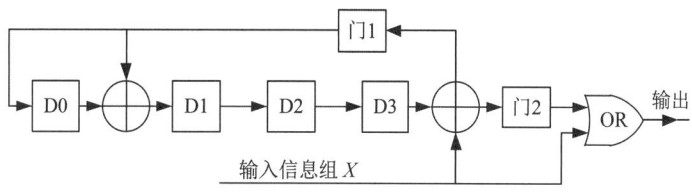

图 24-1 BCH(15, 11, 1)码

BCH(15, 11, 1)码具有 1 比特的纠错能力。如果数据有 1 比特错误,那么根据校验码反推,能找到错误的那一个比特。这个功能便于卫星接收机容忍导航电文的个别错误。

D1 导航电文的第 1 个字的校验码是特殊的。前 15 个比特不参与计算校验码,16~26 个比特计算得到 4 比特校验码。

24.4　导航电文的二次编码*

B3I 导航电文进行了二次编码。

卫星发射的信号是 3 种成分相乘：数据码、测距码、载波。二次编码即：数据码是导航电文乘 NH 码（Neumann-Hoffman 码）。

D1 导航电文中 1 比特的宽度为 20 ms。测距码的周期为 1 ms。NH 码的一个码元的宽度为 1 ms，恰好等于测距码的周期。NH 码有 20 个码元，NH 码周期恰好等于导航电文一个比特的宽度。NH 码是介于导航电文和测距码之间、形成倍数关系的二次编码。

与测距码、导航电文类似，NH 码作为纯粹数字信号时的取值是 0 和 1，而作为相位调制时的取值是 1 和 −1。NH 码的内容为 00000100110101001110。

25 卫星导航位置计算*

25.1 卫星位置*

卫星导航是一种信号单向飞行的无线电导航,定位的关键是获取卫星位置和信号到达时间差。本节利用卫星轨道参数计算卫星位置。虽然计算卫星位置的公式比较复杂,但是通常的卫星导航解算过程并不需要深刻理解这些公式,只需要按部就班套用即可。

星历参数的比例因子如表25-1所示。其中 t_{oe}、$\sqrt{A}$、e 是无符号数,其余参数是有符号数。有符号数的最高位是符号位,按照二进制补码转换。

表25-1 星历参数的比例因子

参数	比特数	比例因子	单位
t_{oe}	17	2^3	s
$\sqrt{A}$	32	2^{-19}	$m^{1/2}$
e	32	2^{-33}	—
ω	32	2^{-31}	π
Δn	16	2^{-43}	π/s
M_0	32	2^{-31}	π
Ω_0	32	2^{-31}	π
$\dot{\Omega}$	24	2^{-43}	π/s
i_0	32	2^{-31}	π
IDOT	14	2^{-43}	π/s
C_{uc}	18	2^{-31}	rad
C_{us}	18	2^{-31}	rad
C_{rc}	18	2^{-6}	m
C_{rs}	18	2^{-6}	m
C_{ic}	18	2^{-31}	rad
C_{is}	18	2^{-31}	rad

北斗坐标系(BDCS)下的地心引力常数 μ 取 $3.986\,004\,418\times10^{14}$ m^3/s^2,地球自转角速率 $\dot{\Omega}_e$ 取 $7.292\,115\,0\times10^{-5}$ rad/s,圆周率 π 取 $3.141\,592\,653\,589\,8$。根据星历参数计算卫

星位置的方法如下：

计算半长轴：

$$A=(\sqrt{A})^2 \tag{25-1}$$

计算卫星平均角速度：

$$n_0=\sqrt{\frac{\mu}{A^3}} \tag{25-2}$$

计算观测历元到参考历元的时间差：

$$t_k=t-t_{oe} \tag{25-3}$$

式中，t 是信号发射时刻的北斗时。t_k 的取值应当在 $-302\,400$ 到 $302\,400$ 之间。在一周开始、结束的时候，直接计算得到的结果可能超出范围，这时需要调整一下：如果 t_k 大于 $302\,400$，那么再减去 $604\,800$；如果 t_k 小于 $-302\,400$，那么再加上 $604\,800$。

计算改正平均角速度：

$$n=n_0+\Delta n \tag{25-4}$$

计算平近点角：

$$M_k=M_0+nt_k \tag{25-5}$$

计算偏近点角 E_k：

$$M_k=E_k-e\sin E_k \tag{25-6}$$

这一步要根据 M_k 计算 E_k，是解方程的过程。采用迭代计算的方法，偏近点角 E_k 迭代的初始值取 M_k，迭代计算的公式为：

$$E_k=M_k+e\sin E_k \tag{25-7}$$

迭代计算公式(25-7)若干次，数值稳定时停止计算。这一迭代过程，即相当于解方程(25-6)。

计算真近点角 v_k：

$$\begin{cases}\sin v_k=\dfrac{\sqrt{1-e^2}\sin E_k}{1-e\cos E_k},\\ \cos v_k=\dfrac{\cos E_k-e}{1-e\cos E_k}\end{cases} \tag{25-8}$$

这个公式是为了求解 v_k。为了让两个公式合并为一个公式，上述公式将 atan2 函数改写为：

$$v_k = \text{atan2}(\sqrt{1-e^2}\sin E_k,\ \cos E_k - e) \tag{25-9}$$

计算纬度幅角：

$$\varphi_k = v_k + \omega \tag{25-10}$$

纬度幅角改正项：

$$\delta u_k = C_{us}\sin 2\varphi_k + C_{uc}\cos 2\varphi_k \tag{25-11}$$

径向改正项：

$$\delta r_k = C_{rs}\sin 2\varphi_k + C_{rc}\cos 2\varphi_k \tag{25-12}$$

轨道倾角改正项：

$$\delta i_k = C_{is}\sin 2\varphi_k + C_{ic}\cos 2\varphi_k \tag{25-13}$$

计算改正后的纬度幅角：

$$u_k = \varphi_k + \delta u_k \tag{25-14}$$

计算改正后的径向：

$$r_k = A(1 - e\cos E_k) + \delta r_k \tag{25-15}$$

计算改正后的轨道倾角：

$$i_k = i_0 + \text{IDOT}\cdot t_k + \delta i_k \tag{25-16}$$

计算卫星在轨道平面内的坐标：

$$\begin{cases} x_k = r_k\cos u_k, \\ y_k = r_k\sin u_k \end{cases} \tag{25-17}$$

北斗导航系统包括3种卫星轨道，其中GEO卫星轨道高度35 786 km，轨道倾角0°；IGSO卫星轨道高度35 786 km，轨道倾角55°；MEO卫星轨道高度21 528 km，轨道倾角55°。为了统一参数，GEO卫星的轨道参数人为增加5°的虚拟倾角。

直接计算MEO或IGSO卫星在北斗坐标系中的坐标：

$$\Omega_k = \Omega_0 + (\dot{\Omega} - \dot{\Omega}_e)t_k - \dot{\Omega}_e t_{oe} \tag{25-18}$$

$$\begin{cases} X_k = x_k\cos\Omega_k - y_k\cos i_k\sin\Omega_k, \\ Y_k = x_k\sin\Omega_k + y_k\cos i_k\cos\Omega_k, \\ Z_k = y_k\sin i_k \end{cases} \tag{25-19}$$

而计算GEO卫星在北斗坐标系中的坐标时，需要额外换算：

$$\Omega_k = \Omega_0 + \dot{\Omega} t_k - \dot{\Omega}_e t_{oe} \tag{25-20}$$

$$\begin{cases} X_{GK} = x_k \cos \Omega_k - y_k \cos i_k \sin \Omega_k, \\ Y_{GK} = x_k \sin \Omega_k + y_k \cos i_k \cos \Omega_k, \\ Z_{GK} = y_k \sin i_k \end{cases} \tag{25-21}$$

$$\begin{bmatrix} X_k \\ Y_k \\ Z_k \end{bmatrix} = \boldsymbol{R_Z}(\dot{\Omega}_e t_k) \boldsymbol{R_X}(-5°) \begin{bmatrix} X_{GK} \\ Y_{GK} \\ Z_{GK} \end{bmatrix} \tag{25-22}$$

其中关于角度的旋转矩阵为：

$$\boldsymbol{R_X}(\varphi) = \begin{bmatrix} 1 & 0 & 0 \\ 0 & \cos\varphi & \sin\varphi \\ 0 & -\sin\varphi & \cos\varphi \end{bmatrix} \tag{25-23}$$

$$\boldsymbol{R_Z}(\varphi) = \begin{bmatrix} \cos\varphi & \sin\varphi & 0 \\ -\sin\varphi & \cos\varphi & 0 \\ 0 & 0 & 1 \end{bmatrix} \tag{25-24}$$

至此，即根据卫星轨道参数计算得到了卫星在北斗直角坐标系中的位置 $[X_k \quad Y_k \quad Z_k]^T$。

25.2 时间修正*

卫星导航通过信号的飞行时间乘光速来估计距离，因此卫星必须具有精确的时间。为了修正时间，导航电文中包含钟差参数，其比例因子如表 25-2 所示。其中 t_{oc} 是无符号数，另外的 3 个参数是有符号数。

表 25-2　钟差参数的比例因子

参数	比特数	比例因子	单位
t_{oc}	17	2^3	s
a_0	24	2^{-33}	s
a_1	22	2^{-50}	s/s
a_2	11	2^{-66}	s/s^2

信号发射时刻的北斗时为：

$$t = t_{sv} - \Delta t_{sv} \tag{25-25}$$

卫星接收机根据接收到的测距码的相位推算卫星信号标称的发射时间,这就是 t_{sv},但是要对时间加以修正,即计算卫星测距码相位时间偏移 Δt_{sv}。

标称的信号发射时刻根据卫星接收机捕获的卫星信号逐级计算。北斗 D1 导航电文包含周内秒计数(SOW)和整周计数(WN),由此得到时间,分辨率为子帧长度即 6 s。根据导航电文比特数,得到分辨率 20 ms 的时间。根据测距码周期数或者 NH 码片数量,得到分辨率 1 ms 的时间。根据测距码码片的个数,利用 B3I 信号得到分辨率 0.097 8 μs 的时间。最后测量测距码的相位,才能得到足够高分辨率的时间。一些高精度的卫星接收机还需要进一步观测载波相位,才能得到相当于毫米级分辨率的信号发射时间。

卫星测距码相位时间偏移 Δt_{sv} 包含二次多项式校正项和相对论校正项:

$$\Delta t_{sv} = a_0 + a_1(t-t_{oc}) + a_2(t-t_{oc})^2 + \Delta t_r \qquad (25-26)$$

旧版本的 B1I 信号、B2I 信号需要补偿星上设备时延差,但是 B3I 信号不需要再补偿星上设备时延。

相对论效应校正项为:

$$\Delta t_r = -\frac{2\sqrt{\mu}}{c^2} \cdot e \cdot \sqrt{A} \cdot \sin E_k \qquad (25-27)$$

式中,μ 是地心引力常数,e 是卫星轨道偏心率,$\sqrt{A}$ 是卫星轨道半长轴的开方,E_k 是卫星轨道偏近点角,光速 c 取值 $2.997\,924\,58\times10^8$ m/s。

如果卫星接收机接收多个导航系统的卫星信号,那么将有更多的可用卫星,有利于保障卫星导航的可用性,并改善精度。不同卫星导航系统的时间略有差异。不同卫星导航系统的时间差异参数包含在 D1 导航电文子帧 5 页面 9 和页面 10。对不同卫星导航系统的时间加以补偿,卫星接收机就能利用多个导航系统的卫星计算位置和统一的时间。

25.3 电离层延迟*

大气中的电离层导致卫星信号的延迟,电离层延迟几乎是现代卫星导航系统的主导误差。电离层的特性是各处不同的、动态变化的,通常使用 Klobuchar 模型计算电离层延迟。该模型能补偿大约 50%的电离层误差,并不能完全补偿。导航电文中的电离层参数如表 25-3 所示。

表 25-3 电离层参数

参数	比特数	比例因子	单位
α_0	8	2^{-30}	s
α_1	8	2^{-27}	s/π

(续表)

参数	比特数	比例因子	单位
α_2	8	2^{-24}	s/π^2
α_3	8	2^{-24}	s/π^3
β_0	8	2^{11}	s
β_1	8	2^{14}	s/π
β_2	8	2^{16}	s/π^2
β_3	8	2^{16}	s/π^3

电离层延迟与信号频率有关，还与从卫星到卫星接收机的路线有关。计算电离层延迟需要先计算电离层穿刺点的位置。接收机至卫星连线与电离层交点即穿刺点 M。

取地球半径 R 为 6 378 km，电离层单层高度 h 为 375 km。设卫星接收机的地理纬度为 φ_u，地理经度为 λ_u；设卫星相对于接收机的高度角为 E，方位角为 A。卫星接收机和穿刺点的地心张角为：

$$\psi = \frac{\pi}{2} - E - \arcsin\left(\frac{R}{R+h} \cdot \cos E\right) \tag{25-28}$$

电离层穿刺点的地理纬度 φ_M、地理经度 λ_M 为：

$$\varphi_M = \arcsin(\sin \varphi_u \cdot \cos \psi + \cos \varphi_u \cdot \sin \psi \cdot \cos A) \tag{25-29}$$

$$\lambda_M = \lambda_u + \arcsin\left(\frac{\sin \psi \cdot \sin A}{\cos \varphi_M}\right) \tag{25-30}$$

接收机位置与电离层延迟的计算是互相影响的非线性关系。通常需要先给出卫星接收机的粗略位置，根据位置计算电离层延迟，再根据电离层延迟计算更精确的位置。迭代计算几次之后，得到较为准确的位置和电离层延迟。这样的思路已经在卫星导航中多次出现过。

白天电离层延迟余弦曲线的幅度 A_2 用 α_n 系数计算。限制 A_2 的范围总是大于等于 0，如果用下列公式得到的 A_2 小于 0，则强制取 A_2 为 0。

$$A_2 = \sum_{n=0}^{3} \alpha_n \left|\frac{\varphi_M}{\pi}\right|^n \tag{25-31}$$

余弦曲线的周期 A_4 用 β_n 系数计算。类似的，强制限制 A_4 的范围在 72 000 至 172 800 之间。

$$A_4 = \sum_{n=0}^{3} \beta_n \left|\frac{\varphi_M}{\pi}\right|^n \tag{25-32}$$

根据测量时刻的北斗时 t_E 计算穿刺点 M 处的地方时 t,其取值范围为 $0 \sim 86\,400$;如果超出范围,则取其除以 $86\,400$ 的余数。

$$t = t_E + \lambda_M \times 43\,200/\pi \tag{25-33}$$

根据 Klobuchar 模型计算北斗 B1I 信号的电离层垂直延迟改正 $I'_z(t)$。如果 $|t-50\,400| > A_4/4$,则 $I'_z(t)$ 取 5×10^{-9};如果满足 $|t-50\,400| < A_4/4$,则:

$$I'_z(t) = 5 \times 10^{-9} + A_2 \cos\left[\frac{2\pi(t-50\,400)}{A_4}\right] \tag{25-34}$$

北斗 B1I 信号传播路径的电离层延迟为:

$$I_{B1I}(t) = \frac{1}{\sqrt{1-\left(\frac{R}{R+h} \cdot \cos E\right)}} \cdot I'_z(t) \tag{25-35}$$

载波频率不同的信号,电离层延迟需要乘与频率有关的系数 $k(f)$。例如,根据北斗 B1I 的电离层延迟计算北斗 B3I 信号的电离层延迟,系数为:

$$k_{13} = \frac{f_1^2}{f_3^2} = \left(\frac{1\,561.098}{1\,268.520}\right)^2 \tag{25-36}$$

不同频率的信号的电离层延迟不同,但是信号传播路径相同。如果卫星接收机同时接收两个频率的卫星信号以修正电离层延迟,则采用 B1I/B3I 双频消电离层组合伪距公式:

$$\rho = \frac{\rho_{B3I} - k_{13}\rho_{B1I}}{1-k_{13}} + \frac{ck_{13}T_{GD1}}{1-k_{13}} \tag{25-37}$$

式中,ρ 是经过电离层修正后的伪距,ρ_{B1I} 是 B1I 信号的观测伪距(经卫星钟差修正但未经 T_{GD1} 修正),ρ_{B3I} 是 B3I 信号的观测伪距,T_{GD1} 是 B1I 信号的星上设备时延差,光速 c 取 $299\,792\,458$ m/s。

大气的对流层对卫星信号也会产生延迟。对流层对于不同卫星的信号的延迟差别不大。因此,对于导航定位功能,处理对流层信号延迟不是必须的,但是在卫星导航用于特别精确授时的应用中,有必要补偿对流层延迟。

25.4 对地球自转的补偿*

北斗采用 CGCS2000 坐标系,这是一种 ECEF 坐标系,这个坐标系是不断旋转的。卫星接收机同时接收多个卫星的信号,这些卫星的信号发射时刻是不同的。这意味着,不同卫星的位置是在不同时刻的 ECEF 坐标系中定义的,不是在完全相同的坐标系中定义的。

需要对此做一些处理,把它们统一到同一个坐标系中,即卫星信号接收时刻的 ECEF 系。补偿后卫星坐标为:

$$\begin{bmatrix} X_{vk} \\ Y_{vk} \\ Z_{vk} \end{bmatrix} = \begin{bmatrix} \cos\dot{\Omega}_e \Delta t_r & -\sin\dot{\Omega}_e \Delta t_r & 0 \\ \sin\dot{\Omega}_e \Delta t_r & \cos\dot{\Omega}_e \Delta t_r & 0 \\ 0 & 0 & 1 \end{bmatrix} \begin{bmatrix} X_k \\ Y_k \\ Z_k \end{bmatrix} \quad (25\text{-}38)$$

式中,Δt_r 是卫星信号的飞行时间。飞行时间与卫星接收机位置的计算是互相影响的非线性关系。通常需要先给出卫星接收机的粗略位置;再根据位置计算卫星信号的飞行时间,补偿地球自转的影响,计算更精确的位置;迭代计算几次之后,得到较为准确的位置。这依然是迭代计算的思路。

经过上述这些补偿之后,卫星接收机已经获得了比较准确的卫星位置坐标和飞行时间差,然后采用非线性最小二乘法,或者扩展卡尔曼滤波方法,即可解算卫星接收机天线的位置。解算方法与前面"11.1 无线电导航概述"章节是相同的。

26 卫星导航的改进

26.1 卫星接收机的快速启动

因为接收导航电文需要的时间比较长,所以卫星接收机冷启动比较慢。有一些方法能加速卫星接收机的启动,即先通过一些手段把导航电文的部分内容存储起来,卫星接收机启动时直接读取这些信息,然后即可快速定位。这样的方法大概分为两类:(1)卫星接收机冷启动之后,保存导航电文的部分信息;在下一次启动的时候,即可迅速读取存储的导航电文,然后迅速实现定位。这种方法比较常用,但是需要卫星接收机先启动一次,然后在第二次启动的时候才能发挥加速启动的作用。(2)通过外部设备将导航电文的部分信息注入卫星接收机或与卫星接收机相连的存储部件,卫星接收机第一次启动时即可读取导航电文。这种方法需要额外的设备,比较麻烦,一般在一些特定的军用场合使用。

时间对于卫星接收机是很重要的。一方面,卫星的位置是利用时间和轨道参数计算的,卫星接收机获取粗略时间之后才能判断卫星是否可见、是否有必要搜索这个卫星的信号。另一方面,导航电文中记录的轨道参数是经常被修改的、有时效性的,如北斗系统大约每一个小时就会修改一次轨道参数。卫星接收机要根据时间判断存储的轨道参数是否超过时效、是否可用。

对于需要加速启动功能的卫星接收机,有必要增加一个备份电源用于维持时钟。在比较早的技术中,这个备份电源常常是一个纽扣电池。现在一些较新的技术采用超级电容作为备份电源。在外部电源为卫星接收机供电时,顺便向超级电容充电。与纽扣电池相比,超级电容可以充电,免去了更换电池的麻烦。虽然超级电容的供电时间比纽扣电池短,但是卫星接收机并不需要长时间供电,因为保存数据、快速启动的功能往往只能在几十分钟内发挥作用。

26.2 差分增强

在没有特殊处理的情况下,卫星导航大约有几米的误差,它们主要是系统误差,如大气层的延迟、卫星轨道的误差等。对这些误差进一步补偿能显著提高卫星导航的精度。补偿的方法是:设置一些位置固定的、已知的基准站;基准站收集卫星信号、计算补偿参数即改正数,然后向移动站传输改正数;移动站根据卫星信号和改正数计算较为准确的导航结果。这种差分增强方法的原理示意图如图 26-1 所示。

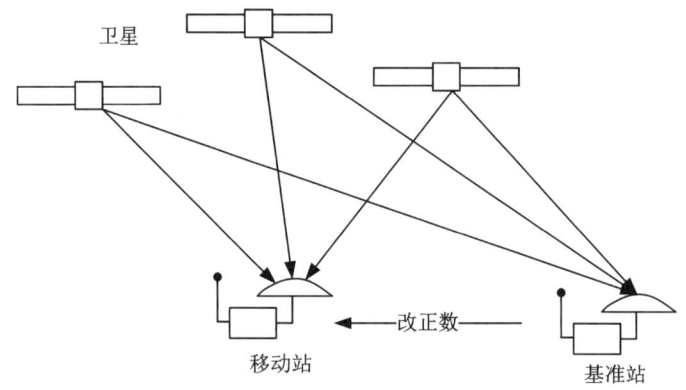

图 26-1　卫星导航的差分增强方法的原理示意图

在改正数的内容、传输方式上有多种不同的技术方案。按照改正数的有效范围,差分增强分为局域差分和广域差分两类。

局域差分的改正数主要是伪距的修正量。电离层误差、卫星轨道误差等,都合并为伪距误差。在不同位置的卫星接收机收到的卫星信号的传播路线是不同的,受到大气的影响不同,因此在不同位置的接收机需要的改正数是不同的。基准站附近几十公里内的改正数变化不大,局域差分在这个范围内有效。局域差分系统规模比较小,适合普通用户搭建和使用。

广域差分在国内甚至全球范围内布置多个基准站,能支持移动站在很大范围内获得有效的改正数。广域差分的改正数主要是卫星位置参数、电离层参数等。广域差分系统规模比较大,一般由专业机构运营,向普通用户有偿提供差分数据。

按照改正数的传输途径,主要分为卫星、蜂窝网络、无线电台三类。(1)使用卫星传输改正数覆盖范围最广,但是费用较高,适合广域差分。(2)蜂窝网络即手机使用的通信网络。使用蜂窝网络传输改正数一般需要搭建服务器,工程难度介于卫星传输和无线电台之间。使用蜂窝网络传输改正数需要使用公用移动通信基站,一些偏远地区可能缺乏可靠的通信基站。传输改正数一般使用 4G 蜂窝网络。对于一些困难地区,3G 网络也能满足差分增强所需的通信速率。使用蜂窝网络传输改正数需要购买物联网卡、缴纳流量费。这个费用并不高,通常每年几百元即可。蜂窝网络适合广域差分,也适合局域差分。(3)用无线电台传输改正数是最简单的方式。用无线电台最节省费用,一般几瓦发射功率的电台就能满足局域差分的需要。但是同时启用多个基准站时,如几个非合作的团队在一个区域同时工作,可能发生抢占频道、互相干扰的问题;此外,部分地区对于无线电台有严格管制,不能私自设立。无线电台传输改正数适合局域差分。

26.3 RTK 配置*

局域差分仍然包含许多更细致的划分。一种最常用的方式是实时动态（Real-Time Kinematic，RTK）载波相位差分。载波相位差分精度很高，能达到 2 cm 甚至更高的精度。一些比较高级的商用卫星接收机包含了 RTK 功能，通过适当的配置，使它作为基准站输出改正数。普通用户自行搭建 RTK 系统时，只需要配置卫星接收机，然后将卫星接收机输出的改正数接入成熟的发射电台即可。

例如诺瓦泰公司的卫星接收机，使卫星接收机配置为基准站的串口命令为：

```
interfacemode com1 none rtcmv3 off
thisantennatype nov850
fix position 51.1136 －114.0435 1059.4
log com1 rtcm1006 ontime 10
log com1 rtcm1033 ontime 10
log com1 rtcm1124 ontime 1
```

又如国产 UB482 型卫星接收机，配置基准站的串口命令为：

```
mode base time 60 1.5 2.5
rtcm1006 com2 10
rtcm1033 com2 10
rtcm1124 com2 1
saveconfig
```

其中 rtcm1006 描述了基准站天线的位置，rtcm1033 是接收机和天线的说明。这两条数据以较低频率循环发送，如 10 s 1 次。rtcm1124 是北斗系统的差分电文，即改正数，以稍高的频率循环发送，如 1 s 1 次。差分数据的具体类型非常多，上述例子只是典型代表。有一些 RTK 系统采用其他的差分数据类型。

配置基准站的位置有两种方式：一种是人工给定一个准确的基准站位置，另一种是让卫星接收机自行确定粗略的基准站位置。基准站的绝对位置准确时，能使得移动站的绝对位置准确。基准站的绝对位置不准确时，虽然移动站的绝对位置也不准确，但是移动站相对位置非常稳定。这样两种模式可根据不同应用场合选择使用。

26.4 差分数据格式*

差分数据的北斗标准 BD 410003A-2022 和 RTCM SC-104 v3.4 基本兼容。这个标准的内容很丰富，包含很多电文类型，本节介绍部分相关的电文类型。

差分数据遵循复杂的分层通信协议。本节关注传输层和表示层。

传输层传输内容的帧结构如表 26-1 所示。所有保留域置 0。当差分电文长度未达到 8 比特的字节边界时，应用"0"填充至边界。数据区的内容即表示层的电文。

表 26-1 差分电文帧结构

名称	比特数	说明
前缀符	8	固定值 11010011
保留字段	6	000000
数据区长度	10	单位：字节
数据区	—	此区的长度根据"数据区长度"确定
校验区	24	CRC24Q 检验

每条电文包含一系列数据字段，数据字段可以重复。数据字段按照排列顺序进行广播，多字节值按照排列次序顺序播发。不同电文的内容有一些区别。本节先介绍 1006 电文和 1033 电文，1124 电文在下一节中介绍。

电文类型 1006 的内容如表 26-2 所示，共计 168 比特。

表 26-2 电文类型 1006 的内容

名称	比特数	说明
电文类型号	12	1006，二进制 001111101110
参考站 ID	12	
ITRF 实现年代	6	国际地球参考框架
GPS 标志	1	
GLONASS 标志	1	
Galileo 标志	1	
参考站类型标志	1	
ARP ECEF-X	38	天线参考点的位置
单接收机振荡器标志	1	
保留	1	
ARP ECEF-Y	38	天线参考点的位置
1/4 周标志	2	
ARP ECEF-Z	38	天线参考点的位置
天线高	16	

电文类型 1033 的内容如表 26-3 所示，长度不定。

表 26-3 电文类型 1033 的内容

名称	比特数	说明
电文类型号	12	1033,二进制 010000001001
参考站 ID	12	
天线标识符字符数	8	N
天线标识符	8N	
天线设置序号	8	
天线序列号字符数	8	M
天线序列号	8M	
接收机类型字符数	8	I
接收机类型	8I	
接收机固件版本字符数	8	J
接收机固件版本	8J	
接收机序列号字符数	8	K
接收机序列号	8K	

26.5 MSM 电文*

电文类型 1124 是多信号电文(Multiple Signal Message,MSM)的一种。MSM 是同样格式的一系列电文,适用于 GPS、北斗等不同的卫星导航系统。不同系统的电文的类型号有所区别。1124 是北斗系统的 MSM4 格式的电文。

简单的电文直接由数据字段组成,每个数据字段包含若干位,而 MSM 电文结构比较复杂。MSM 电文由 3 个数据块组成:电文头、卫星数据、信号数据。每个数据块再由数据字段组成。电文头的内容如表 26-4 所示,MSM4 卫星数据的内容如表 26-5 所示,MSM4 信号数据的内容如表 26-6 所示,它们是 1124 电文的内容。

表 26-4 MSM 电文头的内容

名称	比特数	说明
电文类型号	12	
参考站 ID	12	
GNSS 历元时刻	30	
MSM 多电文标志	1	
IODS	3	

(续表)

名称	比特数	说明
保留	7	
时钟校准标志	2	
扩展时钟标志	2	
GNSS 平滑类型标志	1	
GNSS 平滑区间	3	
GNSS 卫星掩码	64	为 1 的比特位的总数是 Nsat
GNSS 信号掩码	32	为 1 的比特位的总数是 Nsig
GNSS 单元掩码	Nsat·Nsig	为 1 的比特位的总数是 Ncell

表 26-5　MSM4 卫星数据的内容

名称	比特数	说明
GNSS 卫星概略距离的整毫秒数	8·Nsat	
GNSS 卫星概略距离的毫秒余数	10·Nsat	

表 26-6　MSM4 信号数据的内容

名称	比特数	说明
GNSS 信号精确伪距观测值	15·Ncell	
GNSS 信号精确相位距离观测值	22·Ncell	
GNSS 相位距离锁定时间标志	4·Ncell	
半周模糊度指标	1·Ncell	
GNSS 信号 CNR	6·Ncell	信噪比

伪距的计算公式为：

$$\text{Pseudorange}(i) = \frac{c}{1\,000} \times \left(\text{Nms} + \frac{\text{RoughRange}}{1\,024} + 2^{-29} \times \text{FinePseudorange}(i) \right) \quad (26\text{-}1)$$

其中 Pseudorange 是伪距，c 是光速，Nms 是整毫秒数，RoughRange 是毫秒余数，FinePseudorange 是精确伪距观测值。这个公式中已经包含了比例因子，不需要再额外处理。

27 典型应用场景的导航方案

27.1 室内轮式机器人*

组合导航中使用惯性导航的目的之一是提高数据更新率。对于运动速度很低的情况，其他传感器的数据更新率也足以满足机器人控制的需求，那么可以不使用完整的惯性导航。对于室内平整地面，甚至可以只保留天向陀螺仪。一些低成本的室内轮式机器人的典型导航方案如下：

（1）扫地机器人。低成本扫地机器人只需要实现蛇形运动即可，不需要精确定位。为了降低成本，不使用6轴的IMU，而是只采用一个低精度天向陀螺仪。陀螺仪零偏稳定性典型值为200 (°)/h。扫地机器人的运动是时断时续的。当扫地机器人暂停运动时，以陀螺仪输出的平均值更新陀螺仪零偏补偿量。这样的零偏修正方法使得低精度陀螺仪可以维持较长时间的偏航精度。

（2）仓库搬运机器人。采用天向陀螺仪和轮式里程计进行航位推算。陀螺仪零偏稳定性典型值为10 (°)/h。此外设置一些标志点以确保位置不发散。例如，地面上间隔2 m整齐粘贴一个标记位置的二维码，轮式机器人根据摄像头扫描的二维码位置修正导航。

（3）旅店送餐机器人。方案与仓库搬运机器人类似，包含天向陀螺仪和轮式里程计。为了美观，旅店机器人不宜使用二维码标记。目前主流的方案是采用激光雷达SLAM方案。SLAM是比较复杂的专门技术，本书不专门介绍SLAM，但是利用SLAM定位结果进行组合导航的原理依然是与本书内容类似的。

27.2 农用和矿用自动驾驶车辆

与道路车辆自动驾驶相比，大型拖拉机、运矿车等非道路车辆的自动驾驶技术更加成熟。道路车辆自动驾驶系统可以利用图像辅助导航，但是农田、矿场等工作环境往往缺乏显著的图像特征，所以不利用图像导航。农用和矿用车辆采用较低级别的自动驾驶系统，一般只需要使车辆沿着预定路线行驶即可，通常没有避障功能或者只有简易避障功能。用于播种等用途时，导航精度要求较高，通常为2.5 cm；用于喷药、运输等用途时，精度要求放宽至10 cm左右。

自动驾驶系统的安装时机分为前装和后装两类。车辆本身就设计为具有自动驾驶功能的,在车辆出厂前安装自动驾驶系统为前装。车辆本身不是专为自动驾驶设计的,在出厂后再加装自动驾驶系统为后装。前装方式能安装更多与车辆紧密结合的传感器,如轮式里程计;前装的自动驾驶系统甚至能与车辆计算机系统进行更加复杂的信息交互,获取挡位、转向轮角度等更多信息。后装方式不宜安装需要拆卸车辆的传感器,只适合安装惯性传感器、卫星导航接收机等比较独立的传感器。

农用和矿用车辆的自动驾驶系统采用惯性导航和 RTK 卫星导航的组合导航方案。陀螺仪零偏稳定性典型值为 $1\sim10\,(°)/h$。采用无线电或者 4G 方式传输改正数。

为了保证精度,需要精确处理杆臂,建议 IMU 和卫星接收机天线集成在一个设备中,并放在车顶。如果 IMU 和卫星天线安装在车辆不同部位,那么外杆臂的测量会很麻烦。

为了车辆控制的需求,车辆基准点为非转向轮的中心。大多数车辆是前轮转向,所以车辆基准点一般在后轮中心,如图 27-1 的点 T。收割机等特殊车辆是后轮转向,则车辆基准点在前轮中心。需要将导航位置补偿杆臂,换算到车辆基准点上。基准点不当可能会破坏控制系统,如当车辆左转时,车尾可能短暂向右摆动。如果基准点在车尾,那么控制系统的极性就会遭到破坏,可能导致自动驾驶稳定性降低。有些时候,导航基准点的杆臂换算难以非常精确。为了使车辆控制具有正确极性和良好的稳定性,可以稍稍修正杆臂参数,使得导航基准点 N 比实际车辆基准点位置 T 略微提前,尽可能避免落后。即车辆前进时,导航基准点 N 在点 T 的前方;车辆倒退时,导航基准点 N 在点 T 的后方。

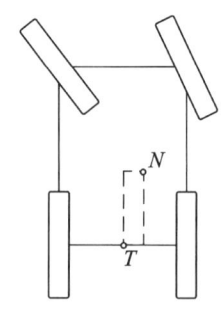

图 27-1 车辆俯视图中的基准点

前装时,卫星导航接收机只需要一根天线。后装时,卫星导航接收机最好具有两根天线。这有两方面的用途:一方面是判断车辆在前进还是倒退,另一方面是确定初始偏航角。(1)前装的自动驾驶系统容易采集车辆前进倒退状态。对于后装车辆,为了判断车辆在前进还是倒退,需要安装双天线卫星接收机。根据双天线方向和卫星导航速度方向的夹角,即可判断车辆在前进还是倒退。(2)惯性导航需要给定初始偏航角。对于前装车辆,导航系统启动时先前进一段距离,以这个前进方向作为偏航角初始方向即可。对于后装车辆,用双天线卫星接收机确定偏航角。

车辆自动驾驶系统有时需要测量前轮摆动角度。传统的测量方法是采用电位器或编码器。电位器或编码器需要将转子与车轮摆动轴连接,将定子与车身连接,在后装方式中很麻烦。一种适合后装方式的车轮摆动角测量方法是在车轮摆动轴上安装陀螺仪,这样不需要固定定子,更容易安装。根据车辆的阿克曼模型,外侧车轮转角与车身角速度的关系为:

$$\omega_v = \frac{v}{R} = \frac{v}{\dfrac{W}{\tan\delta} - r} \tag{27-1}$$

内侧车轮转角与车身角速度的关系为：

$$\omega_v = \frac{v}{R} = \frac{v}{\dfrac{W}{\tan\delta} + r} \tag{27-2}$$

式中，v 是车速，R 是车辆转弯半径，δ 是前轮摆动角度，r 是半轴长度，W 是轴距，ω_v 是车身角速度。在车身和前轮摆动轴上各安装一个陀螺仪，根据上述公式，采用 EKF 方法或互补滤波方法即可测量前轮摆动角度。

27.3 制导火箭

惯性卫星组合导航系统是制导火箭的主要导航方法。制导火箭有时也采用图像、合成孔径雷达(SAR)、高度计、DVL、星敏感器等方式辅助。

制导火箭常常有在卫星信号失效条件下的纯惯性导航需求。纯惯性导航时间和精度是所需 IMU 精度的决定性因素。一般飞行时间几十秒以内制导火箭的导航系统适合采用 MEMS 传感器；飞行几分钟时采用光纤陀螺仪；更长时间的纯惯性飞行采用激光陀螺仪甚至机械陀螺仪。

采用自对准需要很高精度、很昂贵的陀螺仪。为了降低一次性的制导火箭的成本，常常采用传递对准方式。发射车、轰炸机等发射载具重复使用，采用高精度导航装置。一次性的制导火箭采用较低精度的导航装置，通过传递对准方法、利用发射载具的导航系统数据确定制导火箭导航系统的偏航角。

对于飞行高度很高的火箭，在大气稀薄、发动机关闭的状态下，火箭运动几乎为抛体运动。前面能观性分析章节介绍过，对于通常的惯性卫星组合导航，这种抛体运动条件下的姿态能观性很弱，难以被组合导航修正。有两种改善措施：(1)采用高精度的陀螺仪维持姿态精度；(2)增加星敏感器等传感器，直接观测姿态，而非通常的利用速度位置反推姿态的方式。

27.4 制导炮弹[*]

通常的惯性传感器，量程越大，则精度越低。炮弹发射时有很大的冲击，难以被加速度计准确测量，所以炮弹几乎不能通过全程纯惯性导航确定位置，往往需要结合卫星导航实现组合导航。

　　火箭飞行时可以维持比较长时间的姿态稳定,而炮弹飞行时常常是高速旋转的。因而,火箭和炮弹的卫星导航接收机的天线位置不同。火箭的卫星天线常常安装在火箭侧面,飞行时指向天空;炮弹的卫星天线常常安装在锥头部位。炮弹飞行的最终阶段一般是朝下的,卫星信号可能受到遮挡,在这段向下飞行的时间内,依赖惯性导航维持定位精度。炮弹的飞行时间一般很短,所以卫星接收机要具有快速启动功能,参见前面"26.1　卫星接收机的快速启动"章节。

　　对于高速自旋的炮弹有两种惯性导航方案:(1)IMU 随炮弹一同自旋。此时陀螺仪标度因数可能造成较大误差,建议通过组合导航方式修正横滚角,如利用磁强计。加速度计的内杆臂要小一些,以免加速度超出量程。导航装置要进行动平衡调整。各传感器需要有较高的采样率。(2)导航装置与炮弹本体解旋。解旋方案需要一些类似于轴承或伺服电机的结构。惯性导航装置与炮弹本体相对转动,炮弹本体转速很高,但是惯性导航装置处于较低转速,这样的工作环境就与常规的惯性导航装置相同了。这种有解旋功能的炮弹导航装置本质上还是捷联惯性导航,只是借鉴了平台式惯性导航的部分思路。

28 组合导航的发展方向

28.1 学术研究的发展方向

组合导航学术研究的发展方向关注四个方面：应用场合、传感器、模型、算法。

新的应用场合是组合导航学术研究的根本。通常场景下的组合导航研究比较成熟，但是极端环境下的组合导航仍有很大的研究空间，如外空和外星球、深海、地下、室内。新的应用场合自然需要新传感器、新模型、新算法等配套技术点。

传感器是组合导航技术中经久不衰的研究方向。一方面，更准、更便宜、更适应极端环境的传感器是持续不断的研究方向，如半球谐振陀螺等。另一方面，更广泛的传感器逐渐被用于组合导航技术，如视觉、激光雷达、天文测量等。应用新传感器的组合导航是常见的学术研究方向。

对于低精度、短时间的组合导航系统，更加精细的模型几乎没有作用，不是必要的技术。但是对于高精度、长时间工作的组合导航系统，更加精细的模型对提高导航精度有显著作用，如安装角度误差、标度因数误差、g 值灵敏度等因素，值得纳入战略级导航系统的数学模型中。这一部分的原理参见前面"14.5 卡尔曼滤波的维数"章节。

算法的改进应当与应用场合、传感器等因素联系起来。对于通常的组合导航系统，如惯性卫星组合导航，现有的 EKF 方法已经比较完备了，新方法能产生的改进效果微乎其微，如非线性滤波、自适应滤波、粒子滤波、神经网络、因子图、H∞等方法都作用不大。但是对于新的应用场合或者新的传感器，如视觉、SLAM 等，新的算法仍然具有研究价值。

28.2 工程应用的发展方向

常规场景中的组合导航技术已经比较成熟了。从原理出发，显著提高性能并降低成本是非常困难的。本节介绍一些工程中的发展方向。

经久不衰的发展方向就是降低传感器的成本。其主要途径是采用更加大批量、自动化的生产方法，包括加工、装配、标定、检测等环节的自动化。

传统的自动驾驶系统，导航部分和控制部分是分别制作的，以落实"高内聚、低耦合"的设计思想，降低系统调试难度。工程中新的思路是对导航系统、控制系统在硬件平台上加以融合,在一个处理器中实现导航计算和控制计算。这样的改进能降低电路成本,减少通信延迟,提高控制带宽。这种一体化设计对设计人员的技术水平、知识宽度提出了更高要求。

针对各种应用场景量身定做导航系统也是长期存在的发展方向。针对载体的运动规律设计专门的导航系统是非常常见的需求。

附录 C语言矩阵计算代码

为了在嵌入式处理器实时计算组合导航，需要使用C语言进行矩阵计算。现在很多矩阵计算库功能过多，难以理解；此外，嵌入式编译器常常做了很多简化，不完全符合通常的C语言标准，一些高级功能可能难以编译。所以本书提供了一套简单的矩阵计算库，用于嵌入式处理器的组合导航计算。

头文件 mat.h 为：

```c
#ifndef _H_MAT
#define _H_MAT
#define M_PI 3.1415926535897932
#define MAT_MAX 15 //决定了能处理的最大矩阵
#include <math.h>
typedef struct{
    int m;//行数
    int n;//列数
    double num[MAT_MAX][MAT_MAX];//矩阵数据内容
} MAT;

MAT matinit(int setm,int setn,int kind);//kind=1单位阵,kind=0零矩阵,其他不初始化内容。
MAT submat(MAT w,int a,int b,int lm,int ln);
void fillsubmat(MAT * w,int a,int b,MAT s);
MAT op_kA(double k,MAT a);
MAT op_AB(MAT a,MAT b);
MAT op_AaddB(MAT a,MAT b);
MAT op_AsubB(MAT a,MAT b);
MAT op_AT(MAT a);
MAT op_ArightB(MAT a,MAT b);
MAT op_AleftB(MAT a,MAT b);

double square(MAT w);
double absvec(MAT w);
MAT op_AcrossB(MAT a, MAT b);
#endif
```

C文件 mat.c 为：

```c
#include "mat.h"
double mind(double a,double b)
{
    double c=a;
    if(b<c)
    {
        c=b;
    }
    return c;
}
int mini(int a,int b)
{
    int c=a;
    if(b<c)
    {
        c=b;
    }
    return c;
}
MAT matinit(int setm,int setn,int kind)
{
    MAT w;
    int x, y;
    w.m=setm;
    w.n=setn;
    if((kind==0)||(kind==1))
    {
        for (y = 0; y < w.m; y++)
        {
            for (x = 0; x < w.n; x++)
            {
                w.num[y][x] = 0;
            }
        }
    }
    if(kind==1)
    {
        int x;
        int xend=mini(w.m,w.n);
        for(x=0;x<xend;x++)
        {
            w.num[x][x]=1;
```

```c
        }
    }
    return w;
}
MAT submat(MAT w,int a,int b,int lm,int ln)
{
    MAT s=matinit(lm,ln,-1);
    int x,y;
    for(x=0;x<lm;x++)
    {
        for(y=0;y<ln;y++)
        {
            s.num[x][y]=w.num[a+x][b+y];
        }
    }
    return s;
}
void fillsubmat(MAT * w,int a,int b,MAT s)
{
    int x,y;
    for(x=0;x<s.m;x++)
    {
        for(y=0;y<s.n;y++)
        {
            w->num[a+x][b+y]=s.num[x][y];
        }
    }
}
MAT op_kA(double k,MAT a)
{
    MAT b=matinit(a.m,a.n,-1);
    int x,y;
    for(x=0;x<a.m;x++)
    {
        for(y=0;y<a.n;y++)
        {
            b.num[x][y]=k*a.num[x][y];
        }
    }
    return b;
}
MAT op_AB(MAT a,MAT b)
{
```

```
    MAT c=matinit(a.m,b.n,-1);
    int x,y,z;
    double s;
    for(x=0;x<a.m;x++)
    {
        for(y=0;y<b.n;y++)
        {
            s=0;
            for(z=0;z<a.n;z++)
            {
                s=s+a.num[x][z]*b.num[z][y];
            }
            c.num[x][y]=s;
        }
    }
    return c;
}
MAT op_AaddB(MAT a,MAT b)
{
    MAT c=a;
    int x,y;
    for(x=0;x<c.m;x++)
    {
        for(y=0;y<c.n;y++)
        {
            c.num[x][y]+=b.num[x][y];
        }
    }
    return c;
}
MAT op_AsubB(MAT a,MAT b)
{
    MAT c=a;
    int x,y;
    for(x=0;x<c.m;x++)
    {
        for(y=0;y<c.n;y++)
        {
            c.num[x][y]-=b.num[x][y];
        }
    }
    return c;
}
```

```c
MAT op_AT(MAT a)
{
    MAT b=matinit(a.n,a.m,-1);
    int x,y;
    for(x=0;x<a.m;x++)
    {
        for(y=0;y<a.n;y++)
        {
            b.num[y][x]=a.num[x][y];
        }
    }
    return b;
}
void rowexchange(MAT * w,int a, int b)
{
    double s[MAT_MAX];
    int x;
    for (x = 0; x < (w->n); x++)
    {
        s[x] = w->num[a][x];
        w->num[a][x] = w->num[b][x];
        w->num[b][x] = s[x];
    }
}
void rowmulti(MAT * w,int a,double k)
{
    int y;
    for(y=0;y<w->n;y++)
    {
        w->num[a][y]=w->num[a][y]*k;
    }
}
void rowadd(MAT * w,int a,int b,double k)
{
    int y;
    for(y=0;y<w->n;y++)
    {
        w->num[a][y]=w->num[a][y]+w->num[b][y]*k;
    }
}
void columnexchange(MAT * w,int a, int b)
{
    double s;
```

```
    int x;
    for(x=0;x<w->m;x++)
    {
        s=w->num[x][a];
        w->num[x][a]=w->num[x][b];
        w->num[x][b]=s;
    }
}
void columnmulti(MAT* w,int a,double k)
{
    int x;
    for(x=0;x<w->m;x++)
    {
        w->num[x][a]=w->num[x][a]*k;
    }
}
void columnadd(MAT* w,int a,int b,double k)
{
    int x;
    for(x=0;x<w->m;x++)
    {
        w->num[x][a]=w->num[x][a]+w->num[x][b]*k;
    }
}
double square(MAT w)
{
    int x;
    double numx;
    double s=0;
    for(x=0;x<w.m;x++)
    {
        numx=w.num[x][0];
        s+=(numx*numx);
    }
    return s;
}
double absvec(MAT w)
{
    return sqrt(square(w));
}
MAT op_AcrossB(MAT a, MAT b)
{
    double ax=a.num[0][0];
```

```c
    double ay = a.num[1][0];
    double az = a.num[2][0];
    double bx = b.num[0][0];
    double by = b.num[1][0];
    double bz = b.num[2][0];
    MAT c = matinit(3,1,-1);
    c.num[0][0] = ay * bz - az * by;
    c.num[1][0] = (-(ax * bz - az * bx));
    c.num[2][0] = ax * by - ay * bx;
    return c;
}
MAT op_ArightB(MAT a,MAT b)
{
    //高斯消元法
    int x,xb;
    double k;
    double s;
    int p;
    double sxb;
    for(x=0;x<b.n;x++)
    {
        //首先找到最佳的列。让起始元素最大
        s=0;
        p=x;
        for(xb=x;xb<b.n;xb++)
        {
            sxb=fabs(b.num[x][xb]);
            if(sxb>s)
            {
                p=xb;
                s=sxb;
            }
        }
        //同时变换两侧矩阵
        if(x!=p)
        {
            columnexchange(&a,x,p);
            columnexchange(&b,x,p);
        }
        //这一列归一
        k=1/b.num[x][x];
        //这一句不要嵌套到下面两行中,否则会因为更新不同步导致计算错误。
        columnmulti(&a,x,k);
```

```
            columnmulti(&b,x,k);
        //把其他列归零
        for(xb=0;xb<b.n;xb++)
        {
            if(xb!=x)
            {
                k=(-b.num[x][xb]);
                columnadd(&a,xb,x,k);
                columnadd(&b,xb,x,k);
            }
        }
    }
    return a;
}
MAT op_AleftB(MAT a,MAT b)
{
    //高斯消元法
    int x,xb;
    double k;
    double s;
    int p;
    double sxb;
    for(x=0;x<a.m;x++)
    {
        //首先找到最佳的行。让起始元素最大
        s=0;
        p=x;
        for(xb=x;xb<a.m;xb++)
        {
            sxb=fabs(a.num[xb][x]);
            if(sxb>s)
            {
                p=xb;
                s=sxb;
            }
        }
        //同时变换两侧矩阵
        if(x!=p)
        {
            rowexchange(&a,x,p);
            rowexchange(&b,x,p);
        }
        //这一行归一
```

```
            k=1/a.num[x][x];
        //这一句不要嵌套到下面两行中,否则会因为更新不同步导致计算错误。
            rowmulti(&a,x,k);
            rowmulti(&b,x,k);
        //把其他行归零
            for(xb=0;xb<a.m;xb++)
            {
                if(xb!=x)
                {
                    k=(-a.num[xb][x]);
                    rowadd(&a,xb,x,k);
                    rowadd(&b,xb,x,k);
                }
            }
        }
        return b;
    }
```

对于处理器性能不高的情况,上述代码还可以进一步改进:(1)采用双精度浮点型 double 计算;对于只有单精度 FPU 的处理器,应当把 double 改为 float;(2)一些嵌入式计算机的内存很小,为了防止堆栈溢出,函数的输入输出参数改为结构体指针,而不直接传递结构体。

缩写对照表

缩写	全称	中文
AGC	Automatic Gain Control	自动增益控制
ARP	Antenna Reference Point	天线参考点
ASIC	Application-Specific Integrated Circuit	专用集成电路
BPSK	Binary Phase Shift Keying	二进制相移键控,双相调制
C/A-code	Coarse/Acquisition-code	粗捕获码,粗码
CDMA	Code Division Multiple Access	码分复用
CKF	Cubature Kalman Filter	容积卡尔曼滤波
CNR	Contrast to Noise Ratio	信噪比
DMA	Direct Memory Access	直接内存访问
DSP	Digital Signal Processor	数字信号处理器
DSSS	Direct Sequence Spread Spectrum	直接序列扩展频谱,直扩
DVL	Doppler Velocity Log	多普勒测速仪
ECEF	Earth-Centered Earth-Fixed	地心地固坐标系
ECI	Earth-Centered Inertial	地心惯性参考系
EKF	Extended Kalman Filter	扩展卡尔曼滤波
ESKF	Error State Kalman Filter	误差量卡尔曼滤波
FFT	Fast Fourier Transform	快速傅里叶变换
FPGA	Field Programmable Gate Arrays	现场可编程门阵列
FPU	Floating Point Unit	浮点处理单元
GEO	Geostationary Earth Orbit	地球静止轨道
GNSS	Global Navigation Satellite System	全球导航卫星系统,卫星导航
GPS	Global Positioning System	全球定位系统
IF	Intermediate Frequency	中频
IGRF	International Geomagnetic Reference Field	国际地磁参考场

(续表)

缩写	全称	中文
IGSO	Inclined GeoSynchronous Orbit	倾斜地球同步轨道
IMU	Inertial Measurement Unit	惯性测量装置
INS	Inertial Navigation System	惯性导航系统
ITRF	International Terrestrial Reference Frame	国际地球参考框架
KF	Kalman Filter	卡尔曼滤波
LLF	Local-Level Frame	当地水平坐标系
MEMS	Micro-Electro-Mechanical System	微机电系统
MEO	Medium Earth Orbit	中圆地球轨道
MSM	Multiple Signal Message	多信号电文
NHC	Non-Holonomic Constraint	非完整性约束
NMEA	National Marine Electronics Association	美国国家海洋电子协会
PRM	Precise Range Module	精密测距码模块
PRN	Pseudo-Random Noise	伪随机噪声
QPSK	Quadrature Phase Shift Keying	四进制相移键控，四相调制
RF	Radio Frequency	射频
RMS	Root Mean Square	方均根
RTK	Real-Time Kinematic	实时动态
SAR	Synthetic Aperture Radar	合成孔径雷达
SIP	System In a Package	系统级封装
SLAM	Simultaneous Localization and Mapping	即时定位与地图构建
TDoA	Time Difference of Arrival	到达时间差
ToA	Time of Arrival	到达时间
ToF	Time of Flight	飞行时间
UKF	Unscented Kalman Filter	无迹卡尔曼滤波
USBL	Ultra-Short BaseLine	超短基线
UWB	Ultra Wide Band	超宽带

参 考 文 献

[1] Noureldin A, Karamat T B, Georgy J. Fundamentals of Inertial Navigation, Satellite-based Positioning and their Integration [M]. Heidelberg: Springer Berlin, 2013.

[2] Elliott D. Kaplan, Christopher Hegarty. Understanding GPS Principles and Applications [M]. 2nd Ed. Boston: Artech House, 2006.

[3] Krasjet. 四元数与三维旋转[EB/OL]. [2024-01-01]. https://github.com/Krasjet/quaternion.

[4] 严恭敏. 一些不实用的惯性导航数据处理方法简介. 导航定位与授时青年学者论坛2023[EB/OL]. [2024-01-01]. http://www.psins.org.cn/zlxz.

[5] Abbott B P, Abbott R, Abbott T D, et al. Observation of gravitational waves from a binary black hole merger[J]. Physical Review Letters, 2016, 116(6):061102.

[6] Everitt C F, Adams M, Bencze W, et al. Gravity Probe B data analysis status and potential for improved accuracy of scientific results[J]. Classical and Quantum Gravity, 2008, 25(11):114002.

[7] 中国卫星导航系统管理办公室. 北斗卫星导航系统空间信号接口控制文件公开服务信号B3I(1.0版)[EB/OL]. [2024-01-01]. http://www.beidou.gov.cn/yw/xwzx/201802/t20180209_14125.html.

[8] Radio Technical Commission for Maritime Services. RTCM Standard 10403.4 Differential GNSS (Global Navigation Satellite Systems) Services - Version 3 [EB/OL]. [2024-01-01]. https://rtcm.myshopify.com/products/rtcm-10403-3-differential-gnss-global-navigation-satellite-systems-services-version-3-amendment-2-may-20-2021.

[9] 中国卫星导航系统管理办公室. 北斗/全球卫星导航系统(GNSS)接收机差分数据格式(二). 中国第二代卫星导航系统重大专项标准 BD 410003A—2022 [EB/OL]. [2024-01-01]. http://m.beidou.gov.cn/zt/bdbz/202407/W020240718521101974763.pdf.